30天学会
交流伺服系统

黄　风　妥振东◎编著

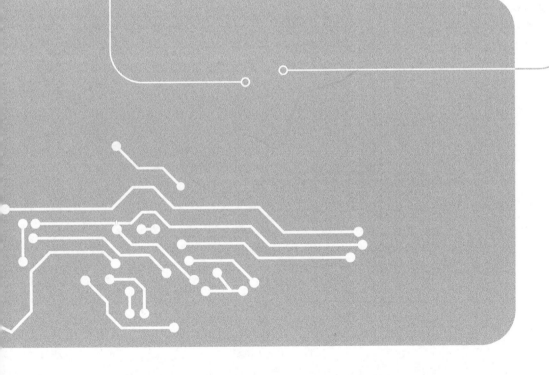

人民邮电出版社
北京

图书在版编目（ＣＩＰ）数据

30天学会交流伺服系统 / 黄风，妥振东编著. -- 北京：人民邮电出版社，2022.9
ISBN 978-7-115-58953-8

Ⅰ. ①3… Ⅱ. ①黄… ②妥… Ⅲ. ①交流伺服系统
Ⅳ. ①TM921.54

中国版本图书馆CIP数据核字(2022)第048608号

内 容 提 要

本书共分为3部分。第1部分（第1章～第9章）从实用的角度，以某品牌交流伺服驱动系统为例，完整地介绍了交流伺服系统的工作原理、技术规格、连接和设置、参数的定义和设置，以及整机的调试和振动的消除方法。第2部分（第10章～第21章）以某品牌运动控制器为例介绍了运动控制器的功能，运动程序的编制方法，各种运动功能的实现和运动控制指令的使用，事实上只有运动控制器与交流伺服系统结合起来才能构成一套完整的"运动控制系统"。第3部分（第22章～第30章）提供了多个交流伺服系统的应用案例，介绍了通用交流伺服系统在包装机械、电子机械、压力机、热处理机床和生产流水线上的实际应用。

本书内容在编排上遵循由浅入深、由少到多的原则，按30个工作日的时间安排学习内容。尽量让初学者能够循序渐进，一步一个脚印，扎扎实实地学习。

本书适合自控工程技术人员、机床电气技术工程师、自动化机床设备操作工和维修工程师阅读，也可供有志于学习伺服技术的读者使用。

◆ 编　著　黄　风　妥振东
　　责任编辑　李永涛
　　责任印制　王　郁　胡　南

◆ 人民邮电出版社出版发行　　北京市丰台区成寿寺路 11 号
　　邮编　100164　　电子邮件　315@ptpress.com.cn
　　网址　https://www.ptpress.com.cn
　　固安县铭成印刷有限公司印刷

◆ 开本：787×1092　1/16
　　印张：24.5　　　　　　　　2022 年 9 月第 1 版
　　字数：620 千字　　　　　　2022 年 9 月河北第 1 次印刷

定价：119.90 元

读者服务热线：(010)81055410　印装质量热线：(010)81055316
反盗版热线：(010)81055315
广告经营许可证：京东市监广登字 20170147 号

前言

2021 年的一个秋日，我站在调试完毕的伺服压力机生产线前，看着工件一件件从伺服压力机下流出，心中感慨万千。我的师傅是一个八级锻工，我也曾经挥舞大锤在师傅的指挥下锻打各种工件。当时的设备不过是空气锤、摩擦压力机，后来才有曲柄压力机。现在，伺服压力机已经能够实现微米级的精确控制，连锻压设备这种人们心目中的"粗笨设备"都可以实现伺服精确控制了。自动控制技术的发展带来了制造技术的巨大进步，而交流伺服系统在自动控制技术中占有重要的地位。

本书在内容编排上遵循由浅入深、由少到多的原则，按 30 个工作日的时间安排学习内容。尽量让初学者能够循序渐进，一步一个脚印，扎扎实实地学好交流伺服系统。本书内容分 3 部分，共 30 章，大致内容介绍如下。

第 1 章～第 6 章对通用交流伺服系统做了全面的介绍。在这些章节里详细介绍了交流伺服系统的使用方法、各参数的定义和设置。参数赋予了伺服系统不同的功能和性能，可以说是伺服系统的最重要的核心应用。

第 7 章和第 8 章详细介绍了交流伺服系统的调试原则和消除振动的方法，是笔者对伺服控制理论的验证过程，有很强的实用价值。

第 9 章介绍了再生制动系统的工作原理及其部件的选型方法。

第 10 章～第 21 章，以某品牌控制器为例，详细介绍了运动控制器的使用方法，特别是如何构成复杂的运动程序。运动控制器就是一个数控系统，适用于现有的大部分运动机械。

第 22 章～第 30 章，详细介绍了交流伺服系统在各实际项目中的应用。这些项目都是笔者实际设计和调试过的项目，其中的经验教训来之不易，愿与读者分享。

希望本书能够给广大读者带来帮助，这也是笔者内心的初衷。

读者可以通过电子邮箱 hhhfff57710@163.com 与笔者交流。

黄风

2022 年 2 月

目录

第 *1* 章

伺服系统的工作原理和调节原理

本章首先学习伺服系统的工作原理和调节原理，揭开伺服系统的神秘面纱，然后学习伺服驱动的一些专业术语，为后续学习铺平道路。

1.1 伺服系统的工作原理

伺服系统由伺服驱动器和伺服电机及编码器构成。图 1-1 是伺服系统功能结构方框图。

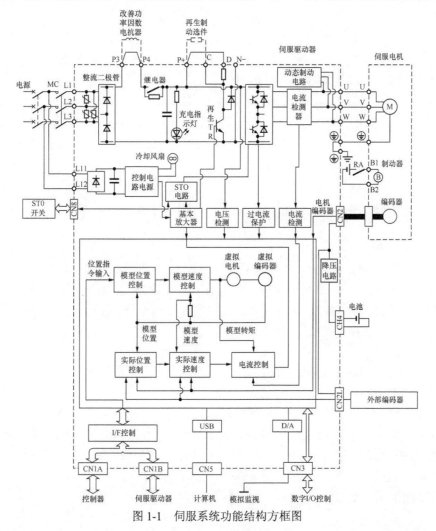

图 1-1 伺服系统功能结构方框图

1.1.1　伺服系统的速度控制

伺服驱动器类似于变频器，可以看作是一个能改变频率的电源。伺服驱动器改变频率的方法与变频器相同，也是先将交流电整流为直流电，然后采用脉宽调制技术（PWM），将直流电压分解成"等高不等宽"的一连串直流电压脉冲，从而获得近似的频率可变的交流电。

频率的改变，使电机可以按不同的速度运行，这一原理与变频器相同。

1.1.2　伺服系统的位置控制

伺服系统的强项是位置控制，即定位和插补运行。通用伺服系统多用于独自的定位运行。对于位置控制，是由控制单元（定位控制单元如 QD77/运动控制器、FX-20GM/FX-1PG）发出指令脉冲给伺服驱动器，由安装在伺服电机轴上的编码器将实际运行数据（位移、速度）以脉冲的形式返回给伺服驱动器，这样就构成了闭环控制。

在伺服驱动器内部有一个滞留脉冲计数器。滞留脉冲计数器用于存放滞留脉冲。滞留脉冲定义如下。

$$滞留脉冲=指令脉冲-反馈脉冲$$

滞留脉冲表示了指令位置与实际位置之差。如果存在位置偏差，伺服系统就会一直驱动电机运行，直到位置偏差小于精度参数规定的数值，系统才确认定位完成。

这是伺服驱动器与变频器的主要区别。

目前伺服系统可以控制的对象有位置、速度、转矩，因此伺服系统有多种用途，但最常用的还是位置控制。是做功能丰富的插补运行还是做单轴控制取决于控制器的功能。有些控制器如 FX-1PG 只能够做单轴控制，而运动控制器可以做 4 轴插补运行。伺服驱动器只是一个执行机构，并不是"大脑"。

1.1.3　伺服驱动器的其他功能

（1）过载保护。

伺服驱动器中装有电子热继电器，可以对伺服驱动器和伺服电机做过载保护。从功能结构方框图 1-1 中可以看到：在伺服驱动器内，有电流检测器和过电流保护。过电流保护是伺服系统最常用的功能，当负载过大、带抱闸运行、强制定位、机械碰撞、加减速时间过短时都可能出现过载报警，实际是过电流保护起作用。

（2）过电压保护。

伺服驱动器内部的直流母线电压过高时，系统会执行过电压保护。

（3）再生制动。

在直流回路中，由控制回路控制一个开关型三极管，当该三极管导通时，再生制动回路工作，再生电流经过内置电阻或外置电阻，形成热能而消耗。从图 1-1 所示回路上可以看到，平常使用内置电阻时，在 P-D 端有短路片形成回路。如果使用外置电阻则必须卸下短路片，使再生电流流过外置电阻形成回路。如果未卸下短路片，则再生电流仍然流过内置电阻，由于再生电流过大，容易烧毁内置电阻。

1.2 伺服系统的调节原理

1.2.1 基本概念

（1）控制。

控制可定义为一个系统中，有一个或多个输入量对一个或多个输出量产生影响的过程，其特征是开环。

（2）调节。

调节可定义为一个系统中，对被调节量进行连续检测，与基准量进行比较并调整使其回归到基准量的过程，其特征是闭环调节。

（3）滞留脉冲——位置跟随误差。

在伺服系统中，有位置控制回路、速度控制回路、电流控制回路。在位置控制回路中，位置跟随误差是输入变量，速度是被调节量。通过位置跟随误差的大小来调节速度。当实际速度=指令速度时，位置跟随误差=0，这就达到了位置控制的目的。

位置跟随误差=指令位置−实际位置

很多资料中也称位置跟随误差为滞留脉冲或偏差计数。常常表示为如下等式。

滞留脉冲=指令脉冲−反馈脉冲

偏差计数=指令脉冲−反馈脉冲

位置跟随误差比较适合于工程技术人员理解。

（4）增益。

位置环的调节是比例调节，其比例系数也称为增益。

$$U=K \times p$$

式中：U 为速度，K 为比例系数，p 为滞留脉冲数。

在三菱交流伺服系统的参数中，"速度环增益 PB09"就是这个比例调节系数。调节该参数能够立即改善系统的响应，提高刚度。但该参数调得过高会引起伺服电机啸叫，引发振动和振荡。

在三菱数控系统的参数中，其比例调节系数 K 为#2205，简称 VGN，这是一个很有效的参数，在提高加工精度和表面粗糙度方面作用非常明显。

1.2.2 PID 调节

PID 调节是指"比例—积分—微分调节"。PID 调节是伺服调节的基础。对伺服系统的位置调节、速度调节和电流调节都基于 PID 调节。

（1）调节用技术参数。

速度环的调节目的是通过调节实际速度与指令速度相等，从而使位置跟随误差=0；在速度环调节中，主要的技术内容如图 1-2 所示。

① 指令速度是基准量。电流是被调节量。

② 指令速度与实际速度之差是输入变量。

③ 速度环增益是比例调节系数。

（2）速度环调节过程。

① 当出现指令速度与实际速度之差时，系统立刻成比例地输出一个电流值，这个新出现的电流值导致速度误差减小。这个调节过程的快慢程度由调节器的比例调节系数 K 决定。

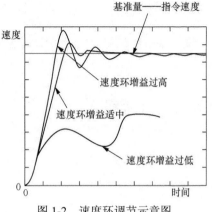

图1-2 速度环调节示意图

速度环的比例调节系数又称为速度环增益、伺服响应等级、伺服系统刚度。工程现场经常称为速度环增益、伺服系统刚度。

② 当速度环增益较高时，在短时间内，实际速度很快超过指令值，由于比例调节的作用，又向下运动，振荡幅度大，能够快速地到达基准指令值。如果速度环增益过高，振荡幅度过大，实际现场调节时就会出现电机啸叫或抖动。

特别是速度环增益过高，系统发生超调，即失去调节能力，实际速度振荡越来越大。现场表现为电机带机械系统剧烈振动，甚至会导致设备损坏，这时应该立即断电停止调节。

③ 当速度环增益适中时，实际速度到达基准速度指令值的时间虽然慢一些，但不发生振荡。现场调节时应该逐渐摸索，反复试验，获得最佳值。

④ 当速度环增益过低时，实际速度总达不到基准速度指令值，调节过程一直在进行，这样伺服电机很容易发热，也会发生电机啸叫或抖动。

1.2.3 调节实例

【实例1】某伺服主轴，实际调节时，观察其实际速度总是比指令速度小 3r/min（指令速度=6000r/min，实际速度=5997～5998r/min），结果主轴严重发热。将 VGN 提高到原来的 2 倍，发热故障排除。

这是因为速度环增益过低，实际速度总达不到速度指令值，调节过程一直在进行，所以伺服电机发热。

【实例2】提高 VGN 引起振动和啸叫。

产生的原因参见图 1-2，当斜率增大时，振荡幅度频率也增大，没有达到稳定值。这是一种轻微超调现象，所以发生振动和啸叫，这种现象不是共振（因为系统的共振点是固定的）。

在交流伺服系统中，不同的响应等级（即比例调节系数 VGN）对应了不同的陷波频率。这就表明不是系统有诸多的共振点，而是在不同的比例调节系数下，可能出现的超调频率各不相同。

在实际调试时，如果伺服电机有不明原因的发热、闷响等，要检查速度环增益 VGN 参数是否过低。

在调试过程中，凡是电机啸叫、抖动、振荡或发热都是电机处于调节过程中，还未达到指令值的稳定状态，所以首先考虑要改变增益参数值。

1.3 相关名词术语

（1）矢量控制。

矢量控制是理解现代电机控制理论的基础，也是理解伺服控制的基础。所谓矢量控制就是把电机的电流、磁通链等物理量表示为矢量的瞬时值（具有大小和方向），使电机的电流、磁通链跟随指令值变化。

伺服电机矢量控制的核心就是通过控制输出电流矢量的幅值来控制输出转矩的大小。

（2）脉宽调制 PWM（Pulse Width Modulation）。

对一个连续固定的直流电压，通过开关的 ON/OFF，将直流电压分解成一系列等高不等宽电压脉冲，这一系列等高不等宽直流电压脉冲就等同于交流电压，这就是所谓的逆变。

采用三角波和正弦波相交从而获得 PWM 波形的各个脉冲开关点，这样就可以获得脉冲的宽度和占空比。脉冲的宽度和占空比随调制波的波形（正弦波）变化而变化，如图 1-3 所示。

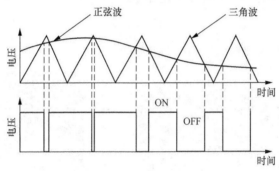

图 1-3　PWM 调制示意图

当然，这样的电压还是直流电压——脉冲型的直流电压，但是输出的电流近似于正弦波电流。

载波是频率一定的等腰三角形波，调制波为正弦波，两波的交点确定了 IGBT 的 ON/OFF。

当调制波数值大于载波时，IGBT 上臂导通输出正向电压。

当调制波数值小于载波时，IGBT 下臂导通输出负向电压。这样就获得了脉冲电压的方向和通断宽度。

为了防止上下臂同时导通造成直流侧短路，留下一段上下臂都同时关断的时间，这段时间称为死区时间（Dead Time）。伺服调节参数中有这一项，死区时间会影响输出波形，使输出的正弦波波形畸变，影响伺服电机的运行（可能造成丢步）。

1.4 思考题

（1）伺服系统由哪 3 大部分构成？

（2）伺服驱动器与变频器有什么区别？

（3）伺服系统能够做速度控制吗？

（4）伺服系统对控制对象的调节是 PID 调节吗？

（5）什么是脉宽调制？

第 2 章

伺服系统性能指标

本章以三菱 MR-J4 系列伺服驱动器为例，介绍伺服驱动器的性能指标。这对进一步学习伺服驱动器和选型配置有重要意义。

2.1 伺服系统的基本性能指标

1. 基本性能指标

伺服驱动器及伺服电机的外观如图 2-1 和图 2-2 所示。

图 2-1　伺服驱动器及伺服电机的外观

图 2-2　伺服电机的外观

三菱 MR-J4 系列伺服驱动器的基本性能指标如表 2-1 所示。

表 2-1　三菱 MR-J4 系列伺服驱动器的基本性能指标

MR-J4		10A	20A	40A	60A	70A	100A	200A	350A	500A	700A
输出	额定电压	三相 AC 170V									
	额定电流（A）	1.1	1.5	2.8	3.2	5.8	6.0	11.0	17.0	28.0	37.0
主电路输入	电源·频率	三相或单相 AC200～240V 50/60Hz					三相 AC200～240V 50/60Hz				
	额定电流（A）	0.9	1.5	2.6	3.2	3.8	5.0	10.5	16.0	21.7	28.9
	电压范围	三相或单相 AC170～264V					三相 AC170～264V				
控制电路输入	电源·频率	单相 AC200～240V 50/60Hz									
	额定电流（A）	0.2								0.3	
	电压范围	单相 AC170～264V									

续表

MR-J4		10A	20A	40A	60A	70A	100A	200A	350A	500A	700A
接口电源	电源电压	DC24V±10%									
	电源容量	0.5A									
控制方式		正弦波 PWM、电流控制									
位置控制方式	最大输入脉冲频率	4Mpps（差动输入），200kpps（集电极开路输入）									
	定位反馈脉冲	编码器分辨率（伺服电机每旋转 1 周的分辨率）：22 位									
	指令脉冲倍率	电子齿轮 A/B 倍，A=1～16777216，B=1～16777216，1/10<A/B<4000									
	定位完成脉冲宽度	设定 0～±65535pulse									
	误差过大	±3 转									
速度控制模式	速度控制范围	模拟量速度指令：1:2000，内部速度指令：1:5000									
	模拟量速度指令	DC0～±10V/额定速度									
	转矩限制	通过参数设定或外部模拟量输入（DC0～+10V/最大转矩）进行设定									
转矩模式	模拟量转矩指令	DC0～±8V/最大转矩									
	速度限制	通过参数设定或外部模拟量输入（DC0～±10V/额定速度）进行设定									
保护功能		过电流保护、再生过电压保护、过载保护（电子热继电器）、伺服电机过热保护、编码器异常保护、再生异常保护、电压不足保护、瞬时掉电保护、超速保护、误差过大保护									

2. 对基本性能指标的说明

（1）MR-J4 系列产品序列：额定功率为 100～7000W，共有 10 种型号。

（2）输出：额定电压为三相 AC170V，额定电流=功率/电压。（输出指标是指伺服驱动器向伺服电机的供电参数。）

（3）主回路输入。

① 1000W 以下驱动器可使用三相 200～240V 或单相 200～240V 电源，允许电压范围为 AC170～264V。

② 1000W 及 1000W 以上驱动器只能使用三相200～240V 电源，允许电压范围为 AC170～264V。

注意 对于 200V 级的产品不能直接使用三相 AC380V 电源，直接使用三相 AC380V 电源会立即烧毁驱动器。

（4）电源设备容量：伺服驱动器一般由三相变压器供电。单个伺服驱动器所需的电源容量≈功率×1.3（kW）。

（5）控制电路：控制电路电源为单相 200～240V，允许电压范围为 AC170～264V。

（6）I/O 端口电源：用于 I/O 接口的电源为 DC24V±10%。注意不是交流电源。

（7）控制方式：正弦波 PWM 电流控制方式。

（8）动态制动器内置于驱动器内。

（9）通信功能：USB 用于与 PC 连接，配置 RS422 口。

2.2　控制模式性能指标

2.2.1　位置控制模式

（1）最大输入脉冲频率：差动输入 4Mpps，集电极开路输入 200kpps。

（2）定位反馈脉冲编码器分辨率（伺服电机每旋转 1 周的分辨率）为 4194304p/r。

（3）指令脉冲倍率为电子齿轮 A/B 倍。

A=1～16777216。

B=1～16777216。

1/10＜A/B＜4000（这个指标规定了电子齿轮比的设置范围，如果 A/B＞4000，可能引起误动作）。

（4）定位完成脉冲数（定位精度）：0～±65535pulse（指令脉冲单位）。

（5）误差范围：±3 转。

（6）转矩限制：通过参数或外部模拟量输入进行设置。

2.2.2　速度控制模式

（1）速度控制范围。

模拟量速度指令：1∶2000。

内部速度指令：1∶5000（指额定负载下，最大速度与最小速度之比）。

（2）模拟量速度指令输入：DC0～±10V/0～额定速度。

（3）速度变动率：±0.01%以下。

（4）转矩限制：通过参数或者外部模拟量输入进行设置。

2.2.3　转矩控制模式

（1）模拟量转矩指令输入：DC0～±8V/0～最大转矩。

（2）速度限制：通过参数或外部模拟量输入（DC0～±10V/0～额定速度）进行设置。

2.2.4　保护功能

过电流保护、再生过电压保护、过载保护（电子热继电器）、伺服电机过热保护、编码器异常保护、再生异常保护、电压不足保护、瞬时掉电保护、超速保护、误差过大保护。

2.3 基本功能说明

（1）位置控制模式。

伺服系统做位置控制运行，以运行位置为控制对象。

（2）速度控制模式。

伺服系统做速度控制运行，以运行速度为控制对象。

（3）转矩控制模式。

伺服系统做转矩控制运行，以转矩为控制对象。

（4）位置/速度控制切换模式。

伺服系统做位置控制模式和速度控制模式运行，通过外部输入信号进行切换。

（5）速度/转矩控制切换模式。

伺服系统做速度控制模式和转矩控制模式运行，通过外部输入信号进行切换。

（6）转矩/位置控制切换模式。

伺服系统做转矩控制模式和位置控制模式运行，通过外部输入信号进行切换。

（7）高分辨率编码器。

MR-J4 系列对应的伺服电机使用 4194304p/r 高分辨率编码器。具备绝对位置检测功能。

（8）增益切换功能。

能够使用外部输入信号在运行中进行增益的切换。

（9）高级消振控制Ⅱ。

具备消除工作机械悬臂振动或残余振动的功能。

（10）自整定模式Ⅱ。

具备检测出机械共振后自动设置滤波器参数，消除机械共振的功能。

（11）低通滤波器。

伺服系统响应等级过高时，具备消除高频率共振的功能。

（12）强力滤波器。

当因传输辊轴等负载惯量较大而不能提高响应性时，能够提高对扰动的检测和排除。

（13）微振动消除控制。

在伺服电机停止时，消除±1 脉冲信号的振动。

（14）电子齿轮。

可将输入脉冲缩小或扩大 1/10～4000 倍。

（15）S 字加减速。

以 S 曲线形状进行平稳加减速。

（16）自动调整。

当伺服电机轴上的负载发生变化时，能将伺服驱动器的增益自动调整到最优。

（17）制动单元。

5kW 以上的伺服驱动器可以使用制动单元，提高制动性能。

（18）电能反馈单元。

5kW 以上的伺服驱动器可以使用电能反馈单元，提高制动性能。

（19）制动电阻。

当伺服驱动器的内置再生电阻的制动能力不足时使用制动电阻。

（20）输入信号选择（引脚设置）。

能够通过设置参数改变各输入端子的功能（定义）。例如，能够将 ST1（正转启动）、ST2（反转启动）、SON（伺服开启）等输入功能定义到 CN1 接口的特定引脚。

（21）输出信号选择（引脚设置）。

能够通过设置参数改变各输出端子的功能（定义）。例如，能够将 ALM（故障）、DB（电磁制动连锁）等输出功能定义到 CN1 接口的特定引脚。

（22）输出信号（DO）强制输出。

能够强制输出信号=ON/OFF，用于输出信号的接线检查及确认。

（23）转矩限制。

在各种控制模式下，能够限制伺服电机的输出转矩。

（24）速度限制。

在各种控制模式下，能够限制伺服电机的转速。

（25）VC 自动补偿。

当 VC（模拟量速度指令）或 VLA（模拟量速度限制）=0V，电机速度≠0 时，能够自动补偿输入电压以使电机转速=0。

（26）试运行模式。

伺服系统具备 JOG 运行、定位运行、无电机运行、DO 强制输出等试运行模式，执行程序运行时需要使用 MR Configurator 2 软件。

（27）模拟量监视输出。

伺服系统工作状态实时以电压形式输出。

（28）丰富的软件功能。

MR Configurator 2：可在计算机上运行 MR Configurator 2 软件，进行参数设置、试运行、监视和一键式调整伺服电机的性能。

2.4　伺服驱动器与伺服电机组合使用

伺服驱动器与伺服电机可以根据表 2-2 进行选型配置。

表 2-2　伺服驱动器与伺服电机的组合

伺服驱动器	旋转型伺服电机
MR-J4-10A	HG-KR053，HG-KR13，HG-MR053，HG-MR13
MR-J4-20A	HG-KR23，HG-MR23
MR-J4-40A	HG-KR43，HG-MR43
MR-J4-60A	HG-SR51，HG-SR52
MR-J4-70A	HG-KR73，HG-MR73
MR-J4-100A	HG-SR81，HG-SR102
MR-J4-200A	HG-SR121，HG-SR201，HG-SR152，HG-SR202
MR-J4-350A	HG-SR301，HG-SR352
MR-J4-500A	HG-SR421，HG-SR502
MR-J4-700A	HG-SR702

2.5 思考题

（1）伺服驱动器使用的电源等级有几种？

（2）什么是最大输入脉冲频率？

（3）什么是编码器分辨率？

（4）什么是速度控制模式？

（5）什么是转矩控制模式？

第 *3* 章

伺服驱动器输入/输出信号的功能

本章以三菱 MR-J4 系列伺服驱动器为对象，介绍伺服驱动器各 I/O 端子的功能。

MR-J4 驱动器的 CN1 接口有 50 针引脚，每一引脚即为一输入或输出接口，如图 3-1 和图 3-2 所示。I/O 端子的功能在出厂时已经被定义，各引脚在不同的工作模式下（位置控制、速度控制、转矩控制）的功能定义有所不同，可以通过参数修改各引脚的功能定义。使用时首先要分清是输入信号还是输出信号。

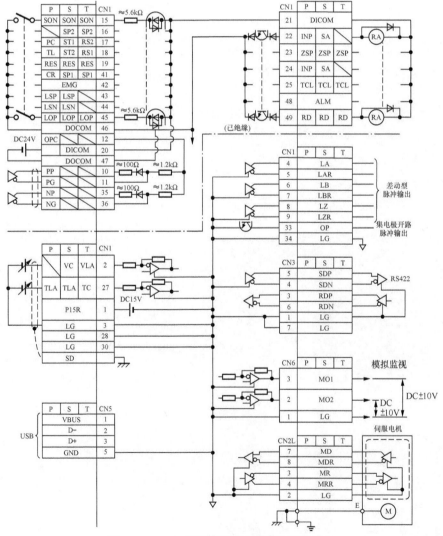

图 3-1 MR-J4 系列伺服驱动器 I/O 端子分布

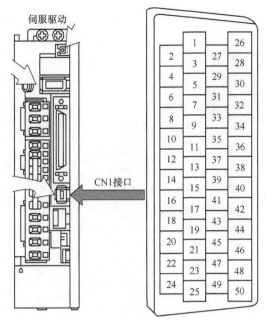

图 3-2 MR-J4 系列伺服驱动器 CN1 接口针脚排列

就 I/O 端子功能而言，可以将伺服驱动器看成 PLC 控制器，只是这种 PLC 控制器的 I/O 信号已经预先被定义，只要接通输入/输出信号，相应的功能就会起作用。

3.1 输入信号

可以将输入信号分为以下 3 类。

（1）功能型指令信号（如启动、停止）。

（2）脉冲信号。

（3）模拟信号。

1. 功能型指令信号

这类信号是开关信号，在外部要连接硬开关或 PLC 控制信号。

这类输入信号回路由 DC24V 供电。DC24V 电源由外部供给。注意接线图上 DC24V 的正负端接法。

2. 脉冲信号

脉冲信号有以下两类。

一类是差动型脉冲输入，最大频率可达 4Mpps。

另一类是集电极开路型脉冲输入，最大频率可达 200kpps。

集电极开路型脉冲输入比较常用。

3. 模拟信号

在需要通过外部信号设置速度或转矩时，使用模拟信号。

模拟信号可以使用电位器或 PLC 控制器的模拟输出信号。

3.2 输入信号说明

基本输入端子的功能如表 3-1 所示。

表 3-1 基本输入端子的功能

信号名称	简称	功能说明
伺服开启	SON	SON=ON，内部主电路=ON，伺服电机处于可运行状态（伺服 ON 状态） SON=OFF，内部主电路=OFF，伺服电机处于自由停车状态（伺服 OFF 状态） 如果设置参数 PD01="□□□4"，可使 SON=ON（常 ON）
复位	RES	RES=ON 持续 50ms 以上，报警被解除。在不发生报警的状态下，当 RES=ON 时，则主电路切断 如果设置参数 PD20="□□1□"，主电路不被切断
正向限位	LSP	正常运行时应使 LSP/LSN=ON（常闭）。当 LSP/LSN=OFF，电机立即停止，并处于伺服锁定状态。设置参数 PD30="□□□1"，伺服电机减速停止
负向限位 （行程限位）	LSN	设置参数 PD01，可将 LSP/LSN 设置为 ON。在调试初期可以使用本功能 参数 PD01="□4□□"，LSP=ON 参数 PD01="□8□□"，LSN=ON 如果 LPS 或 LSN 变为 OFF，则出现报警（AL.99），报警 WNG=OFF
转矩限制方式选择	TL	本信号用于选择转矩限制的方式。TL=OFF，用设置参数的方式做转矩限制： 正转转矩限制：PA11 反转转矩限制：PA12 TL=ON，使用外部输入模拟量转矩限制（TLA）
内部转矩限制方式选择	TL1	TL1=ON，参数 PD03～PD08 和 PD10～PD12 用于设置转矩限制值
正转启动	ST1	正转启动/反转启动信号
反转启动	ST2	<table><tr><th>ST2</th><th>ST1</th><th>旋转方向</th></tr><tr><td>0</td><td>0</td><td>停止（锁定）</td></tr><tr><td>0</td><td>1</td><td>CCW</td></tr><tr><td>1</td><td>0</td><td>CW</td></tr><tr><td>1</td><td>1</td><td>停止（锁定）</td></tr></table>
正转选择	RS1	选择转矩输出的方向
反转选择	RS2	<table><tr><th>RS2</th><th>RS1</th><th>转矩输出方向</th></tr><tr><td>0</td><td>0</td><td>停止</td></tr><tr><td>0</td><td>1</td><td>正转驱动，反转再生</td></tr><tr><td>1</td><td>0</td><td>反转驱动，正转再生</td></tr><tr><td>1</td><td>1</td><td>停止</td></tr></table>

信号名称	简称	功能说明
速度选择 1	SP1	通过 SP1/SP2/SP3 三个端子的组合编码进行速度选择。速度值由参数 PC05~PC11 设置
速度选择 2	SP2	速度控制模式下的速度指令选择如下

SP3	SP2	SP1	速度指令
0	0	0	VC 模拟量设置速度指令
0	0	1	PC05 设置内部速度指令 1
0	1	0	PC06 设置内部速度指令 2
0	1	1	PC07 设置内部速度指令 3
1	0	0	PC08 设置内部速度指令 4
1	0	1	PC09 设置内部速度指令 5
1	1	0	PC10 设置内部速度指令 6
1	1	1	PC11 设置内部速度指令 7

速度选择 3　SP3　转矩控制模式下的速度限制选择如下

SP3	SP2	SP1	速度限制
0	0	0	VLA 模拟量设置速度限制
0	0	1	PC05 设置内部速度限制 1
0	1	0	PC06 设置内部速度限制 2
0	1	1	PC07 设置内部速度限制 3
1	0	0	PC08 设置内部速度限制 4
1	0	1	PC09 设置内部速度限制 5
1	1	0	PC10 设置内部速度限制 6
1	1	1	PC11 设置内部速度限制 7

信号名称	简称	功能说明
比例控制	PC	本信号用于选择速度环的控制模式。如果 PC=ON，速度环控制模式从比例积分模式切换到比例模式。在比例积分模式下，伺服电机处于停止状态时，如果由于外力引起电机转动，系统会输出转矩以补偿位置偏差 如果选择比例控制（PC）=ON，定位完成（停止）后，轴处于锁定状态，即使有外力导致移动，也不产生转矩补偿位置偏差 长时间锁定时，应同时使比例控制（PC）=ON 和转矩控制（TL）=ON，用模拟转矩限制，使转矩输出在额定转矩以下
紧急停止	EMG	如果使 EMG=OFF，伺服电机立即进入急停状态，主电路断开，动态制动器动作
清零	CR	如果 CR=ON，在 CR=ON 的上升沿清除偏差计数器内的滞留脉冲。CR=ON 的脉冲宽度必须在 10ms 以上 设置参数 PD32="□□□1"，CR=ON 期间一直执行清零
电子齿轮选择 1	CM1	使用 CM1 和 CM2 时，设置参数 PD03~PD08 和 PD10~PD12
电子齿轮选择 2	CM2	通过 CM1 和 CM2 的组合，可以选择参数设置的 4 种电子齿轮比的分子 这是通过开关信号组合选择电子齿轮比的方法
增益切换	CDP	本信号用于增益切换，需要设置参数 PD03~PD08 和 PD10~PD12 CDP=ON，惯量比 GD2 和各增益值切换到参数 PB29~PB32 设置值

续表

信号名称	简称	功能说明
控制模式切换	LOP	<位置—速度控制切换模式> 在位置—速度控制切换模式下，切换模式如下 | LOP	控制模式 | |---|---| | 0 | 位置 | | 1 | 速度 | <速度—转矩控制切换模式> 在速度—转矩控制切换模式下，切换模式如下 | LOP | 控制模式 | | 0 | 速度 | | 1 | 转矩 | <转矩—位置控制切换模式> 在转矩—位置控制切换模式下，切换模式如下 | LOP | 控制模式 | | 0 | 转矩 | | 1 | 位置 |
第2加减速选择	STAB2	使用本信号时，需要设置参数 PD03～PD08 和 D10～PD12 在速度控制模式、转矩控制模式下，可以选择加减速时间常数 | STB2 | 加减速时间常数 | | 0 | 加速时间常数——PC01 减速时间常数——PC02 | | 1 | 加速时间常数 2——PC30 减速时间常数 2——PC31 | S 曲线加减速时间一直恒定
ABS 传送模式	ABSM	本信号=ON，表示系统进入 ABS 传送模式
ABS 传送请求	ABSR	ABS 数据传送请求信号
强制停止 2	EM2	关闭 EM2（与公共端开路），能够通过指令使伺服电机减速停止 强制停止状态下打开 EM2（与公共端短路）时，能够解除强制停止状态 （见下表） EM2 和 EM1 功能互斥 但在转矩控制模式时，EM2 和 EM1 变成相同功能的信号
强制停止 1	EM1	使用 EM1 时，将 PA04 设置为 "0□□□" 后能够使用 关闭 EM1（与公共端开路）后进入强制停止状态，切断主电路，动态制动器动作后使伺服电机减速停止 强制停止状态下打开 EM1（与公共端短路），能够解除强制停止状态

强制停止 2（EM2）中的减速方法表：

PA04 的设置	EM2/EM1 的选择	减速方法	
		EM2 或 EM1 为关闭	发生报警
0□□□	EM1	不进行强制停止减速关闭 MBR（电磁制动连锁）	不进行强制停止减速关闭 MBR（电磁制动连锁）
2□□□	EM2	强制停止减速后关闭 MBR（电磁制动连锁）	强制停止减速后关闭 MBR（电磁制动连锁）

3.3 输出信号

可以将输出信号分为以下 3 类。

（1）功能型输出信号（如故障报警、状态指示）。

（2）脉冲输出信号。

（3）模拟输出信号。

1. 功能型输出信号

这类信号是开关信号，在外部要连接继电器线圈或 PLC 输入信号（负载）。

这类输出信号回路由 DC24V 供电。DC24V 电源由外部供给。注意接线图上 DC24V 正负端的接法。输入/输出信号使用同一 DC24V 电源。

2. 脉冲输出信号

脉冲输出信号有以下两类。

一类是差动型脉冲输出，最大频率可达 4Mpps。

另一类是集电极开路型脉冲输出，最大频率可达 200kpps。

集电极开路型脉冲输出比较常用。

3. 模拟输出信号

在需要使用模拟量仪表监视伺服系统的各种工作状态时，系统提供了模拟量输出接口，可以接各种仪表和 GOT，对系统工作状态进行监视。

3.4 输出信号说明

输出信号多用于表示伺服系统工作状态，基本输出信号的功能如表 3-2 所示。

表 3-2 基本输出信号的功能

信号名称	简称	功能说明
故障	ALM	本信号为故障报警信号 电源=OFF 和保护电路主电路=OFF 时，ALM=OFF。无故障报警时，ALM=ON
准备完毕	RD	伺服系统自检完毕后，RD=ON
定位完毕	INP	本信号表示定位指令执行完毕。滞留脉冲小于设置的定位精度时，INP=ON。定位精度用参数 PA10 设置
速度到达	SA	本信号=ON，表示实际速度到达设置速度区间
速度限制中	VLC	电机速度达到速度限制区间时，VLC=ON 转矩控制模式下达到内部速度限制 1～7（参数 PC05～PC11）和模拟量速度限制（VLA）设置的速度限制区间时，VLC=ON
转矩限制中	TLC	本信号=ON，表示电机转矩处于被限制区间 当输出转矩到达正转转矩限制（参数 PA11）、反转转矩限制（参数 PA12）或模拟量转矩限制（TLA）设置的转矩时，TLC=ON
零速度	ZSP	电机转速为零速度（50r/min）以下时，ZSP=ON。零速度由参数 PC17 设置
电磁制动器互锁	MBR	本信号用于伺服电机抱闸回路。通过设置参数 PD13～PD16 和 PD18 或参数 PA04 使本信号有效。伺服 OFF 或报警时，MBR=OFF

续表

信号名称	简称	功能说明
警告	WNG	WNG 为轻度故障警告 使用本信号时，设置参数 PD13～PD16 和 PD18 定义分配输出引脚功能。报警发生时，WNG=ON；无报警时，WNG=OFF
电池报警	BWNG	使用此信号时，设置参数 PD13～PD16 和 PD18 定义分配输出引脚功能。电池断线报警（AL.92）或电池报警（AL.9F）发生时，BWNG=ON；无报警时，BWNG=OFF
报警代码	ACD0 ACD1 ACD2	由 ACD0～ACD2 组合成不同的报警内容
可变增益选择	CDPS	当系统处于增益切换状态时，CDPS=ON
绝对位置丢失	ABSV	如果绝对位置丢失，则 ABSV=ON
ABS 发送数据 bit0	ABSB0	在 ABS 发送数据时，本端子用于发送 ABS 数据 bit0
ABS 发送数据 bit1	ABSB1	在 ABS 发送数据时，本端子用于发送 ABS 数据 bit1
ABS 发送数据准备完毕	ABST	在 ABS 发送数据时，本端子用于发送准备完成信号

3.5　第 2 类输入信号

第 2 类输入信号的功能如表 3-3 所示，第 2 类输入信号就是模拟量信号和脉冲信号。

表 3-3　第 2 类输入信号的功能

信号名称	简称	功能说明
模拟量转矩限制	TLA	本信号用于对转矩限制的大小进行设置。在速度控制模式下使用此信号时，须用参数 PD13～PD16 模拟量转矩限制（TLA）有效时，伺服电机输出转矩在全范围内受其限制。TLA-LG 间需要施加 DC0～+10V，须将 TLA 和电源＋相连，+10V 时对应最大转矩限制值
模拟量转矩指令	TC	本接口为模拟量转矩指令输入接口。TC-LG 间输入 DC0～±8V，±8V 时对应最大转矩。另外，±8V 输入时的转矩可以通过参数 PC13 修改
模拟量速度指令	VC	模拟量速度指令输入接口 VC-LG 间输入 DC0～±10V，±10V 时达到参数 PC12 设置的转速
模拟量速度限制	VLA	本信号用于对速度限制值的设置。VLA-LG 间输入 DC0～±10V，±10V 时达到参数 PC12 设置的转速
正向脉冲串 反向脉冲串	PP NP PG NG	用于输入指令脉冲串 • 集电极开路型输入时，最大输入脉冲频率为 200kpps： 　PP-DOCOM 输入正向指令脉冲串 　NP-DOCOM 输入反向指令脉冲串 • 差动型输入时，最大输入脉冲频率为 4Mpps： 　PG-PP 输入正向指令脉冲串 　NG-NP 输入反向指令脉冲串 指令脉冲串的形式由参数 PA13 设置

3.6 第 2 类输出信号

第 2 类输出信号的功能如表 3-4 所示，第 2 类输出信号就是模拟量信号和脉冲信号。

表 3-4 第 2 类输出信号的功能

信号名称	简称	功能说明
编码器 Z 相脉冲 （集电极开路型）	OP	编码器 Z 相信号
编码器 A 相脉冲 （差动型）	LA LAR	本信号为从伺服驱动器输出的编码器 A 相脉冲；用参数 PA15 设置伺服电机旋转 1 周输出的脉冲数
编码器 B 相脉冲 （差动型）	LB LBR	当电机逆时针方向旋转时，B 相脉冲比 A 相脉冲的相位滞后$\pi/2$ A 相和 B 相脉冲的旋转方向和相位差之间的关系可用参数 PC19 设置
编码器 Z 相脉冲 （差动型）	LZ LZR	本信号为从伺服驱动器输出的编码器 Z 相信号。伺服电机每转 1 周输出 1 个 Z 相脉冲。每次到达零点位置时，OP=ON（负逻辑） 最小脉冲宽度约为 400μs。使用本信号进行原点回归的清零时，爬行速度应设置在 100r/min 以下

3.7 电源端子

电源端子的功能如表 3-5 所示。I/O 使用的电源为 DC24V 电源。模拟信号使用 DC15V 电源。

表 3-5 电源端子的功能

信号名称	简称	功能说明
电源端子	DICOM	DC24V+端子 输入/输出接口使用电源 DC24V（DC24V±10%，500mA）。电源容量根据使用的输入/输出的点数不同而改变
集电极开路用电源	OPC	以集电极开路型输入脉冲串时，此端子连接外部 DC24V+
公共端	DOCOM	DC0V 端子 是伺服放大器 EM2 等输入信号的公共端子，和 LG 是隔离的
DC15V 电源输出	PR15R	在 P15R-LG 间输出 DC15V，是 TC、TLA、VC 和 VLA 使用的电源。DC15V+端子
控制公共端	LG	TLA、TC、VC、VLA、FPA、FPB、OP、MO1、MO2 和 P15R 的公共端
屏蔽端 SD	SD	屏蔽线端子

3.8 I/O 端子使用说明

图 3-1 是输入/输出信号的外部接线和内部联通图。在伺服驱动器内部，同名端子在内部是连通的。例如：DICOM 端子是 20 脚、21 脚，都是 DC24V+，在内部是连通的；而 28 脚、30 脚、1 脚、7 脚、2 脚、34 脚都是 LG 端子，在内部是连通的。

3.8.1 开关量输入/输出

1. 开关量输入接口

以继电器触点、晶体管或操作面板按键作为开关。一般为漏型接法，如图 3-3 所示。

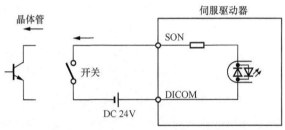

图 3-3　开关量输入接口接线图

2. 开关量输出接口

输出接口可以驱动灯、继电器线圈或光耦等负载。接感性负载时必须安装二极管（D），灯负载类型须安装消除浪涌电流电阻（R）。伺服驱动器内部最大可有 2.6V 的压降。一般为漏型接法，如图 3-4 所示。

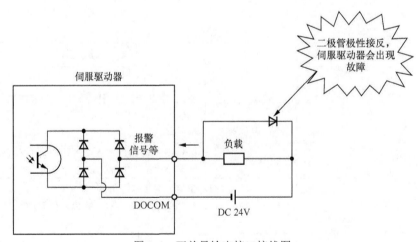

图 3-4　开关量输出接口接线图

3.8.2 脉冲输入

脉冲串输入接口有差动型或集电极开路型输入脉冲串信号。

1. 差动型

接线方法如图 3-5 所示。

2. 集电极开路型

接线方法如图 3-6 所示，注意必须连接外部 DC24V 电源。

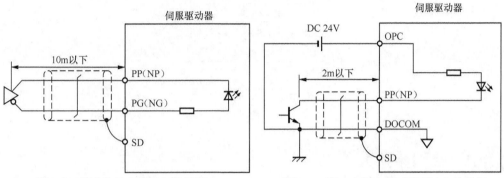

图 3-5　脉冲串差动型输入接线图　　　　图 3-6　脉冲串集电极开路型输入接线图

3.8.3　脉冲输出

编码器脉冲输出有差动型或集电极开路型。

1. 集电极开路型

接线方法如图 3-7 所示。

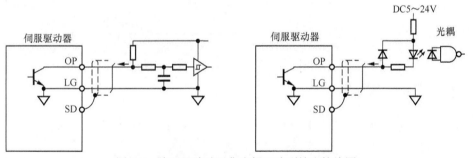

图 3-7　编码器脉冲以集电极开路型输出接线图

2. 差动型

接线方法如图 3-8 所示。

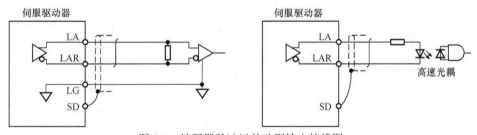

图 3-8　编码器脉冲以差动型输出接线图

3. 输出脉冲波形

输出脉冲波形如图 3-9 所示。

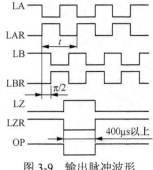

图 3-9　输出脉冲波形

3.8.4　模拟量输入

模拟量输入用于速度指令、转矩指令等设置，接线方法如图 3-10 所示。输入阻抗为 10～12kΩ。

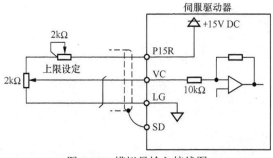

图 3-10　模拟量输入接线图

3.8.5　模拟量输出

模拟量输出用于输出各种工作状态数据，接线方法如图 3-11 所示。

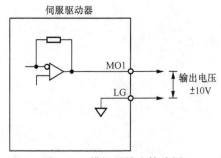

图 3-11　模拟量输出接线图

3.9　思考题

（1）伺服驱动器上的输入/输出端子有几种类型？怎么分类？各起什么作用？

（2）什么是功能型输入/输出信号？

（3）什么是模拟量输入信号？模拟量输入主要输入什么指令？

（4）伺服开启（SON）信号有什么作用？

（5）准备完毕（RD）信号是输入信号还是输出信号？

第 4 章

伺服系统的工作模式及接线

本章详细介绍伺服系统的各种工作模式和接线方法，以及相关参数的设置方法。

4.1 主电源回路/控制电源回路接线

主电源回路/控制电源回路接线图如图 4-1 所示。

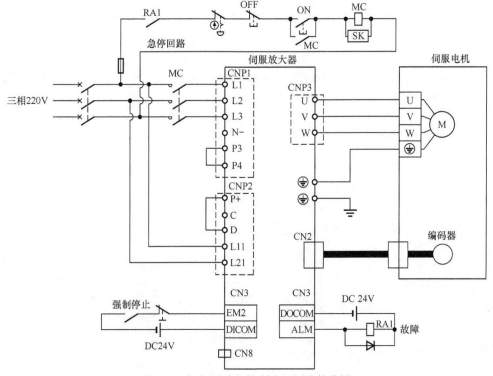

图 4-1 主电源回路/控制电源回路接线图

接线注意事项如下。

（1）主电源（L1/L2/L3）使用三相 AC200～240V。

特别注意：要根据伺服驱动器型号使用不同的电源。除使用三相 AC200～240V 电源外，还有单相 200V 级、单相 100V 级、三相 400V 级，如果使用的电源等级不对会立即烧毁伺服驱动器。

（2）控制电源（L11/L21）为 AC220V。

（3）主回路进线侧安装主接触器（MC），主接触器的线圈控制回路有急停开关和RA（系统报警）触点开关作为安全保护。当系统有报警发生时，RA触点开关=OFF，从而切断主接触器的线圈控制回路，导致主接触器=OFF。

（4）P3/P4为直流电抗器连接端子，出厂时已经连接有短路片。如果需要连接直流电抗器时，必须卸下短路片。

（5）P-C-D为制动单元连接端子，在P-D端子之间出厂时连接有短路片。如果要使用制动单元必须卸下短路片，将制动单元连接到P-C端子。

（6）如果使用电能回馈制动单元，将电能回馈制动单元连接于P-N端子之间。

（7）电机的接地线必须与驱动器接地端子相连，最后连接到控制柜的接地排（PE）上。

（8）所有I/O端子都由CN1接口引出到接线排上。

4.2 接通电源的步骤

（1）在主电路电源侧（三相220V，L1/L2/L3，或单相200V，L1/L2）安装主接触器，并能在报警发生时从外部断开主接触器。（急停回路）

（2）控制电路电源L11/L21应与主电路电源同时接通或比主电路电源先接通。如果主电路电源不接通，会报警，当主电路电源接通后，报警消除，可正常运行。

（3）在主电路电源接通1～2s后伺服开启（SON）=ON。所以，如果在主电路电源接通的同时使SON=ON，1～2s后基板主电路=ON，约20ms后准备完毕（RD）=ON，伺服驱动器处于READY状态（准备完毕）。

如果伺服开启（SON）=OFF，则基板主电路=OFF，准备完毕（RD）=OFF。

（4）当复位（RES）=ON，则基板主电路=OFF，伺服电机处于自由停车状态。

电源接通时序图如图4-2所示。

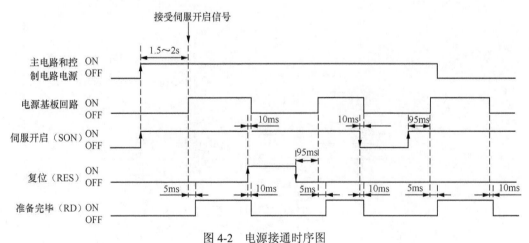

图4-2 电源接通时序图

4.3 位置控制模式接线图

位置控制模式接线图如图4-3所示。

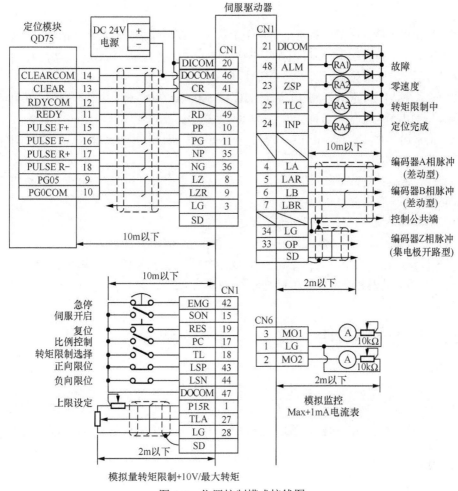

图 4-3 位置控制模式接线图

4.3.1 接线说明

设置参数 PA01=0000，就选择位置控制模式。位置控制模式接线图参见图 4-3。输入/输出端子都从 CN1 接口引出。

输入/输出端子的定义按位置控制模式定义，必须由外部提供 DC24V 电源。常规接法是输入/输出都为漏型接法。

（1）位置控制模式中，必须有控制单元对伺服驱动器发出位置指令脉冲。在图 4-3 中，控制器为三菱运动控制模块 QD75。运动控制模块可以发出差动型脉冲信号，同时可以发出清零 CR 信号和准备完毕 RD 信号。

在其他控制模式中，不使用脉冲输入。

（2）开关量指令信号如急停、伺服开启、复位、上限位、下限位等，按图 4-3 所示进行连接。

（3）由于位置控制中的速度指令可以由控制器发出，所以不使用模拟量控制速度，但必须限制转矩以避免损坏设备。转矩限制值可以用模拟量方式设置。在图 4-3 中，将 P15R、TLA 和 LG 端子接入电位器以设置模拟信号。

（4）为防止触电，必须将伺服驱动器保护接地 PE 端子连接到控制柜的保护地端子

（PE）上。

（5）与输出负载并联的二极管的方向不能接反，否则伺服驱动器产生故障，信号不能输出，紧急停止 EMG 等保护电路可能无法正常工作。

（6）必须安装紧急停止开关"常 ON 触点"。

（7）输入/输出接口使用电源 DC24V±10%，300mA，电源必须由外部提供。300mA 为使用全部输入/输出信号时的电流值。输入/输出点数减少，电流值可减少。

（8）正常运行时，紧急停止 EMG 和上/下限位行程开关（LSP·LSN）必须为 ON，使用常 ON 触点。

（9）在正常运行时，故障报警（ALM）=ON；出现报警时，ALM=OFF。通过 PLC 程序处理该信号时，注意是常 ON 触点。

（10）同名信号在伺服驱动器内部是接通的。

（11）以差动型输入指令脉冲串时，控制器与驱动器的最大距离为 10m。

（12）以集电极开路型输入指令脉冲串时，控制器与驱动器的最大距离为 2m。

（13）伺服驱动器和个人计算机可以使用 USB 或 RS-422 连接。

4.3.2　信号详细说明

1. 脉冲串输入

因为是位置控制，所以必须有作为位置指令的脉冲串输入。

（1）输入脉冲的波形选择。

位置指令脉冲串有 3 种输入形式可供选择，可选择正逻辑和负逻辑。指令脉冲串的形式用参数 PA13 设置。

（2）连接。

① 集电极开路型（集电极开路是指晶体管的发射极接地，集电极接信号端）。

连接方式如图 4-4 所示。

设置样例如下。

输入波形设置为负逻辑、正转脉冲串/反转脉冲串（设置参数 PA13=0010），晶体管的 ON/OFF 关系如图 4-5 所示。

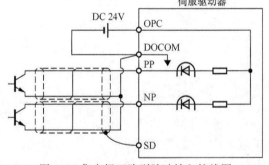

图 4-4　集电极开路型脉冲输入接线图

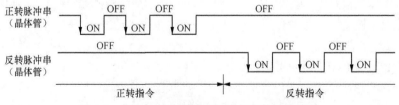

图 4-5　集电极开路型脉冲形式与参数设置关系

② 差动型。

连接方式如图 4-6 所示。（注意无须专门外接电源）

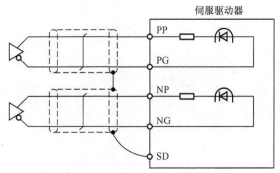

图 4-6 差动型脉冲输入接线图

设置样例如下。

输入波形设置为负逻辑，正转脉冲串/反转脉冲串（设置参数 PA13=0010）。PP、PG、NP 和 NG 的波形是以 LG 为基准的波形，如图 4-7 所示。

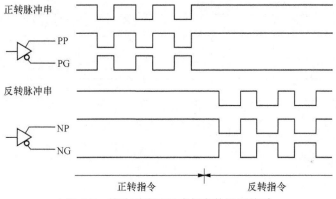

图 4-7 差动型脉冲形式与参数设置关系

2. 定位完毕（INP）（输出信号）

定位完毕（INP）信号是非常重要的信号，表示定位运行完成。

偏差计数器内滞留脉冲在设置的定位完成范围（参数 PA10）以内时，INP 变为 ON。

注意 如果定位完成范围设置较大，在低速转动时 INP 可能一直处于 ON 状态，如图 4-8 所示。

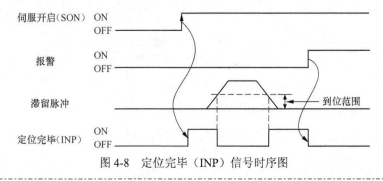

图 4-8 定位完毕（INP）信号时序图

----

3. 准备完毕（RD）（输出信号）

准备完毕（RD）信号表示系统自检完成，可以进行正常工作，如图 4-9 所示。

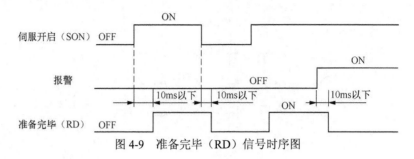

图4-9　准备完毕（RD）信号时序图

4. 电子齿轮的切换

通过 CM1 和 CM2 的组合编码，用户可以选择 4 种不同的电子齿轮比的分子，如表 4-1 所示。如果在切换信号时电机发生振动，须调节平滑运行参数（参数 PB03）使电机平稳运行。

表 4-1　CM1/CM2 端子与电子齿轮比关系

外部输入信号		电子齿轮比的分子
CM2	CM1	
0	0	参数 PA06
0	1	参数 PC32
1	0	参数 PC33
1	1	参数 PC34

注：0：OFF，1：ON。

5. 转矩限制

（1）参数设置方式。

参数 PA11（正转转矩限制）及参数 PA12（反转转矩限制）用于设置转矩限制值。如果设置完参数 PA11 或参数 PA12，伺服电机运行中的转矩一直会受该参数限制。转矩限制值和伺服电机转矩的关系如图 4-10 所示。

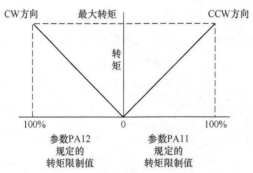

图4-10　转矩限制值和伺服电机转矩的关系

（2）模拟量设置转矩限制值方式。

可以用模拟量设置转矩限制值。模拟量转矩限制（TLA）的输入电压与转矩限制值的关系如图 4-11 所示。

（3）转矩限制中（TLC）。

电机的转矩达到正转转矩限制、反转转矩限制或模拟量转矩限制所设置的数值时，TLC=ON。

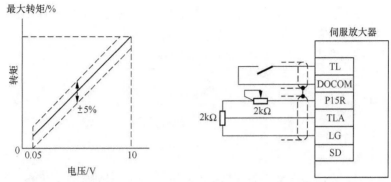

图 4-11　模拟量转矩限制（TLA）的输入电压与转矩限制值的关系

4.4　速度控制模式

4.4.1　概述

设置参数 PA01=0002，就选择速度控制模式。速度控制模式接线图参见图 4-12。输入/输出端子都从 CN1 接口引出。输入/输出端子的功能按速度控制模式定义。

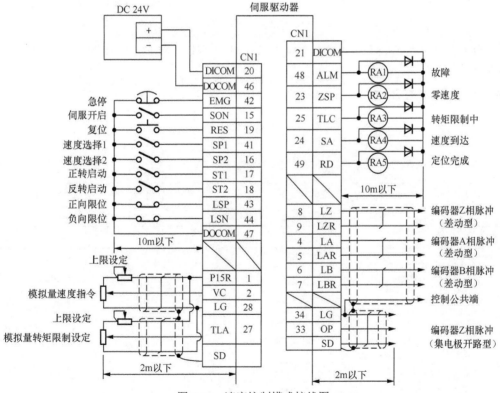

图 4-12　速度控制模式接线图

使用速度控制模式时，伺服驱动器就相当于变频器。速度控制模式接线要点如下。

（1）速度控制模式不需要接控制单元，所以可以省略如 QD75 等控制单元，只需外部开关就可以控制伺服驱动器的运行。

（2）可以用模拟量直接设置速度指令。在图 4-12 中，使用电位器可以直接设置和调节速度。

（3）在速度控制模式下，没有定位控制要求，但需要对电机转矩进行限制。使用模拟量信号可以设置转矩限制值。

（4）在速度控制模式下，伺服驱动器可视作变频器。

4.4.2 设置

1. 速度设置

（1）速度指令和转速。

速度指令可以由参数设置或由外部模拟信号设置。电机按设置的速度指令运行。模拟量速度指令（VC）的输入电压与电机转速之间的关系如图 4-13 所示。±10V 对应最大速度。另外，±10V 所对应的转速可以用参数 PC12 设置。

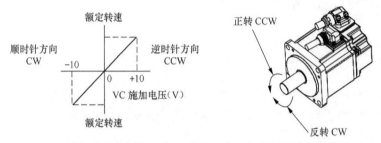

图 4-13　模拟量速度指令（VC）的输入电压与电机转速之间的关系

由正转启动信号（ST1）和反转启动信号（ST2）控制旋转方向，如表 4-2 所示。

表 4-2　正转启动信号（ST1）和反转启动信号（ST2）控制旋转方向

外部输入信号		旋转方向			
ST2	ST1	模拟量速度指令（VC）			内部速度指令
		正	0V	负	
0	0	停止	停止	停止	停止
0	1	逆时针	停止	顺时针	逆时针
1	0	顺时针	停止	逆时针	顺时针
1	1	停止	停止	停止	停止

接线方式如图 4-14 所示。

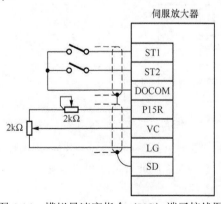

图 4-14　模拟量速度指令（VC）端子接线图

（2）速度设置及多段速度选择。

使用速度选择 1（SP1）和速度选择 2（SP2）、速度选择 3（SP3）端子的组合，可以选择多段速度。各段的速度可以用参数设置，也可选择用 VC 设置速度。具体选择如表 4-3 所示。

表 4-3　SP1 和 SP2、SP3 端子的组合信号与实际速度的关系

SP3	SP2	SP1	速度指令
0	0	0	VC 模拟量设置速度指令
0	0	1	PC05 设置内部速度指令 1
0	1	0	PC06 设置内部速度指令 2
0	1	1	PC07 设置内部速度指令 3
1	0	0	PC08 设置内部速度指令 4
1	0	1	PC09 设置内部速度指令 5
1	1	0	PC10 设置内部速度指令 6
1	1	1	PC11 设置内部速度指令 7

2. 速度到达（SA）（输出信号）

电机转速到达设定速度时，SA=ON，如图 4-15 所示。

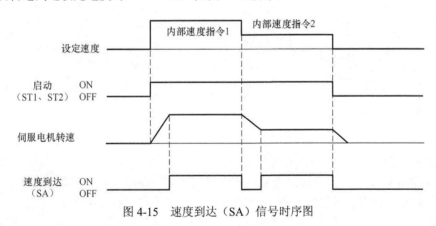

图 4-15　速度到达（SA）信号时序图

4.5　转矩控制模式

（1）转矩控制是以电机输出转矩为控制对象的工作模式。在以转矩控制模式工作时，系统根据指令转矩输出电机转矩并跟随指令转矩进行调整和保持。

（2）当电机的输出转矩和负载转矩达到平衡时，电机的转速将为恒定速度，因此转矩控制时的电机转速是由负载决定的。

（3）转矩控制时，如果电机的输出转矩大于负载转矩，电机将会加速，速度会一直上升。为了避免电机出现过速度，必须进行速度限制，伺服系统提供了限制速度的方法。

在速度限制过程中，系统处于速度控制状态，无法实施转矩控制。

（4）速度限制未进行设定时，将视为速度限制值的设定为 0Hz，无法实施转矩控制。

在实际进行转矩控制时，因为设定的指令转矩一般要大于负载转矩，所以电机就一直加

速旋转，直至到达速度限制值时，以速度限制值运行，这样就形成了速度限制值是速度指令值的误解。

4.5.1　概述

转矩控制模式接线图如图 4-16 所示。

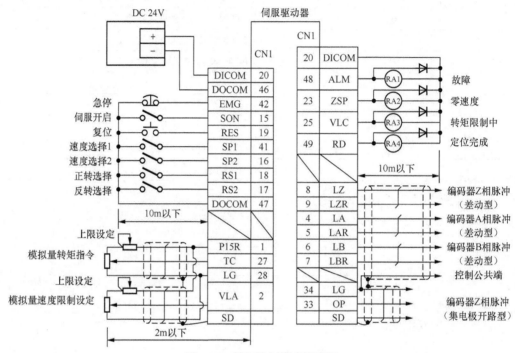

图 4-16　转矩控制模式接线图

设置参数 PA01=0004，就选择转矩控制模式。输入/输出端子都从 CN1 接口引出。

输入/输出端子的功能按转矩控制模式定义。转矩控制模式的设置和连接要点如下。

（1）转矩控制模式不需要接控制单元，只需外部开关控制各输入信号。

（2）转矩指令直接用模拟信号设置，在（TC-LG）端子之间输入。

（3）在转矩控制模式中，必须对速度进行限制。可使用模拟信号设置速度限制值，模拟信号从（VLA-LG）端子之间输入，也可以使用参数设置速度限制值。

4.5.2　设置

1. 转矩指令和输出转矩

转矩指令以模拟信号的方式输入。从模拟量转矩指令（TC）端子输入的电压与转矩的关系如图 4-17 所示。±8V 对应最大转矩，±8V 对应的输出转矩用参数 PC13 设置。

2. 转矩方向设置

使用模拟转矩指令（TC）时，由正转选择（RS1）和反转选择（RS2）决定的转矩输出的方向如表 4-4 所示，接线方式如图 4-18 所示。

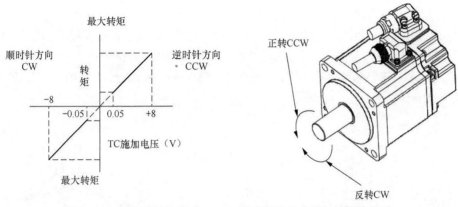

图 4-17 模拟量转矩指令（TC）端子输入的电压与转矩的关系

表 4-4 正转选择（RS1）和反转选择（RS2）与转矩方向

外部输入信号		转矩方向		
		模拟量转矩指令（TC）		
RS2	RS1	正（＋）	0	负（－）
0	0	不输出转矩	不输出转矩	不输出转矩
0	1	逆时针 正转驱动，反转再生		顺时针 反转驱动，正转再生
1	0	顺时针 反转驱动，正转再生		逆时针 正转驱动，反转再生
1	1	不输出转矩		不输出转矩

3. 模拟量转矩指令偏置补偿

使用参数 PC38，可以对 TC 设置 –999～+999mV 的电压偏置（偏置——纵坐标值=0 时的横坐标值。通过设置偏置值可以调节工作曲线的前后移动）进行补偿，如图 4-19 所示。

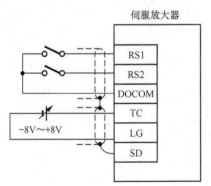

图 4-18 模拟量转矩指令（TC）端子接线图

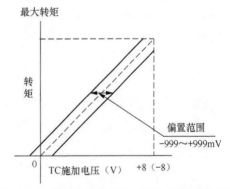

图 4-19 模拟量转矩指令（TC）的偏置量设置

4. 转矩限制

只能以参数设置转矩限制值，不能使用模拟量设置。以参数 PA11（正转转矩限制）或参数 PA12（反转转矩限制）设置转矩限制值，运行中会一直限制最大转矩。

5. 速度限制

在转矩限制模式中，必须对转速进行限制。

（1）速度限制值和转速。

使用参数 PC05～PC11（内部速度限制 1～7）设置的转速或以模拟量速度限制（VLA）设置的转速作为速度限制值。模拟量速度限制（VLA）输入的电压与电机转速的关系如图 4-20 所示。如果电机转速达到速度限制值，转矩控制可能变得不稳定，所以必须使限制速度大于工作速度 100r/min 以上。

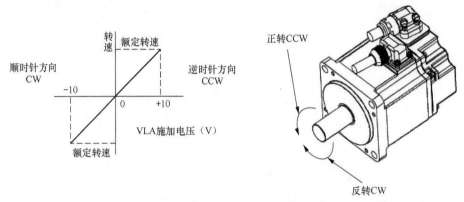

图 4-20　模拟量速度限制（VLA）输入的电压与电机转速的关系

（2）速度限制的方向。

正转选择（RS1）和反转选择（RS2）与速度限制方向的关系，如表 4-5 所示。模拟量速度限制（VLA）端子的接线方式如图 4-21 所示。

表 4-5　正转选择（RS1）和反转选择（RS2）与速度限制方向的关系

外部输入信号		速度限制方向		
RS1	RS2	模拟量速度限制（VLA）		内部速度限制
		正（＋）	负（－）	
1	0	逆时针	顺时针	逆时针
0	1	顺时针	逆时针	顺时针

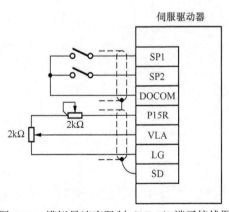

图 4-21　模拟量速度限制（VLA）端子接线图

（3）速度限制值的设置方法。

① 参数设置方法——端子组合法。

用速度选择 1（SP1）端子、速度选择 2（SP2）端子、速度选择 3（SP3）端子的组合选择参数，从而选择速度限制值，如表 4-6 所示。

表 4-6 多级速度限制

输入信号			速度限制值
SP3	SP2	SP1	
0	0	0	VLA 模拟量设置速度限制
0	0	1	参数 PC05 设置内部速度限制 1
0	1	0	参数 PC06 设置内部速度限制 2
0	1	1	参数 PC07 设置内部速度限制 3
1	0	0	参数 PC08 设置内部速度限制 4
1	0	1	参数 PC09 设置内部速度限制 5
1	1	0	参数 PC010 设置内部速度限制 6
1	1	1	参数 PC011 设置内部速度限制 7

② 使用模拟量设置方法。

在 VLA 端子输入模拟量从而设置速度限制值。

（4）模拟量速度限制（VLC）（输出信号）。

当电机转速达到设置的速度限制值时，VLC=ON。VLC 是表示工作状态的信号。

4.6 位置—速度控制切换模式

如果工作机械既要求在位置控制模式下运行，又要求在速度控制模式下运行，则可以使用位置—速度控制工作模式。

设置参数 PA01="□□□1"，即选择位置—速度控制工作模式。

如果使用绝对位置检测系统，则不能使用位置—速度控制工作模式。

使用控制模式切换（LOP）端子，可切换位置控制模式和速度控制模式。LOP 和控制模式的关系如下。

LOP=0，位置控制模式。

LOP=1，速度控制模式。

控制模式的切换可以在零速度状态进行。但为安全起见，应该在电机停止后进行切换。从位置控制模式切换到速度控制模式时，滞留脉冲被全部清除。

如果在高于零速度的状态下切换 LOP 信号，即使速度随后降到零速度以下，也不能进行控制模式切换。切换的时序图如图 4-22 所示。

如图 4-22 所示，ZSP≠ON 时，即使 LOP=ON 或 LOP=OFF，也不能进行切换，随后即使 ZSP 变为 ON 也不能进行切换。

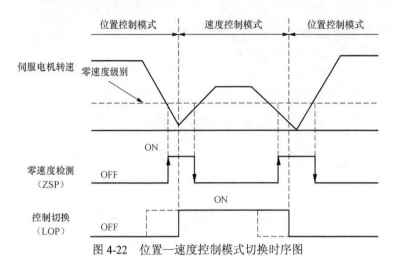

图 4-22 位置—速度控制模式切换时序图

4.7 速度—转矩控制工作模式

设置参数 PA01="□□□3"，选择速度—转矩控制工作模式。

使用控制模式切换（LOP）端子，可切换速度控制模式和转矩控制模式。

LOP 与控制模式的关系如下。

LOP=0，速度控制模式。

LOP=1，转矩控制模式。

控制模式的切换可在任何时段进行，切换的时序图如图 4-23 所示。

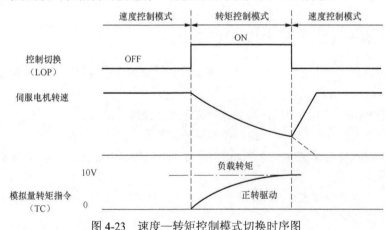

图 4-23 速度—转矩控制模式切换时序图

> **注意** 如果在切换到转矩控制模式的同时，设置启动信号（ST1、ST2）=OFF，那么伺服电机将按照设置的减速时间减速直至停止。

4.8 转矩—位置控制切换模式

设置参数 PA01="□□□5"，选择使用转矩—位置控制工作模式。

使用控制模式切换（LOP）端子，可切换转矩控制模式和位置控制模式。

LOP 与控制模式的关系如下。

LOP=0，转矩控制模式。

LOP=1，位置控制模式。

控制模式的切换可以在零速度状态时进行。但为安全起见，应该在电机停止后进行切换。从位置控制模式切换到转矩控制模式时，滞留脉冲被全部清除。

不能在高于零速度的转速下进行工作模式切换，否则即使速度随后降到零速度以下，也不能进行控制模式切换。切换的时序图如图 4-24 所示。

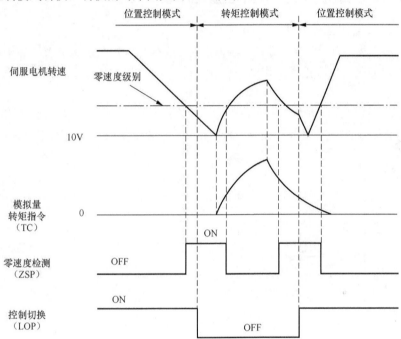

图 4-24　转矩—位置控制模式切换时序图

4.9　报警发生时的时序图

当报警发生时，时序图如图 4-25 所示。

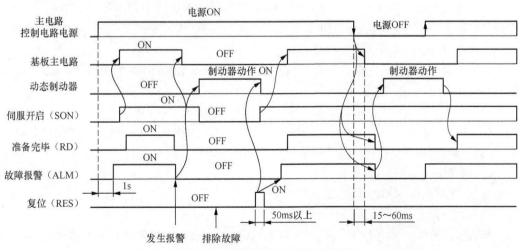

图 4-25　报警发生时各信号时序图

（1）伺服开启（SON）=ON，基板主电路=ON。

（2）故障报警（ALM）发生时切断基板主电路，使伺服开启（SON）=OFF，断开电源，同时使动态制动器=ON。

（3）复位（RES）=ON，解除报警（ALM=OFF），并且使动态制动器=OFF。

4.10　带电磁制动器的伺服电机

1. 电磁制动器的工作原理

如果伺服电机带有电磁制动器——俗称抱闸，抱闸工作电源为 DC24V。当抱闸线圈=ON，制动器打开，伺服电机可正常工作。当抱闸线圈=OFF，制动器关闭，伺服电机被抱闸机械制动。

MBR 信号是伺服驱动器专门用于控制电磁制动器回路的输出信号。MBR 信号受到伺服开启（SON）信号的控制。MBR 信号是输出信号。图 4-26 所示为抱闸控制回路的接线图。

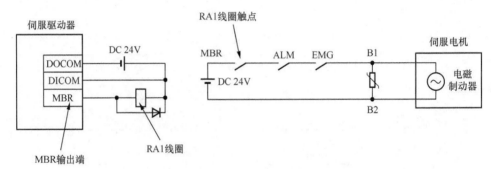

图 4-26　抱闸控制回路的接线图

在抱闸控制回路中，特别说明如下。

（1）RA 触点受 SON 开关、ALM 开关、MBR 开关控制。

（2）EMG 急停开关由外力切断。

2. 注意事项

使用带电磁制动器的伺服电机，必须注意以下事项。

（1）设置参数 PA04=“□□□1”，使电磁制动器互锁（MBR 信号有效）。在参数 PC16——电磁制动器动作时间中设置延迟时间，该延迟时间为伺服开启（SON）=OFF 时，从电磁制动器开始动作到基板主电路断开的时间。

（2）电源不能使用 I/O 接口的 DC24V 电源，必须使用电磁制动器专用电源，这是因为如果 DC24V 有压降会导致抱闸无法打开。

（3）电源（DC24V）=OFF，电磁制动器=OFF，伺服电机被制动。

（4）复位（RES）=ON，基板主电路=OFF。用于垂直负载时，必须使用电磁制动器制动。

（5）伺服电机停止后，必须使伺服开启（SON）=OFF。

3. 时序图

各相关信号的 ON/OFF 动作如下。

（1）伺服开启（SON）=OFF。

当伺服开启（SON）=OFF，经过 Tb 延迟时间之后，基板主电路=OFF，伺服锁定被解除，伺服电机处于自由停车状态。MBR 信号的动作时序图如图 4-27 所示。

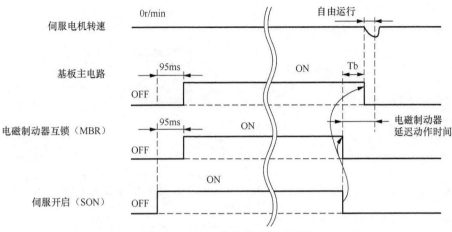

图 4-27 MBR 信号的动作时序图

在垂直负载场合，为防止垂直负载坠落，必须先使电磁制动器动作，延迟 Tb 时间之后，再切断基板主电路。

基板主电路断开后，伺服锁定被解除，所以必须正确设置 Tb 延迟时间。

（2）伺服开启（SON）=ON。

① 延迟 95ms 后，MBR=ON。

② 延迟 95ms 后，基板主电路=ON。

所以关键信号是 SON。

4. 急停（EMG）的 ON/OFF

急停信号发生时，MBR 信号的动作时序图如图 4-28 所示。

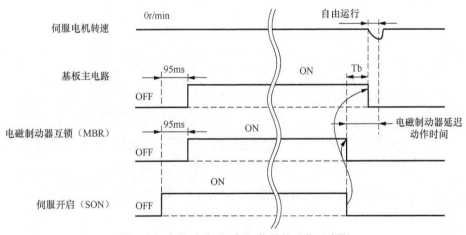

图 4-28 急停动作时 MBR 信号的动作时序图

（1）当急停（EMG）=OFF，急停生效。

基板主电路=OFF，延迟约 10ms，动态制动器开始动作。

MBR=OFF，在经过设置的延迟时间后电磁制动器开始动作。

（2）当急停（EMG）=ON（正常状态）。

延迟 95ms 后，MBR=ON，电磁制动器=ON。延迟 95ms 后，基板主电路=ON。

5. 报警（ALM）的 ON/OFF

报警发生时，MBR 的动作如图 4-29 所示。

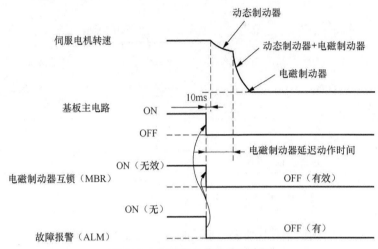

图 4-29 报警信号的动作时序图

当报警（ALM）=OFF，基板主电路=OFF，延迟约 10ms，动态制动器开始动作。MBR=OFF，经过设置的延迟时间后电磁制动器开始动作。

6. 外部主回路电源=OFF 与控制回路电源=OFF

外部主回路电源=OFF 与控制回路电源=OFF 时，MBR 的动作时序图如图 4-30 所示。

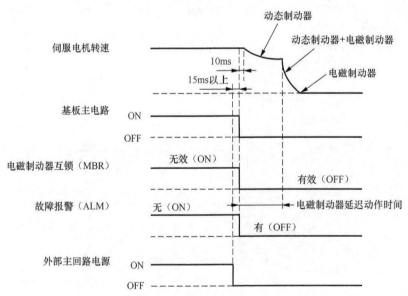

图 4-30 外部主回路电源＝OFF 与控制回路电源=OFF 时各信号的动作时序图

当外部主回路电源=OFF，延迟 15ms 后：

① 基板主电路=OFF；

② ALM=OFF；

③ MBR=OFF。

再延迟 10ms，伺服电机在动态制动器动作下减速停止。

7. 只有外部主回路电源=OFF（控制回路电源=ON）

当外部主回路电源=OFF、控制回路电源=ON 时，MBR 动作时序图如图 4-31 所示。

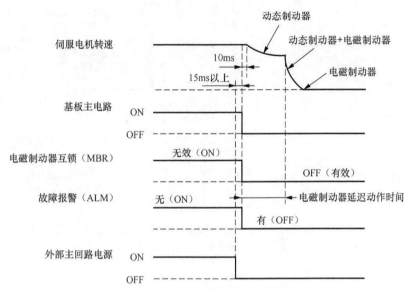

图 4-31　外部主回路电源=OFF 与控制回路电源=ON 时各信号的动作时序图

当外部主回路电源=OFF，延迟 15ms 后：

① 基板主电路=OFF；

② ALM=OFF；

③ MBR=OFF。

再延迟 10ms，伺服电机在动态制动器动作下减速停止。

8. 电磁制动器接线

电磁制动器的接线图如图 4-32 所示。

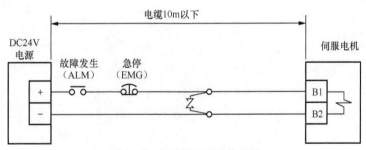

图 4-32　电磁制动器的接线图

（1）尽量在靠近伺服电机的位置连接浪涌吸收器。

（2）电磁制动器（B1、B2）端子无极性。

4.11　接地

伺服驱动器是通过控制功率晶体管的通断来给伺服电机供电的。晶体管的高速通断产生了电磁干扰，为了防止这种情况发生，请参照图 4-33 进行接地。

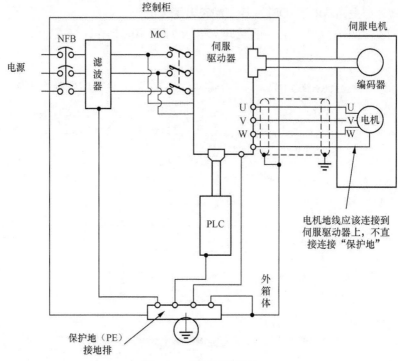

图 4-33 伺服系统接地

（1）伺服驱动器和伺服电机必须确保接地良好。

（2）为防止触电，伺服驱动器的保护接地（PE）端子必须接到控制柜的保护地（PE）。

（3）PLC 控制器的接地端也必须接地。

4.12 思考题

（1）什么是主电源回路？什么是控制电源回路？

（2）在位置控制模式中，如何连接脉冲输入信号？

（3）在速度控制模式中，可以使用模拟信号作为速度指令吗？

（4）在转矩控制模式中，如何做速度限制？

（5）伺服电机的接地线应该与伺服驱动器连接吗？

第 5 章

伺服系统的参数

本章对伺服系统的参数进行了详细解释说明。参数赋予了伺服系统各种性能。

5.1 参数组的分类

伺服系统所使用的参数分为 4 组，各组的功能如表 5-1 所示。

表 5-1 参数组分类

参数组	主要内容
PA00 基本参数	对伺服系统基本性能进行设置
PB00 增益/滤波器参数	调整增益及各滤波器参数
PC00 速度及转矩控制参数	用于设置速度控制/转矩控制时的性能
PD00 输入/输出端子设置参数	用于改变输入/输出端子定义

对各组参数的读/写保护用参数 PA19 进行设置，参数 PA19 简称 BLK，功能是对参数的读/写保护，初始设置为 PA19=000B，在位置、速度、转矩模式下均适用。其规定如表 5-2 所示。

表 5-2 对参数组的读/写保护范围

PA19	读/写	基本参数	增益参数	速度转矩控制参数	输入输出端子定义参数
0000h	读	O	*	*	*
	写	O	*	*	*
000Bh	读	O	O	O	*
	写	O	O	O	*
000Ch	读	O	O	O	O
	写	O	O	O	O
100Bh	读	O	*	*	*
	写	只有 PA19	*	*	*
100Ch	读	O	O	O	O
	写	只有 PA19	*	*	*

注：O 表示可执行；*表示不可执行。

5.2　基本参数

基本参数是定义伺服系统基本性能的参数。下文中各参数表头中 PA01～PA16 为基本参数。

参数			初始值	单位	设置范围	控制模式		
序号	简称	名称				位置	速度	转矩
PA01	STY	控制模式	0000h			O	O	O

参数 PA01 用于选择控制模式。选择控制模式是使用伺服系统的首要工作。

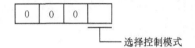

选择控制模式

0：位置控制模式。

1：位置—速度控制模式。

2：速度控制模式。

3：速度—转矩控制模式。

4：转矩控制模式。

5：转矩—位置控制模式。

参数 PA01 设置后，须执行电源 OFF→ON，参数方能生效。

参数			初始值	单位	设置范围	控制模式		
序号	简称	名称				位置	速度	转矩
PA02	REG	再生制动部件	0000h			O	O	O

使用再生制动部件时，按照表 5-3 所示设置参数 PA02。

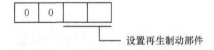

设置再生制动部件

表 5-3　系统使用的再生制动部件

设置值	再生制动部件
00	不使用再生制动部件。使用 100W 驱动器时，不使用再生电阻。使用 0.2～7kW 驱动器时，使用内置再生电阻
01	FR-RC/FR-CV/FR-BU2 使用 FR-RC、FR-CV 及 FR-BU2 时，设置[Pr.PC27]=0001
02	MR-RB032
03	MR-RB12
04	MR-RB32
05	MR-RB30
06	MR-RB50
08	MR-RB31
09	MR-RB51
0B	MR-RB3N
0C	MR-RB5N

注意：

- 设置参数 PA02 后，须执行电源 OFF→ON，参数方能生效。
- 如果设置错误，可能烧坏再生制动部件。
- 选择与伺服驱动器不匹配的再生制动部件，将出现参数异常报警 AL.37。

参数			初始值	单位	设置范围	控制模式		
序号	简称	名称				位置	速度	转矩
PA03	ABS	绝对位置检测系统	0000h			O		

在位置控制模式下使用绝对位置检测系统时，设置参数 PA03。

选择绝对位置检测系统

0：使用增量检测系统。

1：使用绝对位置检测系统，通过 DIO 进行 ABS 传送。

设置参数 PA03 后，须执行电源 OFF→ON，参数方能生效。

参数			初始值	单位	设置范围	控制模式		
序号	简称	名称				位置	速度	转矩
PA04	AOP1	强制停止减速功能	2000h					

PA04＝"0□□□"，强制停止减速功能无效（使用 EM1）。

PA04＝"2□□□"，强制停止减速功能有效（使用 EM2）。

参数 PA04 设置后，须执行点 OFF→ON，参数方能生效。

参数			初始值	单位	设置范围	控制模式		
序号	简称	名称				位置	速度	转矩
PA05	FBP	伺服电机旋转 1 转所需的指令输入脉冲数	10000		1000～50000	O		

如果设置参数 PA05＝"0"（初始值），电子齿轮比（参数 PA06、PA07）生效。

PA05＝1000～50000，电子齿轮比无效。该值为使伺服电机旋转 1 周所需的指令输入脉冲数，如图 5-1 所示。

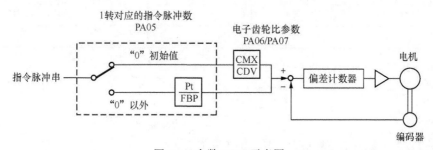

图 5-1 参数 PA05 示意图

由于电机编码器的分辨率随型号变化，所以可以设置 PA05＝0，由电子齿轮比来调节指令脉冲与电机转速的关系。

也可以直接设置每转指令脉冲数，使其与机械行程相适应，这种方法更方便。

使用 PA05 直接设置每转指令脉冲数，不需要经过电子齿轮比调节。如螺距=10mm，设置 PA05=10000，则 1 脉冲对应 1μm。

PA05 是重要参数。

参数			初始值	单位	设置范围	控制模式		
序号	简称	名称				位置	速度	转矩
PA06	CMX	电子齿轮比分子（指令脉冲倍率分子）	1		1～16777215	O		
PA07	CDV	电子齿轮比分母（指令脉冲倍率分母）	1		1～16777215	O		

电子齿轮比就是指令脉冲被放大的倍率。

（1）电子齿轮比的设置范围为 1/10<（CMX/CDV）<4000。

如果设置值超出此范围，则可能导致伺服电机加减速时发出噪音，也不能按照设置的速度或加减速时间运行。

（2）必须在伺服驱动器=OFF 的状态下设置电子齿轮比。

（3）计算公式：

$$电机旋转 1 转所需指令脉冲数×电子齿轮比=编码器分辨率$$
$$电子齿轮比=编码器分辨率÷电机旋转 1 转所需指令脉冲数$$

计算基准是编码器分辨率。

可以这样理解。

① 电机旋转 1 转所需指令脉冲数=编码器分辨率。

② 电机旋转 1 转的行程=螺距/减速比。

③ 电机旋转 1 转的行程对应的脉冲=编码器分辨率。

④ 机械单位行程所需要的脉冲=编码器分辨率/（螺距/减速比）。

（4）电子齿轮比从功能上来看就是指令脉冲的放大倍率。

如果电子齿轮比的值超过 4000，必须进行约分使其符合要求，否则会报错，约分可以按四舍五入方式进行。

参数			初始值	单位	设置范围	控制模式		
序号	简称	名称				位置	速度	转矩
PA08	ATU	增益调整模式	0001h			O	O	
PA09	RSP	自动响应等级	16			O	O	

（1）参数 PA08——选择增益调整模式。

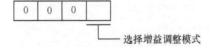

参数 PA08 的设置值与增益调整模式的关系如表 5-4 所示。

表 5-4　参数 PA08 的设置值与增益调整模式的关系

PA08 设置值	增益调整模式	自动调整参数
0	插补模式	PB06　PB08　PB09　PB10

续表

PA08 设置值	增益调整模式	自动调整参数
1	自动调整模式 1	PB06 PB07 PB08 PB09 PB10
2	自动调整模式 2	PB07 PB08 PB09 PB10
3	手动模式	
4	增益调整模式 2	PB08 PB09 PB10
参数号	名称	
PB06	负载惯量比	
PB07	模型环增益	
PB08	位置环增益	
PB09	速度环增益	
PB10	速度积分补偿	

（2）参数 PA09——选择自动响应等级。

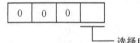

| 0 | 0 | 0 | |

选择自动响应等级

参数 PA09 用于设置自动响应等级，设置值与机械共振频率的关系如表 5-5 所示。

表 5-5 自动响应等级与机械共振频率的关系

PA09 设置值	机械特性		PA09 设置值	机械特性	
	响应性	机械共振频率基准（Hz）		响应性	机械共振频率基准（Hz）
1	低响应	2.7	21	中响应	67.1
2		3.6	22		75.6
3		4.9	23		85.2
4		6.6	24		95.9
5		10	25		108
6		11.3	26		121.7
7		12.7	27		137.1
8		14.3	28		154.4
9		16.1	29		173.9
10		18.1	30		195.9
11		20.4	31		220.6
12		23	32		248.5
13	中响应	25.9	33	高响应	279.9
14		29.2	34		315.3
15		32.9	35		355.1
16		37	36		400
17		41.7	37		446.6
18		47	38		501.2
19		52.9	39		571.5
20		59.6	40		642.7

　　响应等级是最重要的参数之一。需要特别注意的是不同的响应等级对应了不同的振动频率。不同的伺服系统 J2 系列、J3 系列、J4 系列，即使响应等级相同，其振动频率也各不相同。这表明不同驱动器的调节性能各不相同。同时表明，在对速度的 PID 调节过程中，不同的增益（比例系数）引起的调节振荡频率是不同的。这种振动不是以某一速度运行时，该速度与机械系统固有频率重合引起的振动，而是不同的增益（比例系数）引起的调节振荡。

　　系统提供了不同响应等级对应的振荡频率做参考，通过设置各陷波滤波器参数，可以消除振动。

　　响应等级与共振频率的关系是正比关系。

参数			初始值	单位	设置范围	控制模式		
序号	简称	名称				位置	速度	转矩
PA10	INP	定位精度	100	PLS	0～65535	O		

　　参数 PA10 用于设置定位精度。定位精度用偏差计数器的滞留脉冲数表示。当偏差计数器内的滞留脉冲数到达设置范围以内时，即表示定位完成，INP=ON，如图 5-2 和图 5-3 所示。

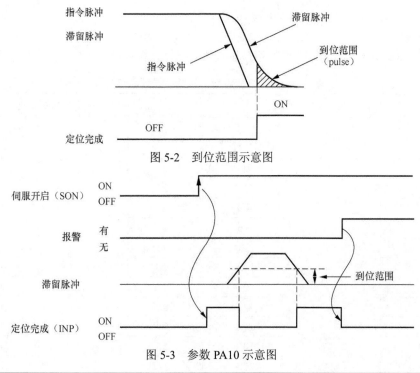

图 5-2　到位范围示意图

图 5-3　参数 PA10 示意图

参数			初始值	单位	设置范围	控制模式		
序号	简称	名称				位置	速度	转矩
PA11	TLP	正转转矩限制	100	%	0～100.0	O	O	O
PA12	TLN	反转转矩限制	100	%	0～100.0	O	O	O

　　参数 PA11、PA12 用于设置伺服电机输出转矩的限制值。

　　（1）正转转矩限制——参数 PA11。

　　① 参数 PA11 用于限制正转转矩值。

　　② 如果参数 PA11 设置为"0"，则不输出转矩。

（2）反转转矩限制——参数 PA12。

① 参数 PA12 用于限制反转转矩值。

② 如果参数 PA12 设置为 "0"，则不输出转矩。

参数			初始值	单位	设置范围	控制模式		
序号	简称	名称				位置	速度	转矩
PA13	PLSS	指令脉冲串类型	0000h	PLS		O		

PA13 用于选择脉冲串形式。指令脉冲串有 3 种形式，每种形式可以选择正逻辑或负逻辑。图 5-3 中的箭头表示脉冲串的逻辑状态。表 5-6 表示了设置值与脉冲串形式的关系。

表 5-6　PA13 设置值与脉冲串形式的关系

参数			初始值	单位	设置范围	控制模式		
序号	简称	名称				位置	速度	转矩
PA14	POL	旋转方向	0		0/1	O		

参数 PA14 用于选择电机旋转方向。参数设置值与脉冲串正负以及电机旋转方向按表 5-7 进行设置。

表 5-7　参数 PA14 设置值与脉冲串正负以及电机旋转方向的设置

PA14 设置值	电机旋转方向	
	正转脉冲输入	反转脉冲输入
0	逆时针	顺时针
1	顺时针	逆时针

图 5-4 是电机旋转方向的定义。

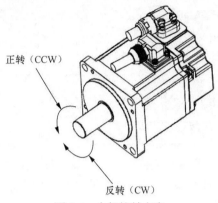

图 5-4 电机旋转方向

参数			初始值	单位	设置范围	控制模式		
序号	简称	名称				位置	速度	转矩
PA15	ENR	驱动器脉冲输出	4000	P/r	1～4194304	O	O	O

参数 PA15 用于设置从伺服驱动器输出的脉冲，注意不是电机编码器的脉冲，如图 5-5 所示。

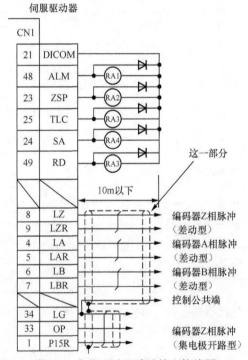

图 5-5 伺服驱动器脉冲输出接线图

根据伺服驱动器输出设定编码器输出脉冲数，该值要依据 1 转的输出脉冲数、分频比、电子齿轮比进行设定。实际输出数是乘以 4 倍频以后的值，即 A 相/B 相脉冲实际输出为设定数的 1/4。

参数 PC19 用于设置输出脉冲或脉冲倍率。

输出最大脉冲频率为 4.6Mpps（4 倍后），PA15 必须在这个范围内进行设置。

（1）设置输出脉冲。

设置参数 PC19=" □□0□"（初始值）。

设置伺服电机旋转 1 转对应脉冲数。

$$输出脉冲＝设置值（pulse/r）$$

例如，设置参数 PA15=5600 时，实际输出的 A 相/B 相脉冲如下。

A 相/B 相输出脉冲＝5600/4＝1400（pulse/r）。

（2）设置输出脉冲倍率。

设置参数 PC19="□□1□"。

按照倍率计算输出脉冲数。

$$输出脉冲＝伺服电机编码器分辨率/设置值（pulse/r）$$

例如，设置参数 PA15 为"8"时，此处"8"为倍率。实际输出的 A 相/B 相脉冲如下。

A 相/B 相输出脉冲＝262144/（8×4）＝8192（pulse/r）。

（3）设置输出和指令脉冲一样的脉冲串。

设置参数 PC19="□□2□"。来自伺服电机编码器的反馈脉冲按图 5-6 所示进行计算。

图 5-6 表明了伺服电机编码器反馈脉冲与伺服驱动器输出脉冲的关系。

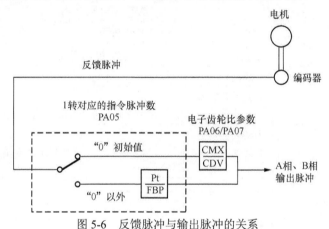

图 5-6 反馈脉冲与输出脉冲的关系

参数			初始值	单位	设置范围	控制模式		
序号	简称	名称				位置	速度	转矩
PA16	ENR2	编码器脉冲输出 2	1		1～4194304	O	O	O

参数 PA16 用于设置 A 相/B 相脉冲输出的电子齿轮比的分母。

必须设置 Pr.PC19="□□3□"；设置范围：1～4194304。

参数			初始值	单位	设置范围	控制模式		
序号	简称	名称				位置	速度	转矩
PA19	BLK	参数读/写保护	000Bh		参见表 5-2	O	O	O

参数 PA19 的详细内容见 5.1 节。

参数			初始值	单位	设置范围	控制模式		
序号	简称	名称				位置	速度	转矩
PA21	AOP3	电子齿轮的选择	0000h			O		

PA21="0□□□"，电子齿轮有效（设置参数 PA06、PA07）。

PA21＝"1□□□"，每旋转 1 周所需要的指令输入脉冲数（设置参数 PA05）。

PA21＝"2□□□"，J3A 电子齿轮设定值兼容模式。

5.3　增益及滤波器参数

参数			初始值	单位	设置范围	控制模式		
序号	简称	名称				位置	速度	转矩
PB01	FILT	滤波器调节模式	0000h			O	O	O

参数 PB01 用于选择滤波器的调节模式。在滤波器自整定工作模式下，系统可以自动找到共振点并通过陷波方式消除共振点。参数 PB01 的设置如表 5-8 所示。

选择滤波器的调节模式

表 5-8　参数 PB01 的设置

bit0	滤波器调节模式
0	滤波器 OFF
1	滤波器自整定工作模式 在此模式下，系统自动寻找共振点（PB13）并设置陷波深度（PB14）
2	手动设置 参见 8.2 节。在实际调试时，如果系统自整定不能消除共振，就要手动设置参数 PB13/PB14 消振

参数			初始值	单位	设置范围	控制模式		
序号	简称	名称				位置	速度	转矩
PB02	VRFT	高级消振模式	0000h			O		

参数 PB02 用于选择高级消振模式。高级消振模式主要用于消除机械端部的振动。系统可自动找到共振点并通过陷波方式消除共振点。参见 PB19 和 PB20。

设置方法如表 5-9 所示。

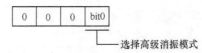

选择高级消振模式

表 5-9　参数 PB02 的设置

bit0	高级消振模式
0	高级消振模式＝OFF
1	高级消振模式＝ON。在此模式下，系统自动寻找共振点
2	手动设置消振参数 参见 8.2 节。在实际调试时，如果系统自整定不能够消除共振，就要手动设置 PB19/PB20 进行消振

高级消振模式只在参数 PA08＝"□□□2"或"□□□3"时有效。PA08＝"□□□1"时，高级消振模式无效。

设置方法：如果设置参数 PB02＝"□□□1"，经过执行一定次数的定位后，参数 PB19、参数 PB20 将会自动变为最佳值。

经过高级消振模式调节后的结果如图 5-7 所示。

设置参数 PB02="□□□1"后，经过一定次数的定位调谐后，自动变为"□□□2"。

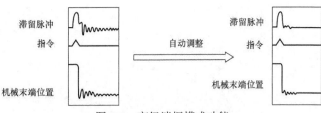

图 5-7 高级消振模式功能

不需要高级消振模式时，设置参数 PB02="□□□0"，同时设置参数 PB19/PB20 为初始值。PB02 参数在伺服 OFF 时不起作用。

参数			初始值	单位	设置范围	控制模式		
序号	简称	名称				位置	速度	转矩
PB03	PST	低通滤波器加减速时间常数	0	ms	0~65535	O		

PB03 参数的功能是将急剧变化的位置指令改变为平滑过渡的位置指令，其功能是使伺服电机能够平滑地过渡运行，如图 5-8 所示。

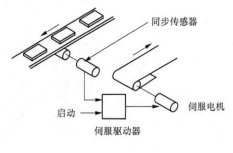

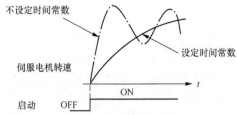

图 5-8 低通滤波器加减速时间常数的功能

图 5-9 是在阶跃指令模式下直线加减速和经过低通滤波器处理后的加减速曲线比较。

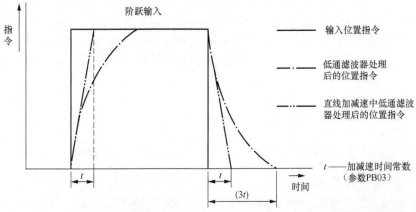

图 5-9 阶跃指令模式下直线加减速和经过低通滤波器处理后的加减速曲线比较

图 5-10 是在梯形指令模式下直线加减速和经过低通滤波器处理后的加减速曲线比较。

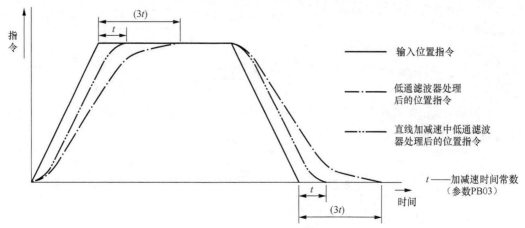

图 5-10　梯形指令模式下直线加减速和经过低通滤波器处理后的加减速曲线比较

参数			初始值	单位	设置范围	控制模式		
序号	简称	名称				位置	速度	转矩
PB04	FFC	前馈增益	0	%	0～100	O		

参数 PB04 用于设置前馈增益。参数 PB04 设置为 100%时，在一定速度下运行时的滞留脉冲几乎为零。设置前馈增益=100%时，到额定速度的加减速时间常数必须设置在 1s 以上。

参数			初始值	单位	设置范围	控制模式		
序号	简称	名称				位置	速度	转矩
PB06	GD2	负载惯量比	7	%	0～300	O	O	

参数 PB06 用于设置负载惯量与伺服电机轴惯量之比，简称负载惯量比。PB06 参数是最重要的参数之一。发生振动及运行不稳定多与参数 PB06 有关。参数 PB06 表示了电机所驱动的机械负载状态。选择自动调整模式 1 和插补模式时，系统自动推算本参数并设置到参数 PB06 中，数值范围为 0.00～300.00。

参数			初始值	单位	设置范围	控制模式		
序号	简称	名称				位置	速度	转矩
PB07	PG1	模型环增益	15	rad/s	1～2000	O	O	

参数 PB07 用于设置对模型环的响应增益。增大增益，位置指令的跟踪性能提高。选择自动调整模式 1 或 2 时，系统经过自动调谐可以自动获得模型环增益，并自动设置到参数 PB07 中。

参数			初始值	单位	设置范围	控制模式		
序号	简称	名称				位置	速度	转矩
PB08	PG2	位置环增益	37	rad/s	1～2000	O		

参数 PB08 用于设置位置环的增益,主要用于提高对负载变化的位置响应性。增大参数 PB08 设置值可提高响应性，但容易产生振动和噪音。选择自动调整模式 1 或 2 时，系统经过自动调谐可以自动获得位置环增益并自动设置到参数 PB08 中。参数 PB08 只在位置控制模式下有效。

参数			初始值	单位	设置范围	控制模式		
序号	简称	名称				位置	速度	转矩
PB09	VG2	速度环增益	823	rad/s	20～65535	O	O	

参数 PB09 是最重要的参数之一。增大 PB09 设置值可提高响应性，但容易产生振动和噪音。选择自动调整模式 1 或 2 时，系统经过自动调谐可以自动获得速度环增益并自动设置到参数 PB09 中。注意参数 PB09 效果没有 PA09 明显。低刚性的机械，反向间隙大的机械发生振动时可设置参数 PB09 加以调节。

参数			初始值	单位	设置范围	控制模式		
序号	简称	名称				位置	速度	转矩
PB10	VIC	速度环积分时间	33.7	ms	0.1～1000	O	O	

参数 PB10 为速度环的积分时间常数（PID 调节中的积分项）。减小设置值能提高响应性，但容易产生振动和噪声。根据 PA08 的设置值，参数 PB10 可自动设置或手动设置。详细内容请参考 PB08。设置范围：0.1～1000。PB10 参数是重要参数。

参数			初始值	单位	设置范围	控制模式		
序号	简称	名称				位置	速度	转矩
PB11	VDC	速度环微分系数	980	ms	0～1000	O	O	

参数 PB11 用于设置 PID 调节中的速度环微分系数，在比例控制（PC）= ON 时变为有效。

参数			初始值	单位	设置范围	控制模式		
序号	简称	名称				位置	速度	转矩
PB13	NH1	消振滤波器 1 的陷波频率	4500	Hz	10～4500	O	O	O

参数 PB13 为消振滤波器 1 的陷波频率。参数 PB01="□□□1"时，参数 PB13 被自动设置。PB01="□□□0"时，参数 PB13 无效。

参数			初始值	单位	设置范围	控制模式		
序号	简称	名称				位置	速度	转矩
PB14	NHQ1	消振滤波器 1 陷波深度/宽度	0000h			O	O	O

参数 PB14 用于选择消振滤波器 1 的陷波深度和宽度。

0	bit2	bit1	0

bit1：设置陷波深度，如表 5-10 所示。

表 5-10　陷波深度的设置

bit1	深度设置	
0	−40dB	深
1	−14dB	
2	−8dB	
3	−4dB	浅

bit2：设置陷波宽度，如表 5-11 所示。

表 5-11　陷波宽度的设置

bit2	宽度设置	
0	$\alpha=2$	标准
1	$\alpha=3$	
2	$\alpha=4$	
3	$\alpha=5$	宽

参数 PB01="□□□1" 时，PB14 参数被自动设置。

参数 PB01="□□□0" 时，PB14 参数无效。

参数			初始值	单位	设置范围	控制模式		
序号	简称	名称				位置	速度	转矩
PB15	NH2	消振滤波器 2 陷波频率	4500	Hz	10～4500	O	O	O

参数 PB15 用于设置消振滤波器 2 的陷波频率。参数 PB16="□□□1" 时，PB15 参数有效。

参数			初始值	单位	设置范围	控制模式		
序号	简称	名称				位置	速度	转矩
PB16	NHQ2	消振滤波器 2 陷波深度/宽度	0000h			O	O	O

0	bit2	bit1	bit0

bit0：选择消振滤波器 2 有效/无效。

bit0=0，无效。

bit0=1，有效。

bit1：设置陷波深度，如表 5-12 所示。

表 5-12　陷波深度的设置

bit1	深度设置	
0	−40dB	深
1	−14dB	
2	−8dB	
3	−4dB	浅

bit2：设置陷波宽度，如表 5-13 所示。

表 5-13 陷波宽度的设置

bit2	宽度设置	
0	$\alpha=2$	标准
1	$\alpha=3$	
2	$\alpha=4$	宽
3	$\alpha=5$	

参数			初始值	单位	设置范围	控制模式		
序号	简称	名称				位置	速度	转矩
PB17	NHF	高频消振滤波器陷波频率	0000h			O	O	O

参数 PB17 用于消除高频机械振动。参数 PB17 与 PB23（选择低通滤波器频率设置方式）相关。

PB23= "□□□0"，系统自动计算参数 PB17。

PB23= "□□□1"，手动设置参数 PB17。

PB23= "□□□2"，参数 PB17 无效。

PB49= "□□□1"，不能使用参数 PB17。

0	bit2	bit1	bit0

bit1bit0：设置陷波频率，如表 5-14 所示。

表 5-14 高频消振滤波器参数与陷波频率的关系

bit1bit0	频率（Hz）	bit1bit0	频率（Hz）
0	无效	10	562
1	无效	11	529
2	4500	12	500
3	3000	13	473
4	2250	14	450
5	1800	15	428
6	1500	16	409
7	1285	17	391
8	1125	18	375
9	1000	19	360
0A	900	1A	346
0B	818	1B	333
0C	750	1C	321
0D	692	1D	310
0E	642	1E	300
0F	600	1F	290

bit2：设置陷波深度，如表 5-15 所示。

表 5-15 陷波深度的设置

bit2	深度设置	
0	−40dB	深
1	−14dB	
2	−8dB	
3	−4dB	浅

参数			初始值	单位	设置范围	控制模式		
序号	简称	名称				位置	速度	转矩
PB18	LPF	低通滤波器滤波频率	3141	rad/s	100~18000	O	O	

参数 PB18 用于设置低通滤波器滤波频率。设置参数 PB23（低通滤波器频率设置方式的选择）＝"□□0□"，参数 PB18 被自动设置。设置参数 PB23＝"□□1□"，参数 PB18 可以被手动设置。

（1）原理。

简单的解释就是低通滤波器可允许低频通过，不允许高频通过。

使用滚珠丝杆等传动机械时，如果提高响应等级，有时会产生高频共振。为防止高频共振，就需要使用低通滤波器。低通滤波器的滤波频率被自动设置。

如果设置参数 PB23＝"□□1□"，可手动设置 PB18 参数。

（2）参数。

设置低通滤波器滤波频率 PB18。

参数 PB18 的设置范围：100~18000。

参数			初始值	单位	设置范围	控制模式		
序号	简称	名称				位置	速度	转矩
PB19	VRF11	低频振动频率	100	Hz	0.1~300	O		
PB20	VRF12	共振频率	100	Hz	0.1~300	O		

参数 PB19、PB20 用于设置抑制机械系统低频振动的频率和共振频率。参数 PB19、PB20 与参数 PB02 相对应，关系如下。

参数 PB02＝"□□□1"，系统自动计算并设置参数 PB19、PB20。

参数 PB02＝"□□□2"，手动设置参数 PB19、PB20。

参数			初始值	单位	设置范围	控制模式		
序号	简称	名称				位置	速度	转矩
PB23	VFBF	低通滤波器频率设置方式	0000h			O	O	

0	0	bit1	0

bit1：选择低通滤波器频率设置方式。

0：自动设置。

1：手动设置（参数 PB18 的设置值）。

2：设置值无效。

选择自动设置时，用下式计算滤波器的带宽。

滤波器的带宽=（VG2×1）/（1+GD2）（rad/s）

参数			初始值	单位	设置范围	控制模式		
序号	简称	名称				位置	速度	转矩
PB24	MVS	消除微振动	0000h			O		

参数 PB24 用于选择是否执行消除微振动。参数 PB24 与参数 PA08（自动调整模式）有关。设置 PA08=“□□□3”，参数 PB24 有效。

速度控制模式下，设置参数 PC23=“□□□0”，速度控制模式停止时伺服锁定有效，就可以使用参数 PB24。

选择是否消除微振动

0：无效。

1：有效。

参数			初始值	单位	设置范围	控制模式		
序号	简称	名称				位置	速度	转矩
PB25	BOP1	功能选择 B-1	0000h			O		

参数 PB25 用于选择位置指令加减速时间（PB03）的应用方式。

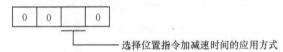

选择位置指令加减速时间的应用方式

0：低通。

1：直线加减速。

选择直线加减速时，不能执行控制模式切换。控制模式切换或再启动时，电机会立即停止。

参数			初始值	单位	设置范围	控制模式		
序号	简称	名称				位置	速度	转矩
PB26	CDP	增益切换	0000h			O	O	

参数 PB26 用于选择增益切换条件。

0	0	bit1	bit0

bit0：选择增益切换，如表 5-16 所示。

表 5-16　bit0 增益切换选择

bit0	增益切换选择
0	无效
1	增益切换端子（CDP）
2	指令频率
3	滞留脉冲
4	伺服电机转速

bit1：选择增益切换条件，如表 5-17 所示。

表 5-17　bit1 增益切换条件

bit1	增益切换条件
0	增益切换端子 CDP=ON 有效
1	增益切换端子 CDP=OFF 有效

参数			初始值	单位	设置范围	控制模式		
序号	简称	名称				位置	速度	转矩
PB27	CDL	增益切换条件	10	kpps pulse r/min	0～9999	O	O	

参数 PB26 用于选择增益切换条件（指令频率、滞留脉冲、伺服电机转速）。

参数 PB27 用于设置具体数值。设置值的单位根据切换条件的项目不同而有所不同。

参数			初始值	单位	设置范围	控制模式		
序号	简称	名称				位置	速度	转矩
PB28	CDT	增益切换时间常数	1	ms	0～100	O	O	

参数 PB28 用于设置 PB26、PB27 中增益切换的时间常数。

参数			初始值	单位	设置范围	控制模式		
序号	简称	名称				位置	速度	转矩
PB29	GD2B	增益切换对应的负载惯量比	7		0～300	O	O	

参数 PB29 用于设置增益切换有效时所对应的负载惯量比。PB29 与 PA08 相关。在自动调整无效（参数 PA08="□□□3"）时，参数 PB29 有效。

参数			初始值	单位	设置范围	控制模式		
序号	简称	名称				位置	速度	转矩
PB30	PG2B	增益切换对应的位置环增益	0	rad/s	0～2000	O		

参数 PB30 用于设置增益切换有效时的位置环增益。PB30 与 PA08 相关。在自动调整无效（参数 PA08="□□□3"）时，参数 PB30 有效。

参数			初始值	单位	设置范围	控制模式		
序号	简称	名称				位置	速度	转矩
PB31	VG2B	增益切换对应的速度环增益	0	rad/s	0～65535	O	O	

参数 PB31 用于设置增益切换有效时的速度环增益。PB31 与 PA08 相关。在自动调整无效（参数 PA08="□□□3"）时，参数 PB31 有效。

参数			初始值	单位	设置范围	控制模式		
序号	简称	名称				位置	速度	转矩
PB32	VICB	增益切换对应的速度环积分系数	0	ms	0～5000	O	O	

参数 PB32 用于设置增益切换有效时的速度环积分系数。PB32 与 PA08 相关。在自动调整无效（参数 PA08="□□□3"）时，参数 PB32 有效。

参数			初始值	单位	设置范围	控制模式		
序号	简称	名称				位置	速度	转矩
PB33	VRF1B	增益切换时振动消除控制的振动频率	0	Hz	0～300	O		

参数 PB33 用于设置增益切换有效时需要振动消除控制的振动频率。必须在参数 PB02="□□□2"，参数 PB26="□□□1" 时，参数 PB33 有效。

参数			初始值	单位	设置范围	控制模式		
序号	简称	名称				位置	速度	转矩
PB34	VRF2B	增益切换时振动消除控制的共振频率	0	Hz	0～300	O		

参数 PB34 用于设置增益切换有效时需要振动消除控制的共振频率。在参数 PB02="□□□2" 与参数 PB26="□□□1" 时，参数 PB34 有效。

5.4　速度控制和转矩控制模式使用参数

参数			初始值	单位	设置范围	控制模式		
序号	简称	名称				位置	速度	转矩
PC01	STA	加速时间常数	0	ms	0～50000		O	O
PC02	STB	减速时间常数						

参数 PC01 用于在速度控制和转矩控制模式下设置从 0r/min 达到额定速度的加速时间。参数 PC02 用于设置从额定速度到 0r/min 的减速时间，如图 5-11 所示。

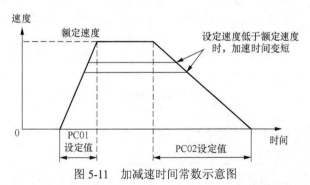

图 5-11　加减速时间常数示意图

加减速到不同速度的时间都以此时间为基准，所以称其为时间常数。

例如：额定速度为 3000r/min，设置 PC01=3000ms，则从 0r/min 加速到 1000r/min 的时间为 1000ms。

参数			初始值	单位	设置范围	控制模式		
序号	简称	名称				位置	速度	转矩
PC03	STC	S 曲线加减速时间常数	0	ms	0～5000		O	O

参数 PC03 用于设置 S 形加减速曲线的圆弧部分对应的时间。如图 5-12 所示的 STC 部分。

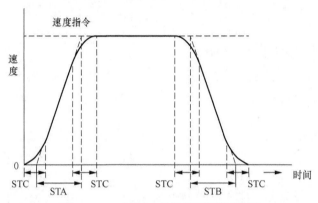

图 5-12　S 曲线加减速时间常数示意图

参数			初始值	单位	设置范围	控制模式		
序号	简称	名称				位置	速度	转矩
PC04	TQC	转矩指令时间常数	0	ms	0～50000			O

参数 PC04 用于在转矩控制模式下使用了低通滤波器功能时，设置从 0 转矩加速到转矩指令的时间，如图 5-13 所示的 TQC 部分。

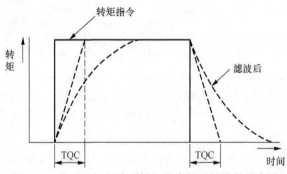

图 5-13　从零转矩加速到转矩指令的时间常数示意图

参数			初始值	单位	设置范围	控制模式		
序号	简称	名称				位置	速度	转矩
PC05	SC1	内部速度指令 1	100	r/min	0～最大速度	*	O	
		内部速度限制 1						O

在速度控制模式下，参数 PC05 设置第 1 速度；在转矩控制模式下，设置第 1 速度限制。

参数			初始值	单位	设置范围	控制模式		
序号	简称	名称				位置	速度	转矩
PC06	SC2	内部速度指令 2	500	r/min	0～最大速度	*	O	
		内部速度限制 2						O

在速度控制模式下，参数 PC06 设置第 2 速度；在转矩控制模式下，设置第 2 速度限制。

参数			初始值	单位	设置范围	控制模式		
序号	简称	名称				位置	速度	转矩
PC07	SC3	内部速度指令 3	1000	r/min	0～最大速度	*	O	
		内部速度限制 3						O

在速度控制模式下，参数 PC07 设置第 3 速度；在转矩控制模式下，设置第 3 速度限制。

参数			初始值	单位	设置范围	控制模式		
序号	简称	名称				位置	速度	转矩
PC08	SC4	内部速度指令 4	200	r/min	0～最大速度	*	O	
		内部速度限制 4						O

在速度控制模式下，参数 PC08 设置第 4 速度；在转矩控制模式下，设置第 4 速度限制。

参数			初始值	单位	设置范围	控制模式		
序号	简称	名称				位置	速度	转矩
PC09	SC5	内部速度指令 5	300	r/min	0～最大速度	*	O	
		内部速度限制 5						O

在速度控制模式下，参数 PC09 设置第 5 速度；在转矩控制模式下，设置第 5 速度限制。

参数			初始值	单位	设置范围	控制模式		
序号	简称	名称				位置	速度	转矩
PC010	SC6	内部速度指令 6	500	r/min	0～最大速度	*	O	
		内部速度限制 6						O

在速度控制模式下，参数 PC10 设置第 6 速度；在转矩控制模式下，设置第 6 速度限制。

参数			初始值	单位	设置范围	控制模式		
序号	简称	名称				位置	速度	转矩
PC11	SC7	内部速度指令 7	800	r/min	0～最大速度	*	O	
		内部速度限制 7						O

在速度控制模式下，参数 PC11 设置第 7 速度；在转矩控制模式下，设置第 7 速度限制。

参数			初始值	单位	设置范围	控制模式		
序号	简称	名称				位置	速度	转矩
PC12	VCM	模拟速度指令最大转速	0	r/min	0～50000	*	O	
		模拟速度限制最大转速						O

在速度控制模式下，参数 PC12 设置 VC 为最大电压（10V）时所对应的转速，如果设置为"0"，即为伺服电机的额定转速。

在转矩控制模式下，设置速度限制，即 VLA 为最大电压（10V）时所对应的转速，如果设置为"0"，即为伺服电机的额定转速。

参数			初始值	单位	设置范围	控制模式		
序号	简称	名称				位置	速度	转矩
PC13	TLC	最大模拟转矩指令电压对应的输出转矩值	100	%	0～1000			O

参数 PC13 用于设置模拟转矩指令电压为 +8V 时的输出转矩值（相对于最大转矩的百分数）。

例如：PC13 的设置值为 50，在 TC=+8V 时，输出转矩=最大转矩×50%。

参数 PC13 只在转矩控制模式下有效。

参数			初始值	单位	设置范围	控制模式		
序号	简称	名称				位置	速度	转矩
PC14	MOD1	模拟监视 1 输出参量	0000h			O	O	O

参数 PC14 用于选择模拟监视 1（MO1）输出的参量。

0	0	bit1	bit0

bit1bit0 对应的监视项目如表 5-18 所示。

表 5-18　监视项目

bit1bit0	项目
00	伺服电机转速（±8V/最大转速）
01	转矩（±8V/最大转矩）
02	伺服电机转速（+8V/最大转速）
03	转矩（+8V/最大转矩）
04	电流指令（±8V/最大电流指令）
05	指令脉冲频率（±10V/4Mpps）
06	伺服电机端滞留脉冲（±10V/100PLS）
07	伺服电机端滞留脉冲（±10V/1000PLS）
08	伺服电机端滞留脉冲（±10V/10000PLS）
09	伺服电机端滞留脉冲（±10V/100000PLS）
0A	反馈位置（±10V/1MPLS）
0B	反馈位置（±10V/10MPLS）
0C	反馈位置（±10V/100MPLS）
0D	母线电压（+8V/400V）
0E	速度指令 2（±8V/最大转速）
17	编码器内部温度（±10V/±128℃）

参数			初始值	单位	设置范围	控制模式		
序号	简称	名称				位置	速度	转矩
PC15	MOD2	模拟监视 2 输出参量	0001h			O	O	O

参数 PC15 用于选择模拟监视 2（MO2）输出的参量。

0	0	bit1	bit0

bit1bit0 对应的监视项目如表 5-19 所示。

表 5-19　监视项目

bit1bit0	项目
00	伺服电机转速（±8V/最大转速）
01	转矩（±8V/最大转矩）
02	伺服电机转速（+8V/最大转速）
03	转矩（+8V/最大转矩）
04	电流指令（±8V/最大电流指令）
05	指令脉冲频率（±10V/4Mpps）
06	伺服电机端滞留脉冲（±10V/100PLS）
07	伺服电机端滞留脉冲（±10V/1000PLS）
08	伺服电机端滞留脉冲（±10V/10000PLS）
09	伺服电机端滞留脉冲（±10V/100000PLS）
0A	反馈位置（±10V/1MPLS）
0B	反馈位置（±10V/10MPLS）
0C	反馈位置（±10V/100MPLS）
0D	母线电压（+8V/400V）
0E	速度指令 2（±8V/最大转速）
17	编码器内部温度（±10V/±128℃）

参数			初始值	单位	设置范围	控制模式		
序号	简称	名称				位置	速度	转矩
PC16	MBR	电磁制动器触点切断主电路的延时时间	0	ms	0～1000	O	O	O

参数 PC16 用于设置从电磁制动器互锁关闭（MBR=OFF）起到切断基板主电路为止的时间。

参数			初始值	单位	设置范围	控制模式		
序号	简称	名称				位置	速度	转矩
PC17	ZSP	零速度区间	50	r/min	0～10000	O	O	O

参数 PC17 用于设置零速度（ZSP）区间。

参数			初始值	单位	设置范围	控制模式		
序号	简称	名称				位置	速度	转矩
PC18	BPS	是否清除报警记录	0000h			O	O	O

参数 PC18 用于选择是否清除报警记录。

0：无效。

1：有效。

伺服驱动器从接通电源开始，会保存当前发生的 1 个报警信息和 5 个历史记录报警信息。为了能够管理在实际运行时发生的报警，须使用参数 PC18 清除报警记录。设置参数 PC18 须电源 OFF→ON 才能生效。参数 PC18 在清除报警记录后自动变为"□□□0"。

参数			初始值	单位	设置范围	控制模式		
序号	简称	名称				位置	速度	转矩
PC19	ENRS	驱动器输出脉冲	0000h			O	O	O

参数 PC19 用于设置驱动器输出脉冲的形式。bit0 的设置方法如表 5-20 所示。

表 5-20　驱动器输出脉冲的形式

bit0	伺服电机旋转方向	
	CCW	CW
0	A相 〜〜〜〜　B相 〜〜〜〜	A相 〜〜〜〜　B相 〜〜〜〜
1	A相 〜〜〜〜　B相 〜〜〜〜	A相 〜〜〜〜　B相 〜〜〜〜

bit1 的设置方法如表 5-21 所示。

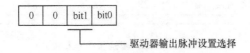

表 5-21　驱动器输出脉冲设置选择

bit1	驱动器输出脉冲设置选择
0	输出脉冲设置
1	分频比设置
2	设置与指令脉冲相同的输出脉冲 设置为"2"时参数 PA15（驱动器输出脉冲）的设置值无效
3	A 相/B 相脉冲电子齿轮比设定

参数			初始值	单位	设置范围	控制模式		
序号	简称	名称				位置	速度	转矩
PC20	SNO	站号设置	0000h		0～31	O	O	O

参数 PC20 用于设置伺服驱动器的站号。

参数			初始值	单位	设置范围	控制模式		
序号	简称	名称				位置	速度	转矩
PC23	COP2	功能选择	0000h				O	O

参数 PC23 用于选择速度控制模式停止时伺服锁定，设置 VC/VLA 滤波器时间、转矩控制时速度限制。

bit0：在速度控制模式下，用于选择停止时是否执行伺服锁定。bit0 的设置如表 5-25 所示。

表 5-25　伺服锁定功能选择

bit0	速度控制模式下，停止时伺服锁定选择
0	有效（伺服锁定）
1	无效（伺服不锁定）

bit2：设置对应于模拟量速度指令（VC）或模拟量速度限制（VLA）的滤波器时间。设置为"0"时，电压变化，速度随之实时变化；设置值较大时，电压变化，速度变化平稳。bit2 的设置如表 5-26 所示。

表 5-26　设置 VC/VLA 滤波器时间

bit2	滤波器时间（ms）
0	0.000
1	0.444
2	0.888
3	1.777
4	3.555
5	7.111

bit3：在转矩控制模式下，设置速度限制有效/无效。bit3 的设置如表 5-27 所示。

表 5-27　设置转矩控制模式下，速度限制有效/无效的设置

bit3	速度限制有效/无效
0	有效
1	无效

参数			初始值	单位	设置范围	控制模式		
序号	简称	名称				位置	速度	转矩
PC24	COP3	功能选择	0000h			O		

参数 PC24 用于选择定位完成范围的单位。

bit0：选择定位完成范围单位，如表 5-28 所示。

表 5-28　定位完成范围单位的选择

bit0	定位完成范围的单位
0	指令脉冲单位
1	伺服电机编码器脉冲单位

参数			初始值	单位	设置范围	控制模式		
序号	简称	名称				位置	速度	转矩
PC26	COP5	功能选择	0000h			O	O	

参数 PC26 用于选择行程限位警告（AL.99）是否生效，如表 5-29 所示。

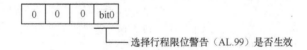

bit0：行程限位警告（AL.99），如表 5-29 所示。

表 5-29　行程限位警告有效/无效的选择

bit0	行程限位警告（AL.99）
0	有效
1	无效 设置为 1 时，正转行程限位 LSP=OFF 或反转行程限位 LSN=OFF，不发生 AL.99 报警

参数			初始值	单位	设置范围	控制模式		
序号	简称	名称				位置	速度	转矩
PC30	STA2	加速时间常数 2	0	ms	0~50000		O	O

参数 PC30 用于设置加速时间常数 2（用于速度控制和转矩控制模式）。

参数 PC30 在加减速选择（STAB2）=ON 时才有效。对于模拟量速度指令和内部速度指令 1~7，设置从 0r/min 到额定速度的加速时间。

参数			初始值	单位	设置范围	控制模式		
序号	简称	名称				位置	速度	转矩
PC31	STB2	减速时间常数 2	0	ms	0~50000		O	O

参数 PC31 用于设置减速时间常数 2（用于速度控制和转矩控制模式）。

参数 PC31 在加减速选择（STAB2）=ON 时才有效。对于模拟量速度指令和内部速度指令 1~7，设置从额定速度到 0r/min 的减速时间。

参数			初始值	单位	设置范围	控制模式		
序号	简称	名称				位置	速度	转矩
PC32	CMX2	指令脉冲倍率分子 2	1		0~16777215	O		
PC33	CMX3	指令脉冲倍率分子 3	1		0~16777215	O		
PC34	CMX4	指令脉冲倍率分子 4	1		0~16777215	O		

参数 PC32、PC33、PC34 用于设置指令脉冲倍率分子。参数 PC32、PC33、PC34 在 PA05 的设置为"0"时有效。

参数			初始值	单位	设置范围	控制模式		
序号	简称	名称				位置	速度	转矩
PC35	TL2	内部转矩限制 2	100	%	0~100	O	O	O

参数 PC35 用于设置内部转矩限制 2。在限制伺服电机的转矩时设置 PC35，设置值为最大转矩的百分数，设置为"0"时不输出转矩。

参数			初始值	单位	设置范围	控制模式		
序号	简称	名称				位置	速度	转矩
PC36	DMD	功能选择	0000h			O	O	O

参数 PC36 用于显示状态的选择，选择电源接通时显示的各参量。

bit3	bit2	bit1	bit0

bit1bit0：用于选择电源接通时显示的参量，如表 5-30 所示。

表 5-30 电源接通时显示的参量

bit1	bit0	显示内容
0	0	总反馈脉冲（表示电机编码器旋转过的行程）
0	1	伺服电机转速
0	2	滞留脉冲
0	3	总计指令脉冲
0	4	指令脉冲频率

续表

bit1	bit0	显示内容
0	5	模拟量速度指令电压 （速度控制模式时为指令电压。转矩控制模式时为速度限制电压）
0	6	模拟量转矩指令电压 （转矩控制模式时为转矩指令电压。速度控制模式/位置控制模式时为转矩限制电压）
0	7	实际负载率
0	8	实际负载率
0	9	最大负载率
0	A	瞬时转矩
0	B	1 转内位置（1pulse 单位）
0	C	1 转内位置（100pulse 单位）
0	D	ABS 计数器
0	E	负载惯量比
0	F	母线电压
1	0	编码器内部温度
1	1	整定时间
1	2	振动检测频率
1	3	Tough Drive 次数
1	4	驱动单元消耗功率（1W 单位）
1	5	驱动单元消耗功率（1kW 单位）
1	6	驱动单元累积消耗电量（1Wh 单位）
1	7	驱动单元累积消耗电量（100kWh 单位）

bit2：用于选择各模式下电源接通时显示的参量，如表 5-31 所示。

表 5-31　各模式下电源接通时显示的参量

bit2	控制模式	电源接通时的显示内容
0	位置	反馈脉冲总数
	位置—速度	反馈脉冲总数/电机转速
	速度	电机转速
	速度—转矩	电机转速/模拟转矩指令电压
	转矩	模拟转矩指令电压
	转矩—位置	模拟转矩指令电压/反馈脉冲总数
1	由本参数 bit1bit0 的设置决定	

参数			初始值	单位	设置范围	控制模式		
序号	简称	名称				位置	速度	转矩
PC37	VCO	模拟量速度指令偏置	0	mV	−999~999		O	

参数 PC37 用于设置模拟量速度指令偏置。在速度控制模式下，设置模拟量速度指令（VC）的偏置电压。在转矩控制模式下，设置模拟量速度限制（VLA）的偏置电压。

参数			初始值	单位	设置范围	控制模式		
序号	简称	名称				位置	速度	转矩
PC38	TPO	模拟量转矩指令偏置	0	mV	−999~999		O	O

参数 PC38 用于设置模拟量转矩指令偏置。在转矩控制模式下，设置模拟量转矩指令（TC）的偏置电压。在速度控制模式下，设置模拟量转矩限制（TLA）的偏置电压。

参数			初始值	单位	设置范围	控制模式		
序号	简称	名称				位置	速度	转矩
PC39	MO1	模拟量监控 1 偏置	0	mV	−999~999	O	O	O

参数 PC39 用于设置模拟量监控 1（MO1）的偏置电压。

参数			初始值	单位	设置范围	控制模式		
序号	简称	名称				位置	速度	转矩
PC40	MO2	模拟量监控 2 偏置	0	mV	−999~999	O	O	O

参数 PC40 用于设置模拟量监控 2（MO2）的偏置电压。

5.5 关于模拟量监控

伺服电机的工作状态参量以电压形式同时在两个通道输出，这可用于监视伺服系统工作状态。

1. 设置

参数 PC14、PC15 用于选择希望显示的参量。参数 PC39、PC40 用于设置模拟输出电压的偏置电压。

模拟监视MO1的显示参量（在MO1-LG端子输出）

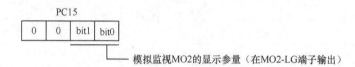

PC15

模拟监视MO2的显示参量（在MO2-LG端子输出）

2. 设置内容

出厂状态：MO1 输出伺服电机转速，MO2 输出伺服电机转矩。

设置值及显示内容如表 5-32 所示。

表 5-32　模拟监视的显示参量

bit1bit0	输出项目	内容
00	电机转速	
01	转矩	
02	电机转速	
03	转矩	
04	电流指令	

bit1bit0	输出项目	内容
05	指令脉冲频率	CCW方向 +10V 4Mpps — 0 — 4Mpps −10V CW方向
06	伺服电机端滞留脉冲（±10V/100PLS）	CCW方向 +10V 100PLS — 0 — 100PLS −10V CW方向
07	伺服电机端滞留脉冲（±10V/1000PLS）	CCW方向 +10V 1000PLS — 0 — 1000PLS −10V CW方向
08	伺服电机端滞留脉冲（±10V/10000PLS）	CCW方向 +10V 10000PLS — 0 — 10000PLS −10V CW方向
09	伺服电机端滞留脉冲（±10V/100000PLS）	CCW方向 +10V 100000PLS — 0 — 100000PLS −10V CW方向
0A	反馈位置（±10V/1MPLS）	CCW方向 +10V 1MPLS — 0 — 1MPLS −10V CW方向

bit1bit0	输出项目	内容
0B	反馈位置 （±10V/10MPLS）	
0C	反馈位置 （±10V/100MPLS）	
0D	母线电压 （+8V/400V）	
0E	速度指令 2 （±8V/最大转速）	
17	编码器内部温度 （±10V/±128℃）	

3. 模拟量的实际物理意义

图 5-14 表示的从各个控制环节取出的被监视的工作状态数据。例如，指令脉冲频率、滞留脉冲、电流指令、母线电压、转矩等。这有助于正确理解各参量的定义。

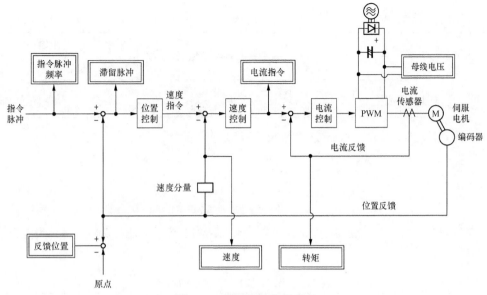

图 5-14 模拟量的物理意义

5.6 定义输入/输出端子功能的参数

参数			初始值	单位	设置范围	控制模式		
序号	简称	名称				位置	速度	转矩
PD01	DIA1	输入信号自动=ON	0000h			O	O	O

参数 PD01 用于设置部分输入信号自动为 ON，具体方法如下。

设置方法：以输入端子所在位的 8421 码进行设置。

BIN0：无效。

BIN1：有效。

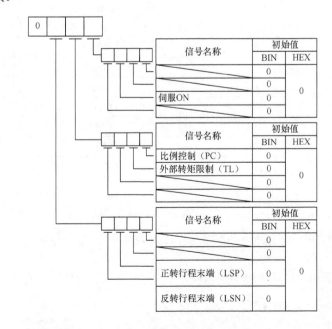

例如，对 SON 置 ON 时，设置值为"□□□4"。

参数			初始值	单位	设置范围	控制模式		
序号	简称	名称				位置	速度	转矩
PD03	DI1L	输入信号端子（CN1-15）的功能	0002h 0202h			O	O	

参数 PD03 用于设置输入信号端子（CN1-15）的功能。

PD03

| 0 | 0 | bit1 | bit0 |

　　　　　　设置位置控制模式下CN1-15端子的功能

在位置控制模式下，使用 bit1bit0 可以设置 CN1-15 端子为任意功能。具体设置方法如表 5-33 所示。

表 5-33　设置 CN1-15 端子的功能

bit*	bit*	CN1-15 端子的功能		
		位置模式	速度模式	转矩模式
0	2	SON	SON	SON
0	3	RES	RES	RES
0	4	PC	PC	
0	5	TL	TL	
0	6	CR		
0	7		ST1	RS2
0	8		ST2	RS1
0	9	TL1	TL1	
0	A	LSP	LSP	
0	B	LSN	LSN	
0	D	CDP	CDP	
2	0		SP1	SP1
2	1		SP2	SP2
2	2		SP3	SP3
2	3	LOP	LOP	LOP
2	4	CM1	CM1	
2	5	CM2	CM2	
2	6		STB2	STB2

PD03

| bit3 | bit2 | 0 | 0 |

　　　　　　设置速度控制模式下CN1-15端子的功能

在速度控制模式下，使用 bit3bit2 可以将 CN1-15 端子设置为任意功能。具体设置方法如表 5-33 所示。

参数			初始值	单位	设置范围	控制模式		
序号	简称	名称				位置	速度	转矩
PD04	DI1H	输入信号端子（CN1-15）的功能	02h					O

参数 PD04，在转矩控制模式下，使用 bit1bit0 可以将输入信号端子（CN1-15）设置为任意功能。具体设置方法如表 5-33 所示。

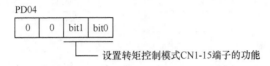

参数			初始值	单位	设置范围	控制模式		
序号	简称	名称				位置	速度	转矩
PD05	DI2L	输入信号端子（CN1-16）的功能	21h			O	O	

参数 PD05，在位置控制模式下，使用 bit1bit0 可以将输入信号端子（CN1-16）设置为任意功能；在速度控制模式下，使用 bit3bit2 可以将输入信号端子（CN1-16）设置为任意功能。具体设置方法如表 5-33 所示。

参数			初始值	单位	设置范围	控制模式		
序号	简称	名称				位置	速度	转矩
PD06	DI2H	输入信号端子（CN1-16）的功能	21h					O

参数 PD06，在转矩控制模式下，使用 bit1bit0 可以将输入信号端子（CN1-16）设置为任意功能。具体设置方法如表 5-33 所示。

参数			初始值	单位	设置范围	控制模式		
序号	简称	名称				位置	速度	转矩
PD07	DI3L	输入信号端子（CN1-17）的功能	04h			O		
			07h				O	

参数 PD07，在位置控制模式下，使用 bit1bit0 可以将输入信号端子（CN1-17）设置为任意功能；在速度控制模式下，使用 bit3bit2 可以将输入信号端子（CN1-17）设置为任意功能。具体设置方法如表 5-33 所示。

参数			初始值	单位	设置范围	控制模式		
序号	简称	名称				位置	速度	转矩
PD23	DO1	输出信号端子（CN1-45）的功能	04h			O	O	O

参数 PD23 用于设置输出信号端子（CN1-45）的功能。具体设置方法如表 5-34 所示。

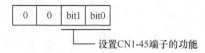

设置CN1-45端子的功能

表 5-34 输出信号端子的功能

bit1bit0		CN1-45 端子的功能（输出信号）		
		位置模式	速度模式	转矩模式
0	0	OFF	OFF	OFF
0	2	RD	RD	RD
0	3	ALM	ALM	ALM
0	4	INP	SA	OFF
0	5	MBR	MBR	MBR
0	6	TLC	TLC	TLC
0	7	WNG	WNG	WNG
0	8	BWNG	BWNG	BWNG
0	9	OFF	SA	OFF
0	A	OFF	OFF	VLC
0	B	ZSP	ZSP	ZSP
0	D	MTTR	MTTR	MTTR
0	F	CDPS	OFF	OFF
1	1	ABSV	OFF	OFF

参数			初始值	单位	设置范围	控制模式		
序号	简称	名称				位置	速度	转矩
PD24	DO2	输出信号端子（CN1-23）的功能	000Ch			O	O	O

参数 PD24 用于设置输出信号端子（CN1-23）的功能。具体设置方法如表 5-34 所示。

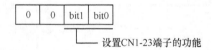

设置CN1-23端子的功能

参数			初始值	单位	设置范围	控制模式		
序号	简称	名称				位置	速度	转矩
PD25	DO3	输出信号端子（CN1-24）的功能	0004h			O	O	O

参数 PD25 用于设置输出信号端子（CN1-24）的功能。具体设置方法如表 5-34 所示。

设置CN1-24端子的功能

参数			初始值	单位	设置范围	控制模式		
序号	简称	名称				位置	速度	转矩
PD29	DIF	输入滤波器的滤波时间	0004h			O	O	O

参数 PD29 用于设置输入滤波器的滤波时间。外部输入信号由于噪音等影响产生波动时，使用输入滤波器消除。

设置输入滤波器的滤波时间

0：无。

1：0.888（ms）。

2：1.777（ms）。

3：2.666（ms）。

4：3.555（ms）。

参数			初始值	单位	设置范围	控制模式		
序号	简称	名称				位置	速度	转矩
PD30	DOP1	行程限位开关及复位开关的动作性能	0000h			O	O	

参数 PD30 用于设置行程限位开关及复位开关的动作性能。

设置正向行程限位（LSP）·反向行程限位（LSN）=OFF 时的动作性能，设置复位（RES）=ON 时的基板主电路的状态。

0	0	bit1	bit0

bit0：设置正向行程限位（LSP）·反向行程限位（LSN）=OFF 时的停止方法。

bit0=0：立即停止。

bit0=1：缓慢停止。

bit1：设置复位（RES）=ON 时的主电路的状态。

bit1=0：切断基板主电路。

bit1=1：不切断基板主电路。

参数			初始值	单位	设置范围	控制模式		
序号	简称	名称				位置	速度	转矩
PD32	DOP3	清除功能（CR）	0000h			O		

参数 PD32 用于对清除功能（CR）进行设置。

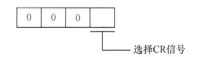

选择CR信号

0：在上升沿清除滞留脉冲。

1：ON 状态下，一直清除滞留脉冲。

5.7 思考题

（1）伺服系统的参数如何分类？每一类参数各自起什么作用？

（2）用参数可以设置工作模式吗？如何设置？

（3）调节增益类型的参数主要用于什么场合？

（4）什么是加减速时间常数？为什么称为常数？用哪个参数设置？

（5）输入/输出端子的功能可以被重新定义吗？哪些参数与此相关？

第*6*章

伺服系统的启动及试运行

本章介绍伺服系统的启动方法，以及如何进行上电、设置参数、排除启动环节的故障等。

6.1 初次接通电源

6.1.1 启动顺序

伺服系统初次上电时，必须按图 6-1 所示流程进行启动和试运行。

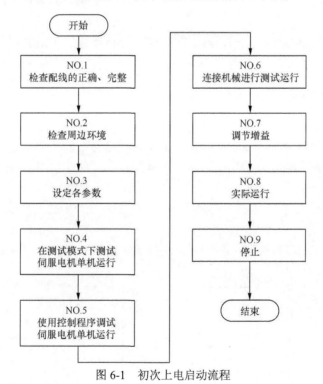

图 6-1 初次上电启动流程

（1）检查配线的正确和完整。

必须根据设计电路图，检查电源线、输入/输出信号、急停信号、接地线的正确和完整。可以使用强制输出功能检测输出端子接线，但必须保证是点动。在测试输入/输出端子功能时，必须保证急停开关已经生效，随时可以按下急停开关，确保安全。

（2）检查周边环境。

- 检查周边不要有大的干扰源和其他精密设备。干扰源可能对伺服系统造成干扰，伺服系统也可能对精密设备造成干扰。
- 清除各种电线头、金属屑等异物，以免造成短路。

（3）设置参数。

使用不同的运行模式和再生制动部件时，需要设置参数，参见第 5 章。

（4）测试模式单机运行。

伺服系统具有测试运行功能，在测试运行模式下，脱开伺服电机与机械系统的连接，尽可能以低速旋转，测试伺服电机的完好性，以及是否能正确旋转。

（5）以程序指令调试伺服电机单机运行。

脱开伺服电机与机械系统的连接，以编制好的运行程序，低速启动伺服电机旋转，观察伺服电机的运行状态。

（6）连接机械系统实际运行。

将伺服电机与机械系统相连接，进行实际运行，先点动，后自动；先低速，后高速。注意保证急停开关有效，注意机械是否有强烈振动、抖动、啸叫，是否有发热、冒烟、焦味，电机是否过载，注意保留及查看报警记录，如有问题，立即停机。调试人员不要站在旋转体正面。

（7）增益调整。

根据各伺服电机的负载状态，逐步设置响应等级和速度环增益参数，直到满足工作要求。

（8）实际运行。

连续开机若干时间（24～48h），对工作机床进行磨合运行，也称烤机。

6.1.2　接线检测

1. 电源线路的检查

很多伺服系统都使用三相 220V 电源，因此必须注意伺服系统使用的电源规格，注意参照 4.1 节检查电源回路。有许多使用电源不当烧损伺服系统的案例。

2. 相序检查

伺服驱动器与伺服电机的接线必须注意相序，虽然现在大多数电缆都是由专业厂家制作，但是也有相序接错的情况。如果电机开机运行时出现强烈抖动，相序错误就是一个可能的原因。应该按照图 6-2 所示进行检查。在检查时要注意电缆的颜色，动力电缆都是按颜色配线的。

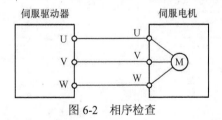

图 6-2　相序检查

3. 电源线不得接入伺服驱动器输出端

图 6-3 所示为电源线接入伺服驱动器输出端，这是绝对不允许的！在实际接线中，应该严格分清主回路端子排各端子的分布，避免这样的错误接线。

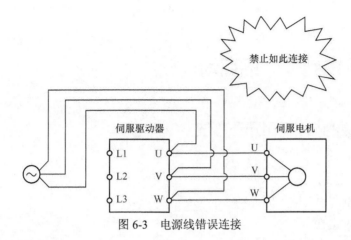

图 6-3 电源线错误连接

4. 伺服电机的接地

伺服电机的接地端必须与伺服驱动器的接地端相连接，不能单独接地，如图 6-4 所示。在制作电缆时，伺服电机主电源电缆有 4 条线，分别为 U、V、W、E，其中 E 为地线。

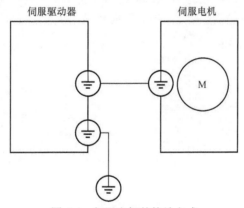

图 6-4 伺服电机的接地方式

5. 再生制动部件的接线

如果使用再生制动部件，必须卸下出厂时在 P+ 和 D 端子之间的短接片（各品牌、各型号有所不同）。

连接再生制动部件，必须使用双绞线。

6. 输入输出信号的接线

输入/输出信号的接线参见 4.10 节。

- 要严格分清漏型接法和源型接法（各品牌、各型号有所不同）。连接错误会导致伺服系统烧损。
- 使用强制输出功能时，只使控制电源=ON。
- 不能短接 SD 与 DOCOM 端，如图 6-5 所示。
- SD：信号地（屏蔽线端子）。
- DOCOM：DC0V（公共端）。

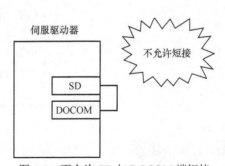

图 6-5 不允许 SD 与 DOCOM 端短接

6.2 位置控制模式的启动

6.2.1 电源的接通和切断方法

（1）电源的接通。

必须按照以下顺序接通电源。

① 确认伺服开启（SON）=OFF。

② 确认未发出指令脉冲。

③ 接通主电路电源和控制电路电源。

显示器会显示"["（反馈脉冲总数），再过 2s，数据便会显示出来。

④ 使用绝对位置检测系统，初次上电时，会出现[AL.25 绝对位置消失]报警，伺服系统不能启动，将电源 OFF→ON，能够解除报警。

如果由于外力，伺服电机在转动状态，此时接通电源可能会发生位置偏移，所以必须在伺服电机处于停止状态时接通电源。

（2）切断电源。

按下列顺序切断电源。

① 确认无指令脉冲输入。

② 操作 SON=OFF。

③ 切断主电路电源和控制电路电源。

6.2.2 停止

伺服电机在下列状态时停止，如表 6-1 所示。注意有惯性旋转停止、减速停止、动态制动器强制停止等各种停止方式。

表 6-1 伺服电机停止的原因和停止状态

停止原因（操作或指令）	停止状态
SON=OFF	基板电路被切断，伺服电机处于惯性旋转停止状态
报警发生	伺服电机减速停止，有些报警启动动态制动器运行，伺服电机立即停止
EM2（强制停止 2）=OFF	伺服电机减速停止并发出[AL.E6 伺服强制停止警告]
STO（STO1，STO2）=OFF	基板电路被切断，动态制动器动作，伺服电机停止运行
限位开关（LSP、LSN）=OFF	立刻停止并锁定。能够反向运行

6.2.3 试运行

1. 试运行流程图

试运行流程如图 6-6 所示。

2. 试运行流程

（1）在测试模式下，单机 JOG 运行。将伺服电机与机械系统脱开，在测试模式下，以尽可能低的速度单机点动运行，测试伺服电机是否旋转。

（2）在正常模式下，单机运行，将伺服电机与机械系统脱开。

① 检查并使 EM2（强制停止 2）=ON、SON（伺服开启）=ON。

进入伺服 ON 状态，RD（准备完成）=ON。

② 检查并使限位开关（LSP·LSN）=ON。

③ 从运动控制器输入脉冲串，观察伺服电机是否旋转。开始发出低速指令，确认伺服电机的旋转方向等。如果未按照设定方向动作，须检查输入信号连接状态。

（3）连接机械系统运行。

将伺服电机连接机械系统。

① 检查并使 EM2（强制停止 2）=ON、SON（伺服开启）=ON。

进入伺服 ON 状态，RD（准备完成）=ON。

② 检查并使限位开关（LSP·LSN）=ON。

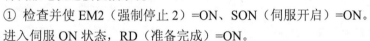

图 6-6　试运行流程

③ 从运动控制器输入脉冲串，观察伺服电机是否旋转。开始发出低速指令，确认伺服电机的旋转方向等。如果未按照设定方向动作，须检查输入信号连接状态。

将伺服电机与机械系统相连接，进行实际运行，先点动，后自动；先低速，后高速。注意保证急停开关必须有效，注意机械是否有强烈振动、抖动、啸叫，是否有发热、冒烟、焦味，电机是否过载，注意保留及查看报警记录，如有问题，立即停机。调试人员不要站在旋转体正面。

6.2.4　参数设定

位置控制模式下，设置基本参数（PA**）就可以使用伺服驱动器。根据需要，再设定其他参数。

6.2.5　启动时的故障排除

1. 启动时的可能故障

在位置控制模式启动运行时，可能会出现表 6-2 所示的故障，排除故障的对策也如表 6-2 所示。

表 6-2　启动及运行时的故障及排除对策

序号	故障发生时段	故障现象	检查	故障原因
1	上电	LED 指示灯不亮 LED 指示灯闪烁	拔下 CN1/CN2/CN3 插头后，故障未消除	电源电压不良 伺服驱动器故障
			拔下 CN1 插头后，故障消除	CN1 电源或输入输出信号发生短路

续表

序号	故障发生时段	故障现象	检查	故障原因
1	上电	LED 指示灯不亮 LED 指示灯闪烁	拔下 CN2 插头后，故障消除	编码器电源接线短路 编码器故障
			拔下 CN3 插头后，故障消除	CN3 的接线或电源短路
2	SON=ON	伺服不锁定	使用 I/O 诊断，确认 SON 的通断状态	SON=OFF（接线错误）没有向 DICOM 提供 DC24V 电源
3	输入脉冲指令（试运行）	伺服电机不转	在显示器上确认脉冲累计值	（1）配线错误 （2）使用集电极脉冲输入时，未给 OPC 连接 DC24V 电源 （3）限位开关处于 OFF 状态 （4）没有输入脉冲 （5）参数 PA13 设置错误
4		伺服电机反转	检查接线及参数设置	（1）与控制器的接线错误 （2）参数 PA14 设置错误
5	增益调整	低速时速度波动很大	（1）提高响应性 （2）反复进行 3～4 次加减速，完成自动调整
6		负载惯量大，伺服电机轴左右摇摆	在保证安全的前提下，反复进行 3～4 次加减速，完成自动调整	
7	循环运行	发生位置误差	确认指令累积脉冲、反馈累积脉冲、实际的伺服电机位置是否正确	由于干扰造成的脉冲计数错误等

2. 发生位置误差的解决办法

（1）指令脉冲传递的各环节。

位置指令传递过程中各环节的脉冲数值如图 6-7 所示，各环节的脉冲如果受到干扰，就可能形成位置误差。

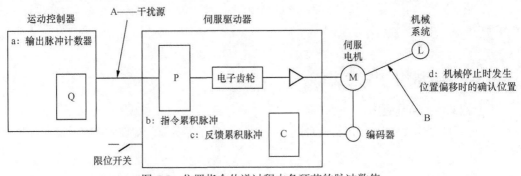

图 6-7　位置指令传递过程中各环节的脉冲数值

图 6-7 中：

- a：输出脉冲计数器；
- b：指令累积脉冲；
- c：反馈累积脉冲；

- d：机械停止时发生位置偏移时的确认位置。

（2）影响位置偏移的因素。

- A：在运动控制器与伺服驱动器之间窜入了干扰信号，发生脉冲计数错误。
- B：机械系统连接故障。
- C：在编码器与伺服驱动器之间窜入了干扰信号。

（3）各环节脉冲之间的关系。

在不发生位置偏差的正常状态下，以下关系成立。

- Q=P（运动控制器的输出脉冲计数器数值=伺服驱动器指令脉冲累积值）。
- Pr.PA21="0□□□"时，P×电子齿轮比=C（指令脉冲累积值×电子齿轮比=反馈脉冲累积值）。
- Pr.PA21="1□□□"时，$P \times \dfrac{4194304}{PA05} = C$。
- Pr.PA21="2□□□"时，P×电子齿轮比×16=C。
- C•Δℓ=M（反馈脉冲累积值×每 1 脉冲的移动量=机械移动量）。

（4）产生位置偏差时的对策。

① Q≠P，运动控制器和伺服驱动器的脉冲串信号接线上存在干扰，使得脉冲计数错误。（如图 6-7 中 A 所示）

解决对策如下。

- 确认接线屏蔽处理。
- 将集电极开路型变为差动型。
- 与强电电路分开布线。
- 安装滤波器。
- 改变 PA13（选择指令输入脉冲串形式）。

② P×电子齿轮比≠C。

- 在运行中伺服开启（SON）=OFF。
- 限位开关 LSP=OFF 或 LSN=OFF。
- CR=ON，RES=ON。

③ C•Δℓ≠M。

在伺服电机和机械系统间发生了打滑。

6.3　速度控制模式的启动

6.3.1　电源接通和切断方法

（1）电源的接通。

必须按照以下顺序接通电源。

① 确认伺服开启（SON）=OFF。

② 确认 ST1（正转启动）=OFF 和 ST2（反转启动）=OFF。

③ 接通主电路电源和控制电路电源。

显示器会显示"r"(伺服电机转速),过 2s 后,数据便会显示出来。

(2)切断电源。

必须按下列顺序切断电源。

① 操作 ST1(正转启动)=OFF 和 ST2(反转启动)=OFF。

② 操作 SON=OFF。

③ 切断主电路电源和控制电路电源。

6.3.2 停止

在以下场合,伺服电机停止,如表 6-3 所示。

表 6-3 导致伺服电机停止的原因和停止状态

停止原因(操作或指令)	停止状态
SON=OFF	基板电路被切断,伺服电机处于惯性旋转停止状态
报警发生	伺服电机减速停止,有些报警启动动态制动器运行,伺服电机立即停止
EM2(强制停止 2)=OFF	伺服电机减速停止并发出[AL.E6 伺服强制停止警告]
STO(STO1,STO2)=OFF	基板电路被切断,动态制动器动作,伺服电机停止运行
限位开关(LSP、LSN)=OFF	立刻停止并锁定。能够反向运行
ST1/ST2 同时为 ON 或同时为 OFF	伺服电机减速停止

6.3.3 试运行

1. 运行流程

运行流程如图 6-6 所示。

2. 试运行流程

(1)在测试模式下,单机 JOG 运行,将伺服电机与机械系统脱开,在测试模式下,以尽可能低的速度单机点动运行,测试伺服电机是否旋转。

(2)在正常模式下,单机运行,将伺服电机脱开机械系统。

① 检查并使 EM2(强制停止 2)=ON、SON(伺服开启)=ON。

进入伺服 ON 状态,RD(准备完成)=ON。

② 检查并使限位开关(LSP·LSN)=ON。

③ 从控制器输入 VC(模拟量速度指令)、ST1(正转启动)=ON 或 ST2(反转启动)=ON 时,伺服电机旋转,以低速指令运行,确认伺服电机的旋转方向等。旋转方向与设定相反时,请检查输入信号。

(3)连接机械系统运行。

将伺服电机连接机械系统。

① 检查并使 EM2(强制停止 2)=ON、SON(伺服开启)=ON。

进入伺服 ON 状态,RD(准备完成)=ON。

② 检查并使限位开关(LSP·LSN)=ON。

③ 从控制器输入 VC（模拟量速度指令）、ST1（正转启动）=ON 或 ST2（反转启动）=ON 时，伺服电机旋转，以低速指令运行，确认伺服电机的旋转方向等。旋转方向与设定相反时，请检查输入信号。

④ 通过控制程序确认伺服系统是否自动运行。

6.3.4　参数设定

设置 PA01="□□□2"，进入速度控制模式。使用速度控制模式时，只需设置基本设定参数 PA 系列和扩展参数 PC 系列。

6.3.5　开启时的故障排除

在速度控制模式启动运行时，可能会出现表 6-4 所示的故障，排除对策也如表 6-4 所示。

表 6-4　启动及运行时的故障及排除对策

序号	故障发生时段	故障现象	检查	故障原因
1	上电	LED 指示灯不亮 LED 指示灯闪烁	拔下 CN1/CN2/CN3 插头后，故障未消除	电源电压不良 伺服驱动器故障
			拔下 CN1 插头后，故障消除	CN1 电源或输入输出信号接线短路
			拔下 CN2 插头后，故障消除	编码器电源接线短路 编码器故障
			拔下 CN3 插头后，故障消除	CN3 的接线或电源短路
2	SON=ON	伺服不锁定	使用 I/O 诊断，确认 SON 的通断状态	SON=OFF（接线错误） 没有向 DICOM 提供 DC24V 电源
3	ST1=ON，正转启动 ST2=ON，反转启动	伺服电机不转	（1）检查模拟量速度指令电压（VC）是否正常 （2）检查 ST1/ST2 信号是否正常 （3）检查内部速度限制参数 PC05～PC11 （4）检查转矩限制参数 PA11～PA12 （5）检查模拟量转矩限制（TLA）	（1）VC=0 （2）限位开关=OFF，ST1/ST2=OFF （3）设置=0 （4）转矩限制值太低 （5）TLA 值太低
		伺服电机反转	检查接线和参数设置	（1）与控制器的接线错误 （2）参数 PA14 设置错误
4	增益调整	低速时速度波动很大	（1）提高响应性 （2）反复进行 3～4 次加减速，完成自动调整	
5		负载惯量大，伺服电机轴左右摇摆	在保证安全的前提下，反复进行 3～4 次加减速，完成自动调整	

6.4 转矩控制模式的启动

6.4.1 电源的接通和切断方法

（1）接通电源。

必须按照以下顺序接通电源。

① 确认伺服开启（SON）=OFF。

② 确认 RS1（正转选择）=OFF 和 RS2（反转选择）=OFF。

③ 接通主电路电源和控制电路电源。

显示器会显示"⊔"（模拟量转矩指令），再过 2s 后，数据便会显示出来。

（2）切断电源。

必须按下列顺序切断电源。

① 操作 RS1（正转选择）=OFF 和 RS2（反转选择）=OFF。

② 操作 SON=OFF。

③ 切断主电路电源和控制电路电源。

6.4.2 停止

在以下场合，伺服电机停止，如表 6-5 所示。

表 6-5　导致伺服电机停止的原因和停止状态

停止原因（操作或指令）	停止状态
SON=OFF	基板电路被切断，伺服电机处于惯性旋转停止状态
报警发生	伺服电机减速停止，有些报警启动动态制动器运行，伺服电机立即停止
EM2（强制停止 2）=OFF	伺服电机减速停止并发出[AL.E6 伺服强制停止警告]
STO（STO1，STO2）=OFF	基板电路被切断，动态制动器动作，伺服电机停止运行
RS1/RS2 同时为 ON 或同时为 OFF	伺服电机减速停止

6.4.3 试运行

1. 运行流程

运行流程如图 6-6 所示。

2. 试运行流程

（1）在测试模式下，单机 JOG 运行。将伺服电机与机械系统脱开，在测试模式下，以尽可能低的速度单机点动运行，测试伺服电机是否旋转。

（2）在正常模式下，单机运行，将伺服电机与机械系统脱开。

① 检查并使 EM2（强制停止 2）=ON、SON（伺服开启）=ON。

进入伺服 ON 状态，RD（准备完成）=ON。

② 检查并使限位开关（LSP·LSN）=ON。

③ 从控制器输入 TC（模拟量转矩指令），RS1（正转选择）或 RS2（反转选择）为 ON 时，伺服电机旋转。最初给出小转矩指令，确认伺服电机的旋转方向。与设定转矩方向不同时，请检查输入信号。

（3）连接机械系统运行。

将伺服电机连接机械系统。

① 检查并使 EM2（强制停止 2）=ON、SON（伺服开启）=ON。

进入伺服 ON 状态，RD（准备完成）=ON。

② 检查并使限位开关（LSP·LSN）=ON。

③ 从控制器输入 TC（模拟量转矩指令），RS1（正转选择）或 RS2（反转选择）为 ON 时，伺服电机旋转。最初给出小转矩指令，确认伺服电机的旋转方向。与设定转矩方向不同时，请检查输入信号。

④ 通过控制程序确认伺服系统是否自动运行。

6.4.4 参数设定

设置 PA01="□□□4"，进入转矩控制模式。使用转矩控制模式时，只需要设置基本设定参数 PA 系列和扩展参数 PC 系列。

6.4.5 启动时的故障排除

在转矩控制模式启动运行时，可能会出现如表 6-6 所示的故障，排除对策也如表 6-6 所示。

表 6-6　启动及运行时的故障及排除对策

序号	故障发生时段	故障现象	检查	故障原因
1	上电	LED 指示灯不亮 LED 指示灯闪烁	拔下 CN1/CN2/CN3 插头后，故障未消除	电源电压不良 伺服驱动器故障
			拔下 CN1 插头后，故障消除	CN1 电源或输入输出信号接线短路
			拔下 CN2 插头后，故障消除	编码器电源接线短路 编码器故障
			拔下 CN3 插头后，故障消除	CN3 的接线或电源短路
2	SON=ON	伺服不锁定	使用 I/O 诊断，确认 SON 的通断状态	SON=OFF（接线错误） 没有向 DICOM 提供 DC24V 电源
3	RS1=ON，正转启动 RS2=ON，反转启动	伺服电机不转	（1）检查模拟量转矩指令（TC）是否正常 （2）检查 RS1/RS2 信号是否正常 （3）检查内部速度限制参数 PC05～PC11 （4）检查模拟转矩限制参数 PA11～PA12 （5）检查正转转矩限制值和反转转矩限制值	（1）TC=0 （2）限位开关=OFF，ST1/ST2=OFF （3）PC05~PC11=0 （4）转矩限制值太低 （5）转矩限制值太低

6.5　思考题

（1）首次上电之前应该进行哪些方面的检查？

（2）首次上电是否有必要脱开伺服电机与机械系统的连接？

（3）如果上电后，伺服电机出现强烈抖动可能是什么原因？

（4）如果发出指令脉冲后，伺服电机不旋转，可能是什么原因？

（5）如果上电后，伺服驱动器的 LED 指示灯不亮，应该按什么步骤进行检查？

第 *7* 章

伺服系统调试的一般方法

本章要学习伺服系统调试的三环理论和一般调节方法，如自动调试模式下各参数的设置、手动模式和插补模式的调节方法。

7.1 伺服系统调试的理论基础

7.1.1 伺服系统调试的三环理论

如图 7-1 所示，以位置调节为例，阐述调节过程。

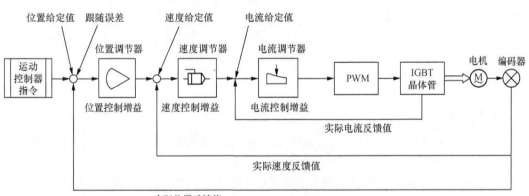

图 7-1 三环调节示意图

1. 位置调节过程

位置调节过程如表 7-1 所示。

表 7-1 位置调节过程

序号	调节操作内容	调节器
1	从上位运动控制器发出的位置指令脉冲和从电机编码器反馈的实际位置脉冲进入位置调节器。这两者之差就是滞留脉冲。位置调节器根据滞留脉冲和位置环增益输出一个新的速度指令给速度调节器	位置调节器
2	从位置调节器发出的速度指令和从电机编码器反馈的实际速度进入速度调节器。这两者之差就是速度差。速度调节器根据速度差和速度环增益输出一个新的电流指令给电流调节器	速度调节器

序号	调节操作内容	调节器
3	从速度调节器发出的电流指令和从 IGBT 晶体管反馈的实际电流进入电流调节器。这两者之差就是电流差。电流调节器根据电流差和电流环增益输出一个新的矢量指令给伺服电机，使伺服电机按新的速度和转矩运行	电流调节器

在伺服系统调节中，有 3 个控制环：内环为电流环，中环为速度环，外环为位置环。

2. 调试要点

（1）对伺服电机各参量（位置、速度、电流）的调节都是基于 PID 调节。因此参数都是 PID 调节的相关参数。

（2）内环增益值必须高于中环增益值，中环增益值必须高于外环增益值。即电流环增益值高于速度环增益值，速度环增益值高于位置环增益值。

（3）电机是产生振动的振动源。

（4）在共振点处，激励的振幅越低，响应的振幅越高。

7.1.2　伺服系统的一般调节方法

（1）先将速度环增益设为较低值，然后调节速度环增益逐渐升高直到出现振动啸叫。

（2）降低速度环增益到振动点数值（以下简称振点值）的 70%，然后在不出现振动的前提下逐步加大速度环增益。

（3）在不振动的条件下逐步减小速度环积分时间。

（4）对以上参数进行微调，寻找最佳配合值。

7.1.3　速度控制特性及整定

（1）MR-J4 系列伺服系统响应频率为 2.5kHz。编码器反馈脉冲为 4194304p/r（22bit），是目前现有产品中性能较高的产品。

参数 PA09 自动响应等级是伺服系统最重要的指标之一。如果响应等级不够，机械性能和加工性能会很差。

响应等级与增益成正比，这就是要求增益高于某一数值的原因。响应等级与负载惯量比成反比，所以在负载惯量比—增益曲线图中，负载惯量比越大，增益也要越大，其目的就是要保持一定的响应等级，参见参数 PA09。

（2）调速范围 1∶1000 以上。

调速范围是指在额定负载下，伺服系统允许的最高速度到最低速度的范围。调速比就是最高速度和最低速度之比。

（3）转速不均匀度小于 6%（这个指标对于同步控制尤为重要）。

（4）速度脉动——即转速的微小波动。引起速度脉动的两个因素的说明如下。

- 转速反馈的采样时间引起的检测滞后。
- 转速反馈的分辨率降低。

提高速度环增益，能够降低速度脉动的变化幅度，提高伺服系统的硬度。硬度是一种通俗的说法，表示伺服系统的抗干扰性——硬度越高抗干扰性越强。

速度脉动过大，所加工工件表面的粗糙度就过大，所以要解决工件表面的粗糙度的问题，首先必须提高速度环增益。在加工工件表面出现鱼鳞纹现象时，最有效的解决方法是提高速度环增益。

稳态下的速度平稳性与转速反馈的分辨率有关，所以编码器的分辨率越高，速度越稳定。这就是厂家不断提高编码器分辨率的原因。

因此，当负载惯量比增大及负载摩擦转矩增大时，为保证响应性必须提高速度环增益，为提高调节的稳定性必须加大积分时间。

当负载惯量比减小或负载摩擦转矩减小时，可以减小速度环增益（仍然有响应性但系统稳定），可减小积分时间，快速定位。

7.1.4 位置控制特性及整定

位置环的位置跟随误差可以用稳态速度和位置环增益表示，计算公式如下。

设：

E 为位置跟随误差，V 为稳态速度，K_p 为位置环增益；

则：

$$E=V/K_p \tag{1}$$
$$V=E \times K_p \tag{2}$$
$$K_p=V/E \tag{3}$$

公式（1）说明：位置跟随误差与稳态速度成正比，与位置环增益成反比。调节的目的是为了减少位置跟随误差，这也就是尽可能提高位置环增益的原因。

由于 E（位置跟随误差）的单位是滞留脉冲数（无量纲），所以位置环增益的单位就是速度的单位，常用 rad/s 表示。通常位置环增益=5～150rad/s。

位置环调节的特点是以滞留脉冲（位置跟随误差）作为调节输入量，以速度作为输出量。这是所有伺服系统的基本概念。

上述公式将位置跟随误差表示为速度指令的形式。滞留脉冲本是位置跟随误差，现在将其转化为新的速度指令。通过调节稳态速度可以消除位置跟随误差。

7.1.5 过象限误差

1. 椭圆轨迹出现的原因

各轴的机械特性不同，导致位置跟随误差各不相同。这使得坐标轴合成的轨迹发生畸变。如果各轴位置控制参数相同，则位置跟随误差导致的轨迹畸变与速度相关，速度越快，位置跟随误差就越大。在系统执行一个圆弧加工指令时，由于构成圆弧轨迹的两个坐标轴的位置跟随误差不同，某个轴的位置跟踪误差较大，使得实际轨迹为椭圆。

如果椭圆 X 轴（水平轴）为长轴，表明 Y 轴的位置跟随误差较大，X 轴走到位而 Y 轴未到位。

反之，如果椭圆的 Y 轴（垂直轴）为长轴，表明 X 轴的位置跟随误差较大，Y 轴走到位而 X 轴未到位。

2. 解决椭圆问题

（1）先尽量调整各轴的机械特性，使其一致（如质量、惯量、摩擦）。

（2）调整各轴的位置环增益、速度环增益，使其匹配。先将速度环增益调得足够高，再调位置环增益。

3. 过象限误差出现的原因及调整方法

过象限误差如图 7-2 所示。过象限误差是由于机械的原因使得某一轴在极低的速度下出现爬行，实际轨迹在圆弧象限转换处出现过象限凸起或向内凹入。

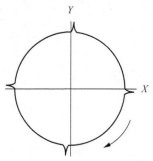

图 7-2　过象限误差示意图

（1）过象限误差的形成机理。

过象限误差的形成源于传动系统过大的静摩擦系数，所以消除过象限误差的关键是调整传动系统的机械部件（如镶条），最大限度地降低静摩擦。如果没有良好的机械配合，就不可能彻底消除过象限误差。

（2）过象限误差的消除。

- 调整机械部件，使静摩擦因素影响降至最小。
- 提高各轴的速度环增益（越高越好，直到出现振动为止）。
- 使用系统的摩擦补偿功能进行过象限误差补偿。

7.2　通用伺服系统的调节

7.2.1　调节模式的选择

调试模式的选择流程如图 7-3 所示。在进行伺服系统调试之前，首先必须判断工作机械的类型。

（1）工作机械的各伺服轴是否有插补关系，是否对运行轨迹有严格要求。如果有插补关系，就选择插补模式。

（2）如果各伺服轴没有插补关系，各轴独立运行，就选择单轴调节模式。

（3）在单轴调节模式下，可依次选择：①自动调整模式 1；②自动调整模式 2；③手动模式。

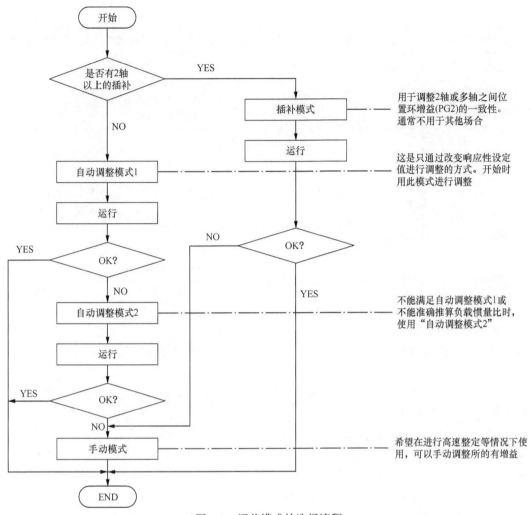

图 7-3　调节模式的选择流程

7.2.2　各调节模式功能概述

单轴进行增益调整时选择调整模式如下。

① 自动调整模式 1。

② 自动调整模式 2。

③ 手动模式。

选择顺序：先采用自动调整模式 1，不能满足要求时再依次采用自动调整模式 2 或手动模式。各调节模式的相关参数设置如表 7-2 所示。

表 7-2　各调节模式的相关参数设置

增益调节模式	参数 PA08	负载惯量比	自动设定的参数	手动设定的参数
自动调整模式 1	0001	实时推算	GD2（PB06） PG1（PB07） PG2（PB08） VG2（PB09） VIC（PB10）	PA09——自动响应等级

续表

增益调节模式	参数 PA08	负载惯量比	自动设定的参数	手动设定的参数
自动调整模式 2	0002	使用固定参数 PB06	PG1（PB07） PG2（PB08） VG2（PB09） VIC（PB10）	PA09 GD2（PB06） PA09
手动模式	0003			PA09 GD2（PB06） PG1（PB07） PG2（PB08） VG2（PB09） VIC（PB10）
插补模式	0000	实时推算	GD2（PB06） PG2（PB08） VG2（PB09） VIC（PB10）	PA09 PG1（PB07）

1. 自动调整模式 1

调整模式由参数 PA08 选择。出厂值设置为 PA08=0001，即自动调整模式 1，在这种模式下，参数设置说明如下。

（1）必须用手动设置自动响应等级（PA09），PA09 是系统最重要的参数之一。必须先从中间级别偏下开始设置。

（2）其他增益相关参数都是由系统自动设置的（如表 7-2 所示）。

（3）负载惯量比是重要参数。这个参数代表了负载的大小，从而也影响了伺服系统响应等级的大小。实际调试中该参数的功用最为明显。在自动调整模式 1 中，指令对象电机运行一段时间后，负载惯量比由系统自动计算并设置。

2. 自动调整模式 2

如果采用自动调整模式 1 进行调节不能得到满意的结果，特别是不能获得准确的负载惯量比时，就选择自动调整模式 2。

设置 PA08=0002，即选择自动调试模式 2，在这种模式下，参数的设置说明如下。

（1）必须手动设置自动响应等级（PA09）。

（2）必须手动设置负载惯量比（PB06），这是因为在系统自整定不理想的状态下，不能获得准确的负载惯量比。这种情况下，必须根据计算、经验、测试获得负载惯量比。特别是对于滚筒型、摇臂型负载，其惯性很大，要通过实验逐步测试确定。水平型负载的负载惯量比基本不变化。垂直型负载的负载惯量比在上下行的状态不同。

（3）其他参数由系统自学习后获得并自动设置。

3. 手动模式

如果采用自动调整模式 1 和自动调整模式 2 都不能获得满意的结果，可选择手动模式。

设置 PA08=0003，即选择手动模式，在这种模式下，全部参数包括各 PID 调节参数都是手动设置的。

4. 插补模式

设置 PA08=0000，选择插补模式。插补模式是指多轴联动运行。其中负载惯量比由系统自行计算获得。参数 PB07（模型环增益）手动设置。其余 PID 调节参数都是自动设置的。

在各模式下，自动响应等级（PA09）都必须手动设置。在系统调试之初，首先要大致判断工作机械的负载类型，如果是水平运行类负载，可以采用自动调整模式 1。如果负载类型是惯量比较大的滚筒型，必须考虑用自动调整模式 2 或手动模式。

图 7-3 表示了调整模式的选择流程。可以看出：手动模式是最后的方法。如果手动模式也解决不了问题，必须考虑是否负载过大，电机选择不当等问题。要特别注意负载惯量比的核算，需要查阅各电机的技术规格。一般通用伺服电机规定的负载惯量比为 5～30。

7.3 自动调整模式下的调试方法

伺服驱动器内置实时自动调整功能，能实时地推断机械特性（负载惯量比），并根据推断结果自动设置最优增益值。利用这个功能可快速调整伺服驱动器的增益。

7.3.1 自动调整模式 1

设置 PA08=0001，选择自动调整模式 1。

（1）手动设置自动响应等级（PA09），这是系统最重要的参数之一。必须先从中间级别偏下开始设置。

（2）其他增益相关参数都是由系统自动设置的。自动调整的参数如表 7-3 所示。

表 7-3　自动调整模式 1 中自动调整的参数

参数	简称	名称
PB06	GD2	负载惯量比
PB07	PG1	模型环增益
PB08	PG2	位置环增益
PB09	VG2	速度环增益
PB10	VIC	速度积分补偿

（3）自动调整模式 1 必须满足以下条件（否则可能会无法正常动作）。

- 从 0r/min 加速到 2000r/min，加减速时间常数小于 5s。
- 转速大于 150r/min。
- 负载惯量比小于 100。
- 加减速转矩大于额定转矩的 10%。
- 加减速过程中如果有急剧的负载变化或机械间隙过大，自动调整不能正常进行，就请采用自动调整模式 2 或手动模式进行增益调整。

7.3.2 自动调整模式 2

如果采用自动调整模式 1 进行调节不能得到满意的结果，特别是不能获得准确的负载惯量比时，就选择自动调整模式 2。

设置 PA08=0002，选择自动调整模式 2，调试步骤如下。

（1）手动设置自动响应等级（PA09）。

（2）手动设置负载惯量比（PB06）。这是因为在系统自整定不理想的状态下，不能获得准确的负载惯量比，这种情况下，必须根据计算、经验、测试逐步设置负载惯量比。

（3）其他参数由系统自学习后获得并自动设置。

在自动调整模式2中自动调整的参数如表7-4所示。

表7-4 自动调整模式2中自动调整的参数

参数	简称	名称
PB07	PG1	模型环增益
PB08	PG2	位置环增益
PB09	VG2	速度环增益
PB10	VIC	速度积分补偿

7.3.3 自动调整模式的动作

实时自动调整的过程方框图如图7-4所示，过程要点如下。

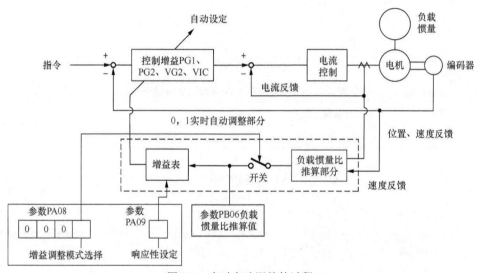

图7-4 实时自动调整的过程

① 在调试阶段，使伺服电机加减速运行，负载惯量比计算模块会根据伺服电机的电流和电机速度实时计算负载惯量比。计算的结果被写入参数PB06。

② 如果已知负载惯量比的数值或不能准确自动计算负载惯量比，就选择自动调整模式2，如图7-4所示，负载惯量比自动调整=OFF，此时，必须手动设置负载惯量比。系统根据手动设置的负载惯量比和自动响应等级（PA09），自动设置最优增益。

③ 电源接通后，每隔60min将自动调整的结果写入EEPROM中。电源接通时，已经保存在EEPROM中的各增益值将作为自动调整的初始值。

7.3.4 调试注意事项

（1）运行中负载剧烈变化时，无法正确进行负载惯量比的计算。这种情况下，应选择自动调整模式2，手动设置负载惯量比。

（2）当从自动调整模式 1 或自动调整模式 2 中任一模式改为手动模式时，当前的增益和负载惯量比数值都保存在 EEPROM 中。

7.3.5 自动调整模式的调整顺序

自动调整模式调整步骤如图 7-5 所示。

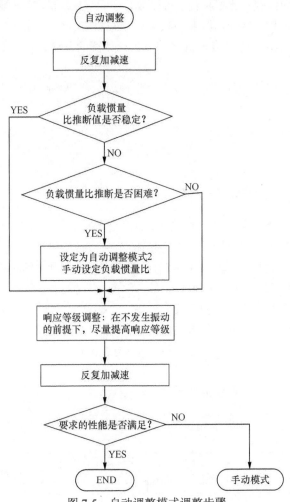

图 7-5 自动调整模式调整步骤

（1）先选定自动调整模式 1。

（2）用点动方式反复执行加减速运行，即反复进行启动—停止运行。（加减速时间可暂用初始值。如果在初始参数值状态下运行不振动、不啸叫，可以继续执行下列步骤；如果发生啸叫、振动，则要降低自动响应等级（PA09）。）

（3）查看参数 PB06 负载惯量比的数值是否稳定。可以在调试软件上观察，也可以设置参数 PC36=000E，在 LED 上直接显示负载惯量比。如果负载惯量比数值相对稳定，则可跳至第（6）步调节自动响应等级（PA09）。

（4）如果负载惯量比数值不稳定、跳动较大，则判定系统无法准确测定负载惯量比，需要选择自动调整模式 2，用手动方式设置负载惯量比。

（5）手动设置负载惯量比。

如果厂方有足够的计算资料，可根据资料先计算负载惯量比。电机本身的转动惯量可查看电机技术规格资料。如果厂方不能提供足够的计算资料，则必须根据负载形式（滚珠丝杠、滚筒、齿轮齿条）、负载大小、转动半径长度计算并预设负载惯量比，然后点动运行伺服电机，观察伺服电机运行是否稳定、停机时是否有摇摆振动、停机状态下是否能够锁定负载。

一般伺服电机规格中注明允许负载惯量比在 10～32 倍。在选型时设计者已经计算过不会超出允许范围，所以负载惯量比的预设值可以取其中间值。先观察停机状态，如果停机时出现摇摆振动，说明设置的负载惯量比偏小，应该提高负载惯量比（PB06）。如果运行中出现啸叫，降低自动响应等级（PA09）也无法消除啸叫，说明设置的负载惯量比较大，应该降低负载惯量比（PB06）。

（6）调整自动响应等级（PA09），以不发生振动、啸叫为原则，尽量提高自动响应等级（PA09）的数值。

（7）反复进行点动加减速实验，如果不满足运行稳定性和加工质量，就转入手动模式；如果满足运行稳定性和加工质量，就结束调试。

7.3.6 伺服系统响应性设置

伺服系统的响应等级参数为 PA09。PA09 是很重要的参数，代表了伺服系统的整体性能，对伺服电机的运行稳定性、定位时间、加工质量，甚至静态锁定转矩都有极大影响。其设置值与机械类型、负载惯量比相关，参见表 7-5，一般希望最好达到中间响应等级。

PA09 设置值越大，系统对指令的跟踪性能越好，定位整定时间越短。但设置值过大会发生振动，所以应在不发生振动的前提下设置较高的自动响应等级（PA09）。

如果发生振动无法设置希望的自动响应等级（PA09），可选择滤波器调节模式（PB01），通过设置消振滤波器（PB13～PB16），消除振动。通过消除振动，就可以设置更高的自动响应等级（PA09）。

表 7-5 是响应等级与振动频率的关系。

表 7-5 响应等级与振动频率的关系

PA09 设置值	机械特性		PA09 设置值	机械特性	
	响应性	机械振荡频率基准/（Hz）		响应性	机械振荡频率基准/（Hz）
1	低响应	2.7	13	中响应	25.9
2		3.6	14		29.2
3		4.9	15		32.9
4		6.6	16		37.0
5		10.0	17		41.7
6		11.3	18		47.0
7		12.7	19		52.9
8		14.3	20		59.6
9		16.1	21		67.1
10		18.1	22		75.6
11		20.4	23		85.2
12		23.0	24		95.9

续表

PA09 设置值	机械特性		PA09 设置值	机械特性	
	响应性	机械振荡频率基准/（Hz）		响应性	机械振荡频率基准/（Hz）
25		108.0	33		279.9
26		121.7	34		315.3
27		137.1	35		355.1
28	中响应	154.4	36	高响应	400.0
29		173.9	37		446.6
30		195.9	38		501.2
31		220.6	39		571.5
32		248.5	40		642.7

7.4　手动模式的调试方法

自动调整模式调节不能满足参数设置需求时，可以手动调节全部增益参数。

7.4.1　速度控制模式的调整

实际运行时，可能有的速度波动如图 7-6 所示。在系统运行模式选择为速度控制模式时，调整的目的是使实际运行速度与指令速度快速高度相符，运行速度平稳，无振动、无啸叫。

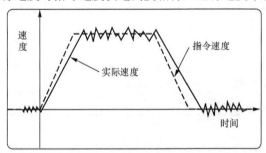

机械动作（速度）不稳定

图 7-6　速度波动

图 7-7 所示为经过调整后的实际速度与指令速度相吻合。

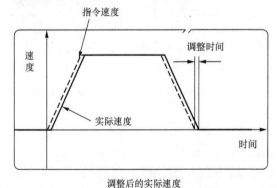

调整后的实际速度

图 7-7　调整后的实际速度与指令速度

（1）调整用参数。

用于增益调整的参数如表 7-6 所示。

表 7-6 用于增益调整的参数

参数	简称	名称
PB06	GD2	负载惯量比
PB07	PG1	模型环增益
PB09	VG2	速度环增益
PB10	VIC	速度环积分时间

（2）调整顺序。

调整顺序如表 7-7 所示。

表 7-7 调整顺序

序号	操作
1	通过自动调整模式进行初步调试
2	设置 PA08=0003，改为手动模式
3	根据计算或经验逐步设置负载惯量比（PB06）
4	设置模型环增益（PB07）为较小值，设置速度环积分时间（PB10）为较大值
5	试运行。逐步调高速度环增益（PB09），以不发生振动、啸叫为原则。如果发生振动，则降低速度环增益（PB09），以振点增益的 70%～80% 为宜
6	调整速度环积分时间（PB10）。方法是逐步减少速度环积分时间，直至出现振动，然后以振动点速度环积分时间为基准，延长速度环积分时间至 1.2 倍。（速度环积分时间实质是调整过程的快慢程度）
7	调整模型环增益（PB07）。方法是逐步调高 PB07 设置值直至出现振动后再降低设置值
8	如果因为出现振动而无法调高到预期的速度环增益，可以通过设置消振滤波器消除振点，重复执行第 3～7 步，再调高速度环增益
9	仔细观察运行状态，微调各参数

（3）调整内容。

① 速度环增益（VG2：参数 PB09）。

本参数决定速度环的响应性，增大参数设置值会提高系统的响应性，但本参数设置值过高会导致机械系统振动。实际速度环响应频率可通过下式求出。

$$速度环响应频率（Hz）= \frac{速度环增益设置值}{(1+负载惯量比)\times 2\pi}$$

速度环响应频率表示了实际速度对速度指令响应的快慢程度。快速响应是对系统的基本要求。从上式可以看出：速度环响应频率与速度环增益成正比，与负载惯量比成反比。很显然，负载越大，响应性越低，所以必须尽量提高速度环增益。这也是根据负载惯量比调整速度环增益的原因，就是要保证响应频率。

② 速度环积分时间（VIC：参数 PB10）。

为消除系统对指令的静态误差，速度控制环应设为由比例积分控制。参数 PB10 为速度环积分时间（VIC）。参数 PB10 设置值过大会使响应性变差。但在负载惯量比较大或机械系统中有振动因素的场合中，如果 PB10 设置值过小，会导致机械系统发生振动。建议按下式设置本参数。

$$速度环积分时间（ms）\geqslant \frac{2000 \sim 3000}{速度环增益/(1+负载惯量比\times0.1)}$$

7.4.2 位置控制模式的调整

速度误差可能导致位置误差的出现，如图 7-8 所示。

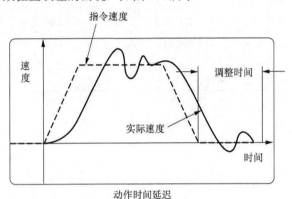

图 7-8　动作时间的延迟导致位置误差

在运行模式选择为位置控制模式时，调节的目的是使实际运行位置与指令位置快速高度相符，运行速度平稳，无振动、无啸叫。

（1）调整用参数。

调整用参数如表 7-8 所示。

表 7-8　调整用参数

参数	简称	名称
PB06	GD2	负载惯量比
PB07	PG1	模型环增益
PB08	PG2	位置环增益
PB09	VG2	速度环增益
PB10	VIC	速度环积分时间

（2）调整顺序。

调整顺序如表 7-9 所示。

表 7-9　调整顺序

序号	操作
1	通过自动调整模式进行初步调试
2	设置 PA08=0003，改为手动模式
3	根据计算或经验逐步设置负载惯量比（PB06）
4	设置模型环增益（PB07）为较小值，设置位置环增益（PB08）为较小值，设置速度环积分时间（PB10）为较大值
5	试运行。逐步调高速度环增益（PB09），以不发生振动啸叫为原则。如果发生振动，则降低速度环增益（PB09），以振点增益的 70%～80% 为宜。（注意：即使是位置控制模式也必须先调整速度环参数）

序号	操作
6	调整速度环积分时间（PB10）。方法是逐步减少速度环积分时间（PB10），直至出现振动，然后以振动点速度环积分时间为基准，延长速度环积分时间至 1.2 倍（速度环积分时间实质是调整过程的快慢程度）
7	调整位置环增益（PB08）。方法是逐步调高 PB08 设置值，直至出现振动后再降低设置值
8	调整模型环增益（PB07）。方法是逐步调高 PB07 设置值，直至出现振动后再降低设置值
9	如果因为出现振动而无法调高预期的速度环增益，可以通过设置消振滤波器消除振动，重复执行第 3～8 步以提高响应性
10	仔细观察运行状态，微调各参数

（3）调整内容。

① 速度环增益。

同 7.4.1 小节。

② 速度环积分时间。

同 7.4.1 小节。

③ 位置环增益（PG2：参数 PB08）。

本参数决定了位置控制环对负载变化的响应性。实际运行时负载的剧烈变化会对位置轨迹精度产生影响，提高本参数后，可减小这种影响。但本参数设置值过高会导致机械系统产生振动。建议按下式设置本参数。

$$位置控制增益 \leqslant \frac{速度环增益}{1+负载惯量比} \times \left(\frac{1}{4} \sim \frac{1}{8} \right)$$

④ 模型环增益（PG1：参数 PB07）

PB07 是决定对于位置指令的响应性的参数。增大 PB07 设置值，对位置指令的跟踪性变好，但 PB07 设置值过高容易发生超调。建议按下式设置参数 PB07。

$$模型控制增益 \leqslant \frac{2000 \sim 3000}{1+负载惯量比} \times \left(\frac{1}{4} \sim \frac{1}{8} \right)$$

7.4.3　插补模式的调整

在多轴做插补运行的工作机械中，为了获得准确的运行轨迹，使用插补模式的调整方法。在伺服调整中，必须重点保证各轴的位置环增益匹配。在插补模式的调整中，必须手动调整各轴的自动响应等级（PA09）、模型环增益（PB07）。其他参数由自动调整模式调整。

（1）自动调整的参数。

以下参数通过自动调整模式调整，如表 7-10 所示。

表 7-10　自动调整的参数

参数	简称	名称
PB06	GD2	负载惯量比
PB08	PG2	位置环增益
PB09	VG2	速度环增益
PB10	VIC	速度环积分时间

（2）用手动方式设置的参数。

手动方式设置的参数如表 7-11 所示。

表 7-11   手动方式设置的参数

参数	简称	名称
PA09	RSP	自动响应等级
PB07	PG1	模型环增益

（3）调整步骤。

① 先对各轴分别进行调整。

② 选择自动调整模式 1（PA08=0001）。

③ 启动伺服电机，逐步增大自动响应等级（PA09），发生振动时再降低至振动点的 70%。

④ 预设模型环增益（PB07）和负载惯量比（PB06）。

⑤ 将自动调整模式 1 改为插补模式（PA08=0000）。

⑥ 负载惯量比与自动整定不一致时，改为自动调整模式 2（PA08=0002），用手动方式设置负载惯量比。

⑦ 将所有插补轴的模型环增益（PB07）设为相同数值（各轴之间以最小值为准）。

⑧ 边观察边调整。

（4）调整内容。

模型环增益（PB07）：这个参数决定位置控制环的响应性。调高模型环增益将改善对位置指令的跟随性能，减少滞留脉冲。但设置值过高容易产生超调。

滞留脉冲量可以用下式计算。

$$滞留脉冲数（pulse）= \frac{速度(r/min)/60}{模型环增益} \times 262144$$

上式表示：滞留脉冲数与模型环增益成反比。

7.5   思考题

（1）什么是伺服系统调节的三环理论？

（2）自动调节模式下哪个参数最为重要？哪些参数必须手动设置？哪些参数是由系统自动设置的？

（3）什么是速度环增益？应该如何设置速度环增益？

（4）什么是负载惯量比？应该如何设置负载惯量比？

（5）插补模式调节的关键是什么？

第 *8* 章
振动的类型及消除方法

机床运行中的振动与伺服系统的调试有较大关系，而且也是难于排除的"顽症"。本章主要介绍了机械振动的类型和消除振动的方法。本章内容简单地说就是对应不同的振动类型使用不同的消振滤波器。

8.1　可能发生的振动类型

1. 振动的类型

在图 8-1 所示的带伺服电机的机床中，可能发生的振动如下。

（1）机床床身的振动。

（2）机械系统共振。

（3）旋转轴高频共振。

（4）滚珠丝杠振动。

（5）联轴节振动。

（6）工件端部振动。

（7）指令中的振动谐波。

（8）目视可见的低频振动（4~6 次/s）。

（9）在定位点附近发生的振动。

（10）低速时电机转动不均匀。

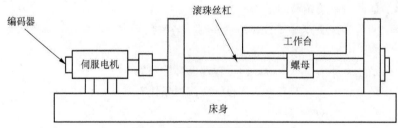

图 8-1　带伺服电机的机床

2. 振动的实质

机床上的振动可以视为共振。所谓共振就是机床的固有频率与振源的频率相等。在机床系统中，振源就是伺服电机。当伺服电机的运行频率与机床机械系统的固有频率相等时，就会发生振动。

3. 消振的方法

消振的方法就是使伺服电机的运行频率避开机床系统的固有频率。避开的方法就是使用各种滤波器过滤掉共振频率，使伺服电机以非共振频率工作。

8.2 滤波器的设置和使用

从指令脉冲发出到脉冲宽度调制（PWM），特别是在速度环调节的环节，系统设计了多种滤波器用于过滤引起振动的频率。图 8-2 所示为各消振滤波器的作用环节。

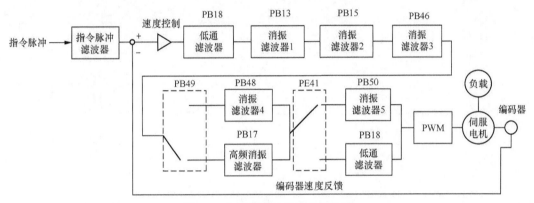

图 8-2　各消振滤波器的作用环节

从指令脉冲开始，具有不同频率的速度指令被不同的消振滤波器过滤，最后只有不引起振动的频率被送到 PWM 环节，指令伺服电机工作。

如果通俗地比喻，从速度指令发出的一系列指令脉冲，就像一群具有不同频率的小鱼，其中具有某些频率的小鱼是一些捣蛋鬼，各种滤波器就像是河渠上的渔网，拦截了各种捣蛋的小鱼，最后把剩下的小鱼送到目的地。

使用消振滤波器的注意事项如下。

- 消振滤波器对伺服系统来说是滞后因素。因此，设置了错误的共振频率，或者设置陷波特性过深、过广时，振动可能会变大。
- 机械共振频率不确定时，可以按从高到低的顺序逐渐设置共振频率。振动最小时的陷波频率就是最优设置值。
- 陷波深度越深、越广，消除机械共振的效果越好。但是幅度过大会造成相位滞后，有时反而会加强振动。

8.2.1　机械系统共振的处理对策——消振滤波器设置

1. 工作原理

机械系统有多个振点，如图 8-3 所示，如在 10Hz 频段出现的床身振动点，在 30Hz 频段出现的机械系统振动点，以及在高频段出现的滚珠丝杠振点和联轴器振点。

提高伺服系统的响应等级时，机械系统会发生振动或啸叫。为此使用消振滤波器（也称为陷波滤波器），能够消除机械系统共振。消振滤波器的设置范围为 10～4500Hz。

消振滤波器具有通过大幅降低特定频率的增益，从而消除机械系统共振的功能。对于消振滤波器要设置：①陷波频率（被降低增益的频率）；②陷波深度和宽度（被降低增益的宽度）。

简单地说，对引起共振的振源点频率做排除处理，如图 8-4 所示。

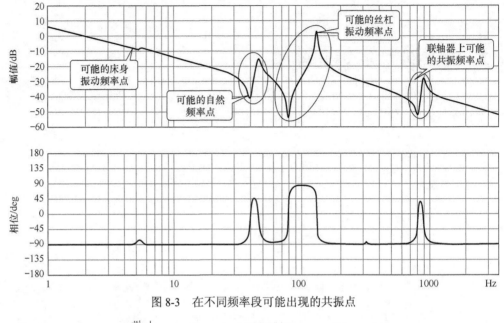

图 8-3　在不同频率段可能出现的共振点

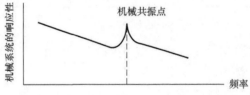

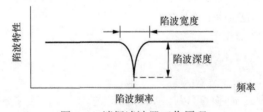

图 8-4　消振滤波器工作原理

MR-J4 系列有 5 个消振滤波器可供使用，如表 8-1 所示。

表 8-1　消振滤波器一览表

滤波器	相关参数
消振滤波器 1	PB01、PB13、PB14
消振滤波器 2	PB15、PB16
消振滤波器 3	PB46、PB47
消振滤波器 4	PB48、PB49
消振滤波器 5	PB50、PB51

5 个消振滤波器各自所在的位置如图 8-2 所示。

2. 相关参数

（1）消振滤波器 1（对应参数 PB01、PB13、PB14）。

PB13 用于设置陷波频率。PB14 用于设置陷波深度及陷波宽度。设置 PB01=0002 时，可手动设置 PB13、PB14。

（2）消振滤波器 2（对应参数 PB15、PB16）。

PB15 用于设置陷波频率。PB16 用于设置陷波深度、陷波宽度及消振滤波器 2 是否有效。设置 PB16="□□□1" 时，消振滤波器 2 有效，可手动设置 PB15、PB16。

（3）消振滤波器 3（对应参数 PB46、PB47）。

PB46 用于设置陷波频率。PB47 用于设置陷波深度、陷波宽度及消振滤波器 3 是否有效。设置 PB47="□□□1" 时，消振滤波器 3 有效，可手动设置 PB46、PB47。

（4）消振滤波器 4（对应参数 PB48、PB49）。

PB48 用于设置陷波频率。PB49 用于设置陷波深度、陷波宽度及消振滤波器 4 是否有效。设置 PB49="□□□1" 时，消振滤波器 4 有效，可手动设置 PB48、PB49。但消振滤波器 4 生效后，就不能设置高频消振滤波器。

（5）消振滤波器 5（对应参数 PB50、PB51）。

PB50 用于设置陷波频率。PB51 用于设置陷波深度、陷波宽度及消振滤波器 5 是否有效。设置 PB51="□□□1" 时，消振滤波器 5 有效，可手动设置 PB48、PB49。但消振滤波器 5 生效后，就不能设置高频消振滤波器。

8.2.2 高频共振的处理对策——高频消振滤波器的设置

（1）振动类型——高频共振。

伺服电机运行时，在高频率段可能会发生机械振动，这种振动类型称为高频共振。

（2）工作原理。

系统为了应对这一类型的振动，设计了专门的滤波器——高频消振滤波器，用于消除高频振动。高频消振滤波器的相关参数可自动设置或手动设置。高频消振滤波器所在的位置如图 8-2 所示。

选择自动设置时，系统根据负载惯量比能够自动设置滤波器的陷波频率。

（3）参数。

PB23 用于选择高频消振滤波器的设置方法。

| 0 | 0 | 0 | bit0 |

选择高频消振滤波器的设置方法

- 0：自动设置。
- 1：手动设置。
- 2：无效。

选择自动设置时，自动进行 PB17 的设置。PB17 为陷波频率和陷波深度的设置参数。

选择手动设置时，能够手动设置 PB17 数值。PB17 设置值如表 8-2 所示。

| 0 | bit2 | bit1 | bit0 |

bit1bit0：设置陷波频率，如表 8-2 所示。

表 8-2 高频消振滤波器设置值与陷波频率的关系

bit1bit0	频率（Hz）	bit1bit0	频率（Hz）
00	无效	10	562
01	无效	11	529
02	4500	12	500
03	3000	13	473
04	2250	14	450
05	1800	15	428
06	1500	16	409
07	1285	17	391
08	1125	18	375
09	1000	19	360
0A	900	1A	346
0B	818	1B	333
0C	750	1C	321
0D	692	1D	310
0E	642	1E	300
0F	600	1F	290

bit2：设置陷波深度，如表 8-3 所示。

表 8-3 陷波深度的设置

bit2	深度设置	
0	−40dB	深
1	−14dB	
2	−8dB	浅
3	−4dB	

实际使用中，设置陷波频率极为重要。注意：因为是高频滤波器，所以设置参数对应的频率是从高到低的。

8.2.3 滚珠丝杠类振动及处理对策

（1）振动类型——丝杠型振动。

机械系统的传动方式为滚珠丝杠类型时，如果提高伺服系统响应等级，有时在高频段会产生机械共振。这种振动称为丝杠型振动，振点频率约为 100Hz。

（2）处理对策。

为消除这一类型的振动，系统采用设置低通滤波器的方法。低通滤波器的滤波频率按以下公式自动调整。

$$滤波器频率（rad/s） = \frac{VG2}{1+GD2} \times 10$$

简单地解释就是高于此频率的信号不能够通过，所以消除了高频振动。

低通滤波器能够使低于截止频率的信号无损通过，而使高于截止频率无限衰减。在幅频曲线上为矩形曲线。

滤波器的功能就是允许某一部分频率的信号通过，而另一部分频率的信号不能通过。实质上是一种选频电路。

低通滤波器所在的位置如图 8-2 所示。

（3）相关参数。

PB23 用于设置如何使用低通滤波器。

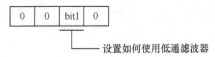

bit1：设置如何使用低通滤波器。

- 0：自动设置。
- 1：手动设置。
- 2：无效。

如果设置 PB23 为手动设置（bit1=1），则能够对参数 PB18 进行手动设置。

PB18 用于设置低通滤波器的频率。

8.2.4　工件振动及支架晃动的处理对策 1

1．振动类型及对策

（1）振动类型。

运行期间发生的工件端部振动和支杆晃动，可以视为悬臂振动，如图 8-5 所示。

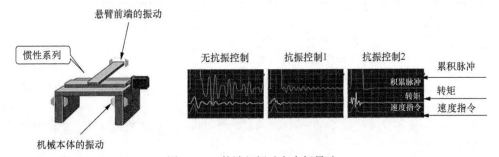

图 8-5　工件端部振动和支杆晃动

（2）处理对策。

系统提供了高级消振模式 1 和高级消振模式 2 用于处理这种类型的振动。图 8-6 所示为启动和关闭高级消振模式 2 对系统运行的影响。

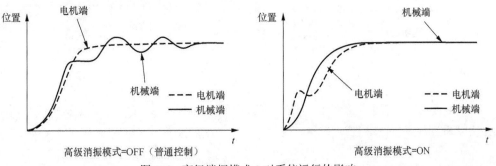

图 8-6　高级消振模式 2 对系统运行的影响

启动高级消振模式 2（用参数 PB02 选择）后，可选择是自动设置陷波频率还是手动设置陷波频率，最多可以消除两个振动点。

（3）相关参数。

参数 PB02 用于选择高级消振模式 1 和高级消振模式 2。消除 1 个振动点时，设置高级消振模式 1=ON。消除两个振动点时，设置高级消振模式 1=ON 和高级消振模式 2=ON。

如果自动设置方式不能满足要求，可采用手动设置。通过设置参数 PB19～PB22 或 PB52～PB55 可消除振动。

PB02 设置方法如表 8-4 和表 8-5 所示。

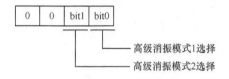

表 8-4　PB02 参数设置高级消振模式 1 的方法

bit0	调谐模式
0	高级消振模式 1=OFF
1	高级消振模式 1=ON，自动设置。在此模式下，系统自动寻找共振点
2	高级消振模式 1=ON，手动设置。在实际调试时，如果系统自整定不能够消除共振，就要手动设置 PB19/PB20/PB21/PB22 进行消振

表 8-5　PB02 参数设置高级消振模式 2 的方法

bit1	调谐模式
0	高级消振模式 2=OFF
1	高级消振模式 2=ON，自动设置。在此模式下，系统自动寻找共振点
2	高级消振模式 2=ON，手动设置。在实际调试时，如果系统自整定不能够消除共振，就要手动设置 PB52/PB53/PB54/PB55 进行消振

设置方法：如果设置参数 PB02="□□11"，经过执行一定次数定位后，参数 PB19、参数 PB20 将会自动变为最佳值。

经过高级消振模式调节后的结果如图 8-7 所示。

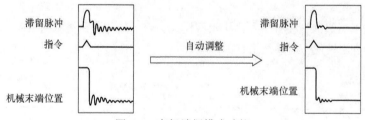

图 8-7　高级消振模式功能

（4）调整流程。

图 8-8 是自动调整的流程图。调整的目的是要提高响应等级。由于提高响应等级会引起振动，所以通过设置消振滤波器来消除振动。

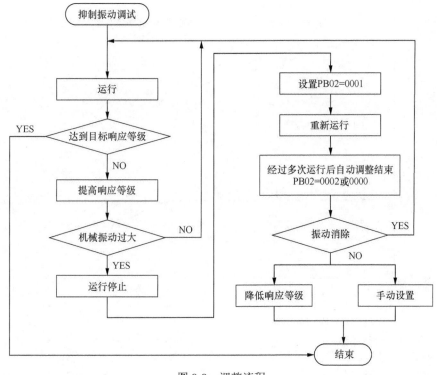

图 8-8 调整流程

（5）手动设置参数。

如果通过仪器测定工件端的振动频率和机械装置的晃动频率，则可以手动设置以下参数（如表 8-6 所示），调整消振效果。

表 8-6 陷波频率和陷波宽度对应的参数

设置项目	高级消振模式 1	高级消振模式 2
陷波频率	PB19	PB52
陷波频率	PB20	PB53
陷波宽度	PB21	PB54
陷波宽度	PB22	PB55

① 选择消振模式和手动设置。

设置 PB02=0001，选择高级消振模式 1。

设置 PB02=0002，选择手动设置。

设置 PB02=0010，选择高级消振模式 2。

设置 PB02=0020，选择手动设置。

② 设置反向振动频率及共振频率。

使用仪器能够测定振动最大值时，手动设置 PB19～PB22、PB52～PB55。

图 8-9 中有两个振动点。

PB19——反向共振频率，PB20——共振频率。

PB52——反向共振频率，PB53——共振频率。

反向振动指输出信号的幅值急剧低于指令信号幅值而出现的振动。

③ 对参数 PB19～PB22、PB52～PB55 进行微调。

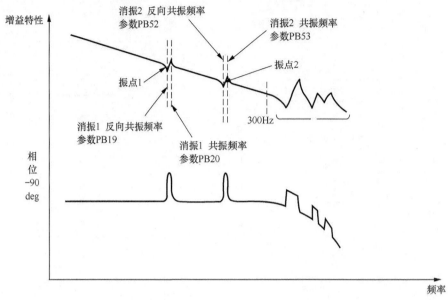

图 8-9　振动点示意图

（6）手动设置要点。

① 机械端振动没有传递到伺服电机轴端时，即使设置伺服电机端的振动频率也无效。

② 通过仪器能够测定反向振动频率和共振频率时，不要设置为相同值，设置为不同数值，消除振动效果更佳。

2. 高级消振模式 2 的设置要点

（1）参数 PA08（增益调整模式）必须设置如下。

PA08=0002，选择自动调整模式 2。

PA08=0003，选择手动模式。

PA08=0004，选择增益调整模式 2。

（2）高级消振模式 2 能够对应的振动频率范围：1.0～100.0Hz。超出此范围以外必须手动设置。

（3）改变相关参数时，须停止伺服电机运行，否则可能会发生危险。

（4）在进行消振调整的定位运行中，须设置振动从减弱到停止的时间。

（5）在伺服电机端的残留振动很小时，消振模式可能不起作用。

（6）消振调整是以当前设置的控制增益为基准设置其他参数，提高响应等级时，必须对消振模式的相关参数进行重新设置。

（7）使用高级消振控制 2 模式时，须设置 PA24=0001。

8.2.5　工件振动及支架晃动的处理对策 2

（1）振动类型——3 点振动型。

（2）工作原理。

如果悬臂振动类型的振动点有 3 个，用高级消振模式 2 不能够完全消除振动时，MR-J4系统还提供了另一种解决方式——指令型消振滤波器。

指令型消振滤波器的工作原理是通过降低包含在位置指令中的特定频率的增益，消除悬

臂振动。使用指令型消振滤波器能够设置振点频率和陷波深度、宽度。图 8-10 是使用指令型
消振滤波器的效果图。

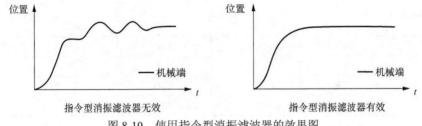

图 8-10 使用指令型消振滤波器的效果图

（3）相关参数。

参数 PB45 用于设置振点频率和陷波深度。振点频率以表 8-7 中机械端振动频率为基准进
行设置。陷波深度的设置如表 8-8 所示。

| 0 | bit2 | bit1 | bit0 |

表 8-7 指令型消振滤波器设置值与振动频率的关系

bit1bit0	振动频率（Hz）	bit1bit0	振动频率（Hz）	bit1bit0	振动频率（Hz）
00		1A	86.0	34	28.1
01	2250.0	1B	83.0	35	26.8
02	1125.0	1C	80.0	36	25.6
03	750.0	1D	77.0	37	24.5
04	562.0	1E	75.0	38	23.4
05	450.0	1F	72.0	39	22.5
06	375.0	20	70.0	3A	21.6
07	321.0	21	66.0	3B	20.8
08	281.0	22	62.0	3C	20.1
09	250.0	23	59.0	3D	19.4
0A	225.0	24	56.0	3E	18.8
0B	204.0	25	53.0	3F	18.2
0C	187.0	26	51.0	40	17.6
0D	173.0	27	48.0	41	16.5
0E	160.0	28	46.0	42	15.6
0F	150.0	29	45.0	43	14.8
10	140.0	2A	43.0	44	14.1
11	132.0	2B	41.0	45	13.4
12	125.0	2C	40.0	46	12.8
13	118.0	2D	38.0	47	12.2
14	112.0	2E	37.0	48	11.7
15	107.0	2F	36.0	49	11.3
16	102.0	30	35.2	4A	10.8
17	97.0	31	33.1	4B	10.4
18	93.0	32	31.3	4C	10.0
19	90.0	33	29.6	4D	9.7

续表

bit1bit0	振动频率（Hz）	bit1bit0	振动频率（Hz）	bit1bit0	振动频率（Hz）
4E	9.4	54	7.0	5A	5.4
4F	9.1	55	6.7	5B	5.2
50	8.8	56	6.4	5C	5.0
51	8.3	57	6.1	5D	4.9
52	7.8	58	5.9	5E	4.7
53	7.4	59	5.6	5F	4.5

表 8-8　陷波深度的设置

bit2	陷波深度（dB）	bit2	陷波深度（dB）
0	−40.0	8	−6.0
1	−24.1	9	−5.0
2	−18.1	A	−4.1
3	−14.5	B	−3.3
4	−12.0	C	−2.5
5	−10.1	D	−1.8
6	−8.5	E	−1.2
7	−7.2	F	−0.6

（4）设置要点。

① 通过使用高级消振模式 2 和指令型消振滤波器可以消除 3 个悬臂振动点。

② 指令型消振滤波器能够适用于机械振动频率范围为 4.5～2250.0Hz。在该范围内不要设置与机械共振频率相近的频率。

8.3　思考题

（1）什么是机床的共振？什么是振源？

（2）一般机床有几个振点？大致的频率范围是多少？

（3）伺服驱动器哪些参数是用于设置消振滤波器的？

（4）什么是低通滤波器？低通滤波器主要用于消除什么频段的振动？

（5）什么是消振滤波器的陷波深度？

第 *9* 章
再生制动及其他功能

本章学习伺服驱动器再生制动的工作原理，以及再生制动电阻的配置原则和选型方法。学习伺服电机的热保护特性及应用。

9.1 再生制动的工作原理

1. 基本概念

当电机的转子速度超过电机旋转磁场的旋转速度时，转子绕组所产生的转矩旋转方向与转子的旋转方向相反，此时，电机处于发电状态。发电状态产生了电能，这部分能量是机械能产生的，所以称为再生（相对于从输电系统送入的电能，能量转换经过了电能→机械能→电能）。由于在这种状态下电机被反转转矩制动，所以称为再生制动。

对伺服系统而言，在减速时，系统发出的减速指令的实质就是降低电源的频率，也就是降低旋转磁场的转速，电机就处于再生制动状态。图 9-1 所示为电动状态，图 9-2 所示为再生状态。

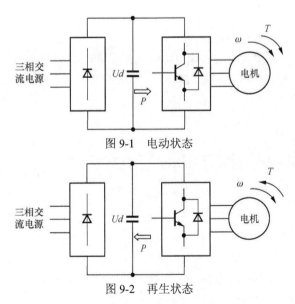

图 9-1　电动状态

图 9-2　再生状态

2. 再生电流

如图 9-3 所示，在发电状态下产生的再生电流流过箭头所指的再生制动部件，经过伺服驱动器的母线返回。

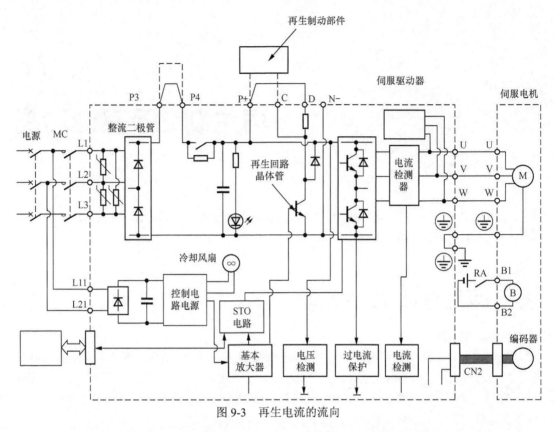

图 9-3 再生电流的流向

（1）向伺服驱动器内部的电容器充电，消耗一部分电能。如果伺服电机功率较小，就不用配置外部制动部件。

（2）当电容器不足以消耗全部再生电能，驱动器内部的制动晶体管为 ON，内置制动回路导通，再生电流流过内置制动电阻，完成再生制动。MR-J4 系列伺服驱动器都配置有内置制动电阻，可以满足一般再生制动的要求。

（3）如果是高频率的进行制动（如电焊机、转塔冲床），而且电机负载大，使用内置制动电阻不能满足要求，就要使用外接制动部件。外接制动部件能有效提高制动能力，在实际机床伺服系统中是通用配置。

9.2 制动部件的技术指标及分类选型

常用的制动部件如下。

- 内置制动电阻
- 简易电阻单元
- 再生制动电阻
- 制动单元+电阻单元组合型制动电阻器
- 电能反馈单元

1. 内置制动电阻

伺服系统除 MR-J4-10A 外，从 MR-J4-20A 到 MR-J4-700A 都有内置电阻，其功率为 10～170W。

2. 简易电阻单元

简易电阻单元如图 9-4 所示，其型号如表 9-1 所示，由于价格便宜，安装方便，在实际工作中应用极其广泛。简易电阻单元的连接方法如图 9-5 所示。

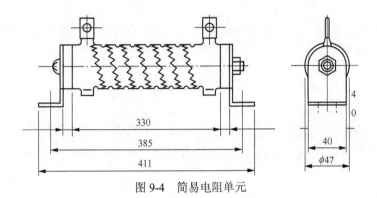

图 9-4　简易电阻单元

表 9-1　简易电阻单元选型表

型号	数量	容许再生电量（W）	带风扇	电阻值（Ω）
GRZG400-0.8Ω	4	500	800	3.2（0.8Ω×4）
GRZG400-0.6Ω	5	850	1300	3（0.6Ω×5）
GRZG400-0.5Ω	5	850	1300	2.5（0.5Ω×5）
GRZG400-2.5Ω	4	500	800	10（2.5Ω×4）
GRZG400-2Ω	5	850	1300	10（2Ω×5）

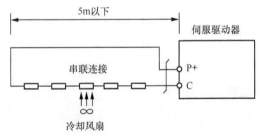

图 9-5　简易电阻单元的连接方法

3. 再生制动电阻

（1）技术指标。

再生制动电阻由制动电阻和热保护端子构成。

型号包括 MR-RB032、MR-RB12、MR-RB30、MR-RB31、MR-RB32、MR-RB50、MR-RB51。

再生制动电阻其实就是带有热保护检测端子的电阻单元。

对制动电阻的选型必须以伺服驱动器说明书为依据。制动电阻有两个指标：功率和电阻。

功率表示制动电阻在单位时间内将伺服电机制动过程中发出的能量转换消耗的能力。根据电学公式：

$$W = I \times V = I^2 \times R \tag{1}$$

$$I = \sqrt[2]{W / R} \tag{2}$$

其中，W——功率，I——电流，V——电压，R——电阻。

公式（2）表示：电流与功率成正比，与电阻成反比；功率表示了可以通过电流的大小，功率越大，可以通过的电流越大，制动能力越大；电阻表示电阻值的大小。

选择制动电阻就像选择灯泡。选择灯泡首先选择的就是功率，功率越大，亮度就越大。

（2）制动电阻的选型。

选择制动电阻必须严格按伺服驱动器型号和工作所需要的再生制动功率进行选择，如表 9-2 所示。MR-RB*** 系列的制动电阻功率都在 500W 以内。

表 9-2　再生制动电阻配置表

伺服驱动器	内置再生电阻	再生功率（W）								
		MR-RB032（40Ω）	MR-RB12（40Ω）	MR-RB30（13Ω）	MR-RB3N（9Ω）	MR-RB31（6.7Ω）	MR-RB32（40Ω）	MR-RB50（13Ω）	MR-RB5N（40Ω）	MR-RB51（40Ω）
MR-J4-10A		30								
MR-J4-20A	10	30	100							
MR-J4-40A	10	30	100							
MR-J4-60A	10	30	100							
MR-J4-70A	20	30	100				300			
MR-J4-100A	20	30	100				300			
MR-J4-200A	100			300				500		
MR-J4-350A	100				300				500	
MR-J4-500A	130					300				500
MR-J4-700A	170					300				500

（3）制动电阻的连接。

再生制动电阻 P、C 端子与伺服驱动器的 P+、C 端子相连接，注意在使用再生制动电阻时，必须取下伺服驱动器 P+ 与 D 之间的短接片，如图 9-6 所示，否则可能烧损伺服驱动器。

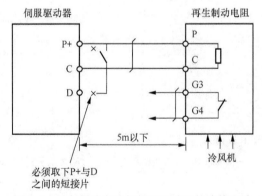

图 9-6　再生制动电阻与伺服驱动器的连接方法

4. 制动单元+电阻单元组合型制动电阻器

对于 MR-J4-500 和 MR-J4-700 这种大功率伺服驱动器，单独使用 MR-RB50 等无法满足其再生制动功率时，就使用制动单元+电阻单元组合型制动电阻。这种组合型制动电阻最大制动功率可达 2000W，如表 9-3 所示。

表 9-3　制动单元+电阻单元组合型制动电阻的技术规格

制动单元	电阻单元	连续允许功率（kW）	瞬时最大功率（kW）	适用伺服驱动器
FR-BU-15K	FR-BR-15K	0.99	16.5	MR-J4-500A
FR-BU-30K	FR-BR-30K	1.99	33.4	MR-J4-700A

注：FR-BU-15K——制动单元型号，FR-BR-15K——电阻单元型号。

制动单元+电阻单元组合型制动电阻的连接图如图 9-7 所示。

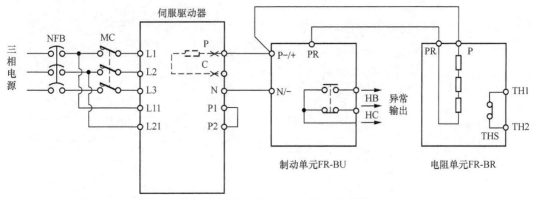

图 9-7　制动单元+电阻单元组合型制动电阻的连接图

5. 电能反馈单元

电能反馈单元将再生过程产生的电能经过转换再送回电网，其适应范围如表 9-4 所示，制动功率为 15～30kW，比制动电阻类型的制动能力要高许多，但价格昂贵。

表 9-4　电能反馈单元的技术规格

电能反馈单元	正常再生功率（kW）	适用伺服驱动器
FR-RC-15K	15	MR-J4-500A
FR-RC-30K	30	MR-J4-700A

9.3　过载保护特性

伺服驱动器内装有电子热继电器，对伺服电机和伺服驱动器作过载保护。如果伺服驱动器在图 9-8 所示的过载保护曲线以上运行时，会发生[AL.50 过载 1]报警。如果因为机械碰撞等原因，在伺服驱动器中出现最大电流并持续数秒时间，就会发生[AL.51 过载 2]报警，所以必须将负载控制在图 9-8～图 9-11 的实线左侧区域中使用。当用于升降机等非平衡转矩的机械时，应该把非平衡转矩控制在额定转矩的 70%以下。

伺服驱动器内有过载保护功能。一般以伺服驱动器额定电流的 120%为伺服电机过载电流。

这些过载曲线有重要意义，利用伺服电机的过载曲线，可以充分发挥伺服电机的最大能力，有极大的技术经济价值。

图 9-8 表示在负载率为 120%时，伺服电机可以长时间工作。在负载率为 150%时，伺服电机不报警工作时间在 100s 以上；在负载率为 200%时，伺服电机不报警工作时间在 60s 以上；在负载率为 300%时，伺服电机不报警工作时间在 2s 以上。

如图 9-10 所示，对于 1～3kW 电机，在负载率为 120%时，伺服电机可以长时间工作；在负载率为150%时，伺服电机不报警工作时间在110s以上；在负载率为200%时，伺服电机不报警工作时间在100s以上；在负载率为250%时，伺服电机不报警工作时间在20s以上。

如图9-11所示，对于4~7kW电机，在负载率为120%时，伺服电机可以长时间工作；在负载率为150%时，伺服电机不报警工作时间在110s以上；在负载率为200%时，伺服电机不报警工作时间在100s以上；在负载率为250%时，伺服电机不报警工作时间在20s以上。

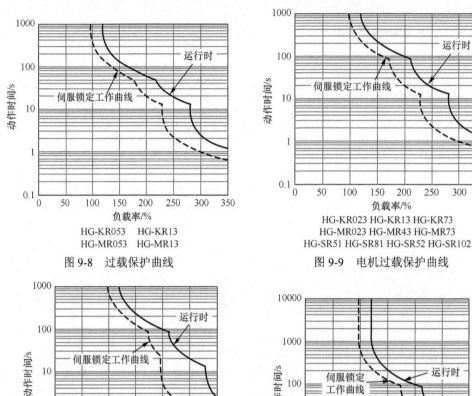

HG-KR053 HG-KR13
HG-MR053 HG-MR13

图9-8 过载保护曲线

HG-KR023 HG-KR13 HG-KR73
HG-MR023 HG-MR43 HG-MR73
HG-SR51 HG-SR81 HG-SR52 HG-SR102

图9-9 电机过载保护曲线

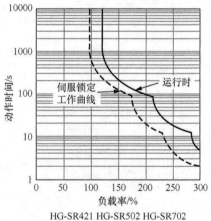

HG-SR121 HG-SR201 HG-SR152
HG-SR202 HG-SR301 HG-SR352

图9-10 伺服电机过载保护曲线

HG-SR421 HG-SR502 HG-SR702

图9-11 大功率伺服电机过载保护曲线

9.4 思考题

（1）为什么伺服电机的制动过程称为再生制动？再生制动过程中伺服电机是处于发电状态吗？

（2）根据什么指标配置再生电阻？再生电阻会发热吗？

（3）电能反馈单元能将电能送回电网吗？怎样选用电能反馈单元？

（4）伺服电机一般在100%的负载率时能够长期工作吗？

（5）伺服电机在200%的负载率时能够工作吗？会立即报警吗？

第 *10* 章

QD77 运动控制器技术性能综述

前面学习了伺服系统方面的知识，但伺服系统毕竟只是执行机构，一套完善的控制系统，在伺服系统的之上还有运动控制系统。运动控制系统可以控制伺服系统的动作，指令伺服系统做插补运行、多轴运行、单轴运行，以及按生产节拍做顺序运行，以适应工作机械千变万化的要求。本书以一款中端的运动控制器——三菱 QD77 运动控制器为基础，介绍运动控制器的功能、参数、运动程序编制方法、PLC 程序编制方法。（本书中不做特殊说明时，论及运动控制器性能，均指三菱 QD77 运动控制器，简称 QD77。）本章主要学习 QD77 的技术规格、系统配置和配线，以及 QD77 与普通 PLC 的连接和信号交换。

10.1　QD77 运动控制器的规格和功能

1. 技术规格一览表

QD77 运动控制器的规格和功能如表 10-1 所示。

表 10-1　QD77 运动控制器的规格和功能

规格型号	QD77MS2	QD77MS4	QD77MS16
控制轴数	2 轴	4 轴	16 轴
运算周期	0.88ms／1.77ms		
插补功能	2 轴直线插补 2 轴圆弧插补	2 轴、3 轴、4 轴直线插补 2 轴圆弧插补	
控制方式	PTP（Point to Point）控制、轨迹控制（直线、圆弧均可设置）、速度控制、速度—位置切换控制、位置—速度切换控制、速度—转矩切换控制		
控制单位	mm、inch、deg、PLS		
定位数据	600 点/轴		
执行数据的备份功能	参数、定位数据、块启动数据可通过闪存保存（无电池）		
定位方式	PTP 控制：增量方式/绝对方式 速度—位置切换控制：增量方式/绝对方式 位置—速度切换控制：增量方式 轨迹控制：增量方式/绝对方式		
定位完成范围	绝对方式时： −214748364.8～214748364.7（μm） −21474.83648～21474.83647（inch） 0～359.99999（deg） −2147483648～2147483647（PLS）		

续表

规格型号	QD77MS2	QD77MS4	QD77MS16
速度指令	0.01～20000000.00mm/min 0.001～2000000.000inch/min 0.001～2000000.000deg/min × 2 1～1000000000PLS/s		
加减速时间	1～8388608ms		
紧急停止减速时间	1～8388608ms		
输入输出占用点数（点）	32（I/O 分配：智能功能模块 32 点）		

2. 对技术规格的详细解释

（1）控制轴数。

控制轴数指运动控制器能够直接管理的伺服轴数。它是 QD77 运动控制器最重要的技术规格之一。为了适应不同的工作机械要求，QD77 有下列型号。

- QD77MS2——2 轴型。
- QD77MS4——4 轴型。
- QD77MS16——16 轴型。

在构建一个控制系统时，首先要计算工作机械的轴数（即有多少伺服电机），然后根据工作机械的轴数选择 QD77 的型号。

（2）插补功能。

插补是运动控制系统的专有名词。实际上是指运动轴的联动运行。能够实现的插补轴数越多，就能够走出越复杂的运动轨迹。所以插补轴数也是评价运动控制器的主要指标。QD77 具有 4 轴插补和 2 轴圆弧插补功能。现在中高端的数控系统只有 4 轴插补功能，5 轴插补系统就是高级数控系统，所以 QD77 在运动控制器中也属于中高端系列。

（3）控制方式。

QD77 具有下列运动控制方式。

- 位置控制——点对点运动。
- 轨迹控制（直线、圆弧）。
- 速度控制。
- 速度—位置切换控制。
- 位置—速度切换控制。
- 速度—转矩控制。

在选型时，要根据工作机械工艺要求，对照控制功能检查 QD77 能否满足要求。

（4）定位数据。

每一轴可以预置"600 点"的定位数据供使用，这可以满足大多数工作机械的要求。

（5）数据备份功能。

参数、定位数据、块启动数据可通过闪存保存（无须电池）。

（6）定位完成范围。

- 绝对方式：−214748364.8～214748364.7μm。
- 增量方式：−214748364.8～214748364.7μm。

（7）速度指令。

速度范围：0.01～20000000.00mm/min。

10.2 主要功能和技术名词解释

1. 回原点功能

QD77 具备多种回原点的方式，同时具备高速回原点功能，详见第 21 章。

2. 自动模式——基本定位控制功能

基本定位控制功能是简单的运动控制，每一轴可设置 600 个定位点，可以直接指令点到点的运动。

3. 自动模式——高级定位控制功能

高级定位控制功能指为适应复杂的工作程序，将一组定位点的运动合成一个运动块，对运动块给出各种运动条件，从而实现程序的选择分支、循环等程序结构。

4. JOG 运行功能

JOG 功能就是点动功能。

5. 微动运行功能

微动功能是手动功能的一种，可以设置运动控制器在一个扫描周期内的移动距离。

6. 手轮运行功能

使用手轮脉冲驱动伺服轴的功能。

7. 速度控制

以速度作为控制对象，使伺服轴以设置的速度运行的功能。

8. 转矩控制

以转矩作为控制对象，使伺服轴以设置的转矩运行的功能，常用在张力控制等项目上。

9. 速度—位置控制

先以速度控制运行，在收到切换信号后，以位置控制运行。热处理机械有这类工作要求。

10. 位置—速度控制

先以位置控制运行，在收到切换信号后，以速度控制运行。

11. 速度—转矩控制

先以速度控制运行，在收到切换信号后，以转矩控制运行。卷绕型机械有这类工作要求。

12. 补偿功能

补偿功能有反向间隙补偿、行程误差补偿等功能。

13. 限制功能

限制功能是指速度限制、转矩限制等功能。

10.3 系统配置与配线

10.3.1 运动控制器在控制系统中的位置

QD77 运动控制器不能够单独运行，只能作为一个智能模块在 QPLC 系统中运行（这使 QD77 运动控制器有良好的经济性）。

因此在配置运动控制器系统时，必须首先配置 QPLC 系统。这样配置的优势是运动控制器只做运动程序，而输入/输出、模拟控制、触摸屏连接、网络连接等功能，直接利用了 QPLC 强大的功能。这可以实现最佳的技术经济性，如图 10-1 所示。

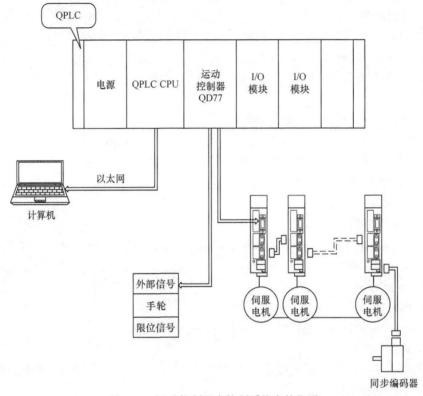

图 10-1　运动控制器在控制系统中的位置

（1）QD77 配置在 QPLC 系统中，最多可连接 64 个模块，因此理论上可以满足多轴的运动控制。

（2）QD77 与伺服系统连接采用高速伺服通信网络连接，即光缆连接，简单又抗干扰。

10.3.2　QD77 内部规定的输入/输出信号

1. QD77 与 QPLC 的通信

QD77 与 QPLC CPU 之间通过基板总线通信。QD77 占用 32 点输入/32 点输出。如图 10-2 所示，QD77 作为一个智能模块安装在 QPLC CPU 模块右侧第 1 个位置。QPLC 的其他模块根据工作机械的需要配置。

2. QD77 占用的输入/输出信号

由于 QD77 安装在 QPLC CPU 模块右侧的第 1 个位置，是排在 QPLC CPU 模块右侧的第 1 个智能模块，所以按照 QPLC 的规定，QD77 占用 32 点输入/32 点输出，具体分布为 X00～X1F，Y00～Y1F。

X00～X1F：表示运动控制器的工作状态。

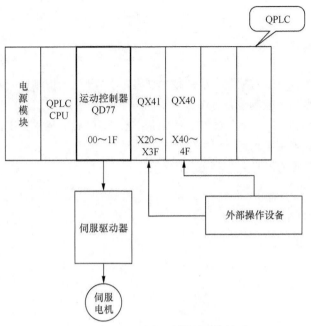

图 10-2 QPLC 与运动控制器的关系

Y00~Y1F：表示运动控制器的功能，由外部信号驱动这些功能，如表 10-2 所示。

表 10-2 指令与状态

软元件					用途	ON 时的内容
	轴 1	轴 2	轴 3	轴 4		
软元件 输入	X0				准备完毕	QD77 准备完毕
	X1				同步标志	可以访问 QD77 缓存区
	X4	X5	X6	X7	M 指令选通信号	M 指令输出中
	X8	X9	XA	XB	出错检测	检测到错误发生
	XC	XD	XE	XF	BUSY 信号	运行中信号
	X10	X11	X12	X13	启动完毕信号	启动完毕
	X14	X15	X16	X17	定位完毕信号	定位完毕
输出	Y0				QPLC CPU 就绪信号	QPLC CPU 准备完毕
	Y1				全部轴伺服 ON 指令	全部轴伺服 ON
	Y4	Y5	Y6	Y7	轴停止运行	轴停止运行指令
	Y8	Y9	YA	YB	正转 JOG 启动	正转 JOG 启动指令
	YC	YD	YE	YF	反转 JOG 启动	反转 JOG 启动指令
	Y10	Y11	Y12	Y13	自动启动	自动启动指令
	Y14	Y15	Y16	Y17	禁止执行	禁止执行指令

这些信号是通过基板总线与 QPLC CPU 通信的，所以无须接线。

QD77 本身有一组外部信号（在 QD77 前端插口），这组外部信号的功能已经被定义（限位，切换信号，手轮），不需要编制 PLC 程序，只要外部信号开关=ON，相应的功能即生效。

10.4　思考题

（1）QD77 运动控制器有哪些主要的技术规格？QD77 运动控制器能够控制多少轴？

（2）QD77 能做插补控制吗？可以做到 5 轴插补吗？

（3）QD77 能够独立运行吗？QD77 可以使用普通 QPLC 的输入输出信号吗？

（4）QD77 能够连接手轮运行吗？

（5）QD77 与普通 QPLC 是如何通信的？

第 *11* 章

手动运行和回原点运行

本章主要学习使用运动控制器做 JOG 运行和回原点运行的方法。运动控制器有极其丰富的功能，但是如何使用却是千头万绪，无从下手。JOG 运行和回原点运行是最简单又必不可少的运行模式。通过学习设置 JOG 速度、编制 PLC 程序、设置必需的参数，使运动控制器驱动伺服系统动作，达到初步认识运动控制器的目的。

11.1 JOG 运行

11.1.1 JOG 运行的定义

JOG 就是点动。在 JOG 运行中，当 JOG 正转启动信号=ON 或 JOG 反转启动信号=ON，在 ON 期间，控制器将指令脉冲不断地输出到伺服驱动器，使电机按设定的方向旋转。

11.1.2 JOG 运行的执行步骤

1. 设置 JOG 运行的速度

JOG 运行速度由 QD77 内的指令型软元件 Cd.17 设置。设置方法是由 PLC 程序写入。

2. 设置 JOG 运行的加减速时间

JOG 运行的加减速时间由参数 Pr.32、参数 Pr.33 设置。

3. 各轴的 JOG 启动

JOG 正转启动、JOG 反转启动信号是由运动控制器内部已经规定了的。QD77 内部规定如下。

- JOG 正转启动信号：Y8、Y9、YA、YB。
- JOG 反转启动信号：YC、YD、YE、YF。

只要编制 PLC 程序驱动相应的 Y 接口，就可以启动 JOG 运行。

JOG 运行的时序图如图 11-1 所示。

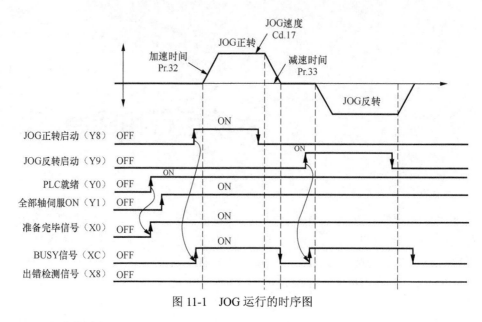

图 11-1　JOG 运行的时序图

4. JOG 动作过程

JOG 运行的动作过程（以正转为例）如表 11-1 所示。

表 11-1　JOG 运行的动作过程

序号	动作
1	JOG 正转启动信号 Y8=ON，以设定的加速时间加速到 JOG 速度。BUSY 信号从 OFF →ON
2	保持 JOG 速度运行，注意观察电机运行方向及位置
3	操作 JOG 正转启动信号 Y8=OFF，以设定的减速时间减速到零速
4	停止后，BUSY 信号从 ON→OFF

11.1.3　JOG 运行需要设置的参数

JOG 运行需要设置的参数如表 11-2 所示。

表 11-2　JOG 运行需要设置的参数

参数号	内容	设置值	参数号	内容	设置值
Pr.1	指令单位（PLS）	3	Pr.13	软限位下限（PLS）	−2147483647
Pr.2	每转脉冲数（PLS/r）	20000	Pr.14	软限位行程对象	0：进给当前值
Pr.3	每转位移量（PLS/r）	20000	Pr.15	软限位有效/无效	0：有效
Pr.4	单位倍率	1（1 倍）	Pr.17	转矩限制值（%）	300
Pr.7	启动偏置速度	0	Pr.25	加速时间 1（ms）	1000
Pr.8	速度限制值（PLS/s）	200000	Pr.26	加速时间 2（ms）	1000
Pr.9	加速时间常数（ms）	1000	Pr.27	加速时间 3（ms）	1000
Pr.10	减速时间常数（ms）	1000	Pr.28	减速时间 1（ms）	1000
Pr.11	间隙补偿量（PLS）	0	Pr.29	减速时间 2（ms）	1000
Pr.12	软限位上限（PLS）	2147483647	Pr.30	减速时间 3（ms）	1000

续表

参数号	内容	设置值	参数号	内容	设置值
Pr.31	JOG 速度限制值（PLS/s）	20000	Pr.36	急停减速时间（ms）	1000
Pr.32	JOG 加速时间	0	Pr.37	急停选择 1	0：减速停止
Pr.33	JOG 减速时间	0	Pr.38	急停选择 2	0：减速停止
Pr.34	加减速曲线	0：梯形	Pr.39	急停选择 3	0：减速停止
Pr.35	S 曲线比率（%）	100	Pr.40	定位完毕信号输出时间（ms）	0～65535

其中，有通用设置，有 JOG 运行的专用设置。表 11-3 所示为必需的专用设置。

表 11-3　JOG 运行的专用参数

Pr.31	JOG 速度限制值（PLS/s）	20000
Pr.32	JOG 加速时间	0
Pr.33	JOG 减速时间	0

当然在 JOG 运行前要按表 11-2 进行检查。

11.1.4　JOG 运行的 PLC 程序的编制

编制 PLC 程序的内容如表 11-4 所示。

表 11-4　编制 PLC 程序的内容

设置项目	设置内容	设置值	缓存器
Cd.16	微动移动量	0	1517
Cd.17	JOG 速度	1000	1518 1519

（1）启动条件。

JOG 启动的条件如表 11-5 所示。

表 11-5　JOG 启动的条件

信号名称		信号状态		软元件
内部接口信号	PLC 就绪信号	ON	PLC 准备完毕	Y0
	准备完毕	ON	QD77 准备完毕	X0
	全部轴伺服 ON	ON	全部轴伺服 ON	Y1
	同步用标志	ON	可以访问 QD77 缓存区	X1
	轴停止信号	OFF	轴停止信号 OFF	Y4～Y7
	启动完毕信号	OFF	启动完毕信号 OFF	X10～X13
	BUSY 信号	OFF	BUSY 信号 OFF	XC～XF
	出错检测信号	OFF	无出错轴	X8
	M 代码 ON 信号	OFF	M 代码 ON 信号 OFF	X4

续表

信号名称		信号状态		软元件
外部信号	急停	ON	无急停	
	停止	OFF	停止信号 OFF	
	上限位	ON	不超程	
	下限位	ON	不超程	

（2）启动的时序图。

JOG 启动的时序图参见图 11-1。

（3）PLC 程序。

图 11-2 所示是 JOG 启动的 PLC 程序。

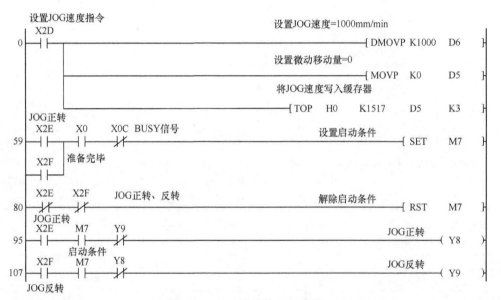

图 11-2　JOG 启动的 PLC 程序

在编制 PLC 程序时，有下列内容。

① 设置 JOG 运行速度。

② 设置启动条件。

③ 发出启动指令并互锁。

注意　在 PLC 程序的第 0 步，设置 JOG 运行的速度；在第 95 步，发出 JOG 正转启动（Y8=ON）；在第 107 步，发出 JOG 反转启动（Y9=ON）。

11.2　微动运行

11.2.1　微动运行的定义

微动运行是 QD77 运动控制器特有的功能。微动运行是指在 QD77 的一个运算周期内

（0.88～1.77ms），使电机运行一个微小移动量的功能。这个微小移动量由指令型接口 Cd.16 设置。

微动功能可以理解为 JOG 模式下的点动微定长运行，用于精密的位置调整。

| 注意 | ① 微动运行不进行加减速处理，但可以进行间隙补偿。 |
| | ② Cd.16 应该设置为不等于 0。 |

微动运行的时序图如图 11-3 所示。

（1）发出 PLC 就绪信号（Y0）=ON。

（2）发出全部轴伺服 ON（Y1）=ON。

（3）等待准备完毕信号（X0）=ON。

（4）JOG 正转启动（Y8）=ON，启动微动运行。

（5）BUSY 信号（XC）=ON。

（6）移动一段微动移动量。

（7）微动运行结束。定位完毕（X14）=ON

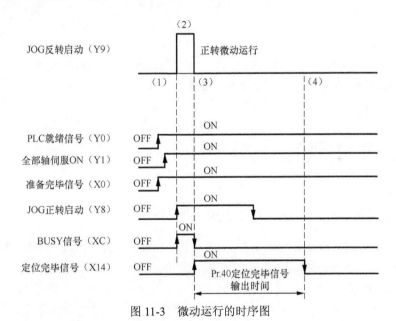

图 11-3 微动运行的时序图

11.2.2 微动运行的 PLC 程序的编制

微动运行的执行步骤和需要的参数设置与 JOG 运行相同。

（1）设置微动移动量。

（2）设置启动条件。

（3）启动。

PLC 程序的编制如图 11-4 所示。

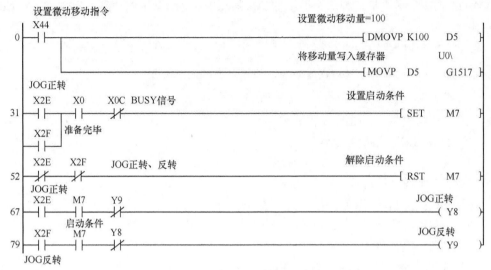

图 11-4　微动运行的 PLC 程序

注意　在 PLC 程序的第 0 步，设置微动运行的移动量，程序中的设置值=100；在第 67 步，发出 JOG 正转启动（Y8=ON）；在第 107 步，发出 JOG 反转启动（Y9=ON），只是当前执行的是微动运行，要注意观察移动量和方向。

11.3　回原点运行

11.3.1　回原点的一般过程和技术术语

最普通的回原点方式是设置原点 DOG 开关。电机轴在回原点过程中，根据原点 DOG 开关的 ON/OFF 状态减速，然后检测编码器 Z 相信号建立原点，如图 11-5 所示。

1. 回原点过程

如图 11-5 所示，以 DOG 开关从 ON→OFF 后的第 1 个 Z 相信号作为原点。（DOG 开关为常 OFF 接法）

2. 回原点的动作顺序

回原点的动作顺序如下。

（1）启动，以回原点速度运行（回原点速度由参数 Pr.46 设置）。

（2）工作台碰上挡块，DOG 开关=ON，从回原点速度降低到爬行速度（爬行速度由参数 Pr.47 设置）。（DOG 开关为常 OFF 接法）

（3）当 DOG 开关从 ON→OFF，从爬行速度开始减速停止，速度降为零。此位置点为 A 点，又从 A 点零速上升到爬行速度，从 A 点开始检测编码器发出的 Z 相信号，当检测到编码器发出的第 1 个 Z 相信号时，该 Z 相信号位置就是原点，同时工作台停止在原点位置上。

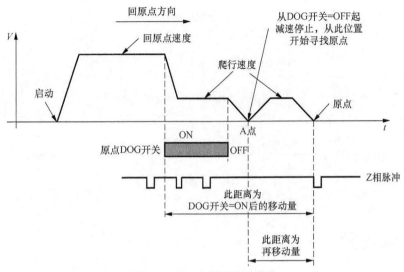

图 11-5 DOG 型回原点模式

11.3.2 回原点参数的设置

执行回原点操作前，必须设置如表 11-6 所示的参数。

表 11-6 回原点参数表

参数号	参数名称	设置样例
Pr.43	回原点模式	Pr.43=0，DOG 模式
Pr.44	回原点方向	Pr.44=0，正方向
Pr.45	原点地址	
Pr.46	回原点速度	Pr.46=20000PLS/min
Pr.47	爬行速度	Pr.46=1000PLS/min

参数的定义及设置方法参见 12.2.5 小节。

11.3.3 编制回原点运行的 PLC 程序

回原点运行的 PLC 程序如图 11-6 所示，有如下内容。

（1）选择回原点模式，M520=ON。

（2）如果是上电开机，要首先执行回原点。X23=ON，选择回机械原点模式 Cd.3=9001（第 197 步）。

（3）发出定位启动指令（Y10=ON），执行回原点（第 217 步）。

更多回原点的方法参见第 21 章。

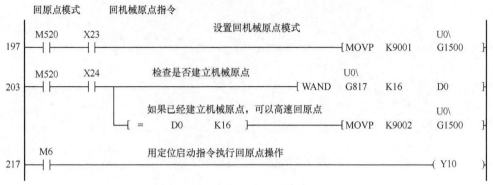

图 11-6　回原点运行的 PLC 程序

11.4　思考题

（1）什么是 JOG 运行？如何设置 JOG 运行的速度？

（2）如何发出 JOG 运行启动指令？JOG 运行分正转和反转吗？

（3）JOG 运行有加减速时间吗？如何设置加减速时间？

（4）回原点运行需要设置什么参数？什么是爬行速度？

（5）启动回原点运行需要编制 PLC 程序吗？

第 12 章

运动控制器参数的定义及设置

本章主要学习运动控制器的参数内容及设置。运动控制器的参数主要规定运动控制器的性能，可以在 PLC 程序中设置，也可以通过软件设置。

12.1　重要参数一览表

运动控制器的重要参数如表 12-1 所示。

表 12-1　重要参数一览表

参数号	参数名称	参数号	参数名称
Pr.1	指令单位	Pr.22	输入信号逻辑
Pr.2	电机编码器分辨率（每转脉冲数）	Pr.24	手轮脉冲方式
Pr.3	每转位移量	Pr.25	加速时间 1
Pr.4	单位倍率	Pr.26	加速时间 2
Pr.5	脉冲方式	Pr.27	加速时间 3
Pr.6	旋转方向	Pr.28	减速时间 1
Pr.7	启动偏置速度	Pr.29	减速时间 2
Pr.8	速度限制值	Pr.30	减速时间 3
Pr.9	加速时间常数	Pr.31	JOG 速度限制
Pr.10	减速时间常数	Pr.32	JOG 加速时间
Pr.11	间隙补偿量	Pr.33	JOG 减速时间
Pr.12	软限位上限	Pr.34	加减速曲线
Pr.13	软限位下限	Pr.35	S 曲线比率
Pr.14	软限位限制对象	Pr.36	急停减速时间
Pr.15	软限位有效/无效	Pr.37	急停选择 1
Pr.16	定位精度（定位宽度）	Pr.38	急停选择 2
Pr.17	转矩限制值	Pr.39	急停选择 3
Pr.18	M 指令 ON 输出时间点	Pr.40	定位完毕信号输出时间
Pr.19	速度切换模式	Pr.41	圆弧插补误差允许范围
Pr.20	插补速度指定方法	Pr.42	外部指令功能
Pr.21	速度控制时的进给（位置）当前值	Pr.43	回原点模式

续表

参数号	参数名称	参数号	参数名称
Pr.44	回原点方向	Pr.54	回原点转矩限制值
Pr.45	原点地址	Pr.55	回原点未完时动作
Pr.46	回原点速度	Pr.56	原点移位时速度
Pr.47	爬行速度	Pr.57	回原点重试时停留时间
Pr.48	任意位置回原点功能	Pr.80	外部信号
Pr.50	近点 DOG＝ON 后的移动量	Pr.81	速度—位置功能
Pr.51	回原点加速时间	Pr.82	急停有效/无效
Pr.52	回原点减速时间	Pr.83	degree 轴速度 10 倍指定
Pr.53	原点移位量		

图 12-1 至图 12-3 是在 GX Works2 编程软件上设置参数示例图（图中参数名称不标准，建议以表 12-1 为准）。参数可以在软件上直接设置，也可以通过编制 PLC 程序进行设置。

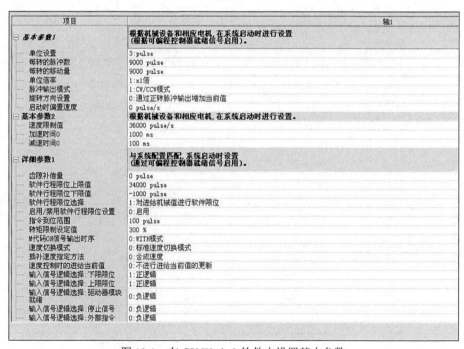

图 12-1　在 GX Works2 软件中设置基本参数

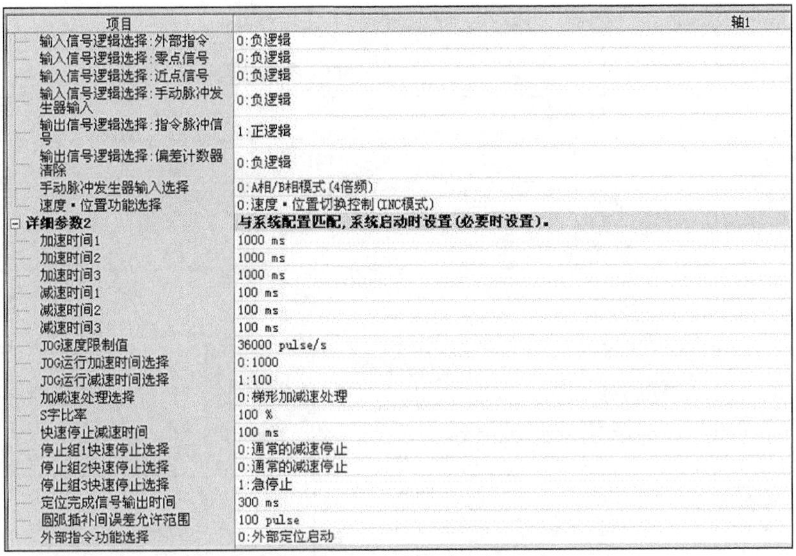

项目	轴1
输入信号逻辑选择:外部指令	0:负逻辑
输入信号逻辑选择:零点信号	0:负逻辑
输入信号逻辑选择:近点信号	0:负逻辑
输入信号逻辑选择:手动脉冲发生器输入	0:负逻辑
输出信号逻辑选择:指令脉冲信号	1:正逻辑
输出信号逻辑选择:偏差计数器清除	0:负逻辑
手动脉冲发生器输入选择	0:A相/B相模式(4倍频)
速度·位置功能选择	0:速度·位置切换控制(INC模式)
详细参数2	**与系统配置匹配，系统启动时设置(必要时设置)。**
加速时间1	1000 ms
加速时间2	1000 ms
加速时间3	1000 ms
减速时间1	100 ms
减速时间2	100 ms
减速时间3	100 ms
JOG速度限制值	36000 pulse/s
JOG运行加速时间选择	0:1000
JOG运行减速时间选择	1:100
加减速处理选择	0:梯形加减速处理
S字比率	100 %
快速停止减速时间	100 ms
停止组1快速停止选择	0:通常的减速停止
停止组2快速停止选择	0:通常的减速停止
停止组3快速停止选择	1:急停止
定位完成信号输出时间	300 ms
圆弧插补间误差允许范围	100 pulse
外部指令功能选择	0:外部定位启动

图 12-2 在 GX Works2 软件中设置详细参数

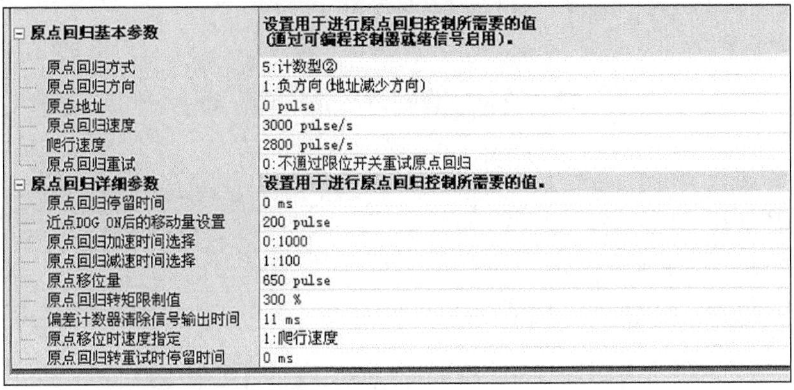

原点回归基本参数	**设置用于进行原点回归控制所需要的值(通过可编程控制器就绪信号启用)。**
原点回归方式	5:计数型②
原点回归方向	1:负方向(地址减少方向)
原点地址	0 pulse
原点回归速度	3000 pulse/s
爬行速度	2800 pulse/s
原点回归重试	0:不通过限位开关重试原点回归
原点回归详细参数	**设置用于进行原点回归控制所需要的值。**
原点回归停留时间	0 ms
近点DOG ON后的移动量设置	200 pulse
原点回归加速时间选择	0:1000
原点回归减速时间选择	1:100
原点移位量	650 pulse
原点回归转矩限制值	300 %
偏差计数器清除信号输出时间	11 ms
原点移位时速度指定	1:爬行速度
原点回归转重试时停留时间	0 ms

图 12-3 在 GX Works2 软件中设置回原点参数

12.2 参数的详细解释

在 GX Works2 软件自带的 QD77 设置界面中，参数设置部分已经包含了 QD77 的所有参数。本节将对 QD77 的参数做具体解释。

12.2.1 基本参数 1

1. 基本参数 1

基本参数 1 包含必须设置的最重要参数，基本参数 1 如表 12-2 所示。

表 12-2 基本参数 1

参数号	参数名称
Pr.1	指令单位
Pr.2	电机编码器分辨率（每转脉冲数）
Pr.3	每转位移量

续表

参数号	参数名称
Pr.4	单位倍率
Pr.5	脉冲方式
Pr.6	旋转方向
Pr.7	启动偏置速度

2. 对参数的详细解释

参数号	参数名称	设置值 设置范围	初始值	缓存器地址			
Pr.1	指令单位	0：mm 1：inch 2：deg 3：PLS	3	轴1	轴2	轴3	轴4
				0+150n			

注：各轴的缓存器地址指各轴参数在运动控制器中缓存区的地址。

计算式中 n=轴号−1。

Pr.1 用于设置指令单位。指令单位可设置为 mm、inch、deg、PLS。各轴可以分别设置指令单位。

例如：

轴 1 的地址=0+150×（1−1）=0；

轴 2 的地址=0+150×（2−1）=150；

轴 3 的地址=0+150×（3−1）=300。

以下各参数类同。

参数号	参数名称	设置值 设置范围	初始值	缓存器地址			
Pr.2	电机编码器分辨率（每转脉冲数）	1~65535	20000	轴1	轴2	轴3	轴4
				2+150n	3+150n		

Pr.2 为电机编码器的每转脉冲数，即电机编码器分辨率，要根据编码器规格设置。

参数号	参数名称	设置值 设置范围	初始值	缓存器地址			
Pr.3	每转位移量	根据螺距和减速比设置 $\text{Pr.3}=\dfrac{\text{螺距}}{\text{减速比}}$	20000	轴1	轴2	轴3	轴4
				4+150n	5+150n		

Pr.3 为电机旋转 1 周，机械的位移量。在直连（1:1）的丝杠机械系统中，Pr.3 即为螺距。如果有减速机，$\text{Pr.3}=\dfrac{\text{螺距}}{\text{减速比}}$。

参数号	参数名称	设置值 设置范围	初始值	缓存器地址			
Pr.4	单位倍率	1：1 倍 10：10 倍 100：100 倍 1000：1000 倍	1	轴 1	轴 2	轴 3	轴 4
				1+150n			

Pr.4 用于设置单位放大倍数，用于计算电子齿轮比。

参数号	参数名称	设置值 设置范围	初始值	缓存器地址			
Pr.5	脉冲方式	0：PLS/SIGN 1：CW/CCW 2：A 相/B 相（4 倍） 3：A 相/B 相（1 倍）	1	轴 1	轴 2	轴 3	轴 4

Pr.5 用于选择脉冲输出格式。有 4 种脉冲输出格式可选，参见 18.2.3 节。

参数号	参数名称	设置值 设置范围	初始值	缓存器地址			
Pr.6	旋转方向	0：正向 1：负向	0	轴 1	轴 2	轴 3	轴 4

正向：当前值增加的方向；负向：当前值减少的方向。

参数号	参数名称	设置值 设置范围	初始值	缓存器地址			
Pr7	启动偏置速度		0	轴 1	轴 2	轴 3	轴 4
				6+150n	7+150n		

启动偏置速度是指电机启动时的速度。电机在零速启动容易造成启动不平稳，特别是步进电机在低速时启动更容易造成不平稳，所以要设置启动时的速度。

12.2.2 基本参数 2

1. 基本参数 2

基本参数 2 包含速度限制参数和加减速时间常数参数，如表 12-3 所示。

表 12-3 基本参数 2

参数号	参数名称
Pr.8	速度限制值
Pr.9	加速时间常数
Pr.10	减速时间常数

2. 对参数的详细解释

参数号	参数名称	设置值 设置范围	初始值	缓存器地址			
Pr.8	速度限制值	1～1000000PLS/s	200000	轴 1	轴 2	轴 3	轴 4
				10+150n 11+150n			

Pr.8 是速度限制值，实际运行速度被限制小于此值。为保证机械运行安全，这是一个必设的重要参数。同时，速度限制值是设置加减速时间常数的基准，如图 12-4 所示。

参数号	参数名称	设置值 设置范围	初始值	缓存器地址			
Pr.9	加速时间常数	1～8388608ms	1000	轴 1	轴 2	轴 3	轴 4
				12+150n 13+150n			

Pr.9 是加速时间常数，定义为从零速加速到速度限制值的时间。

参数号	参数名称	设置值 设置范围	初始值	缓存器地址			
Pr.10	减速时间常数	1～8388608ms	1000	轴 1	轴 2	轴 3	轴 4
				14+150n 15+150n			

Pr.10 是减速时间常数，定义为从速度限制值减速到零速的时间。

加减速时间常数的定义表明这个数据是常量（因为定义了加速到达的速度——Pr.8 速度限制值）。虽然实际运行中指令（定位）速度千变万化，但加减速到指令（定位）速度的时间都能够以这个常数为基准计算得出，如图 12-4 所示。不要混淆加减速时间常数与实际加减速时间的概念。

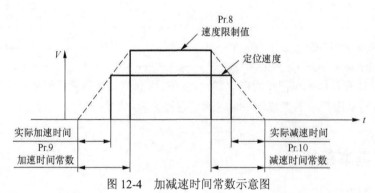

图 12-4　加减速时间常数示意图

12.2.3　详细参数 1

1. 详细参数 1

详细参数 1 一览表如表 12-4 所示。表中参数是常用参数，须根据使用需要进行设置。

表 12-4　详细参数 1 一览表

参数号	参数名称
Pr.11	间隙补偿量
Pr.12	软限位上限
Pr.13	软限位下限
Pr.14	软限位限制对象
Pr.15	软限位有效/无效
Pr.16	定位精度（定位宽度）
Pr.17	转矩限制值
Pr.18	M 指令 ON 输出时间点
Pr.19	速度切换模式
Pr.20	插补速度指定方法
Pr.21	速度控制时的进给（位置）当前值
Pr.22	输入信号逻辑
Pr.24	手轮脉冲方式
Pr.80	外部信号
Pr.81	速度—位置功能
Pr.82	急停有效/无效

2. 对参数的详细解释

参数号	参数名称	设置值 设置范围	初始值	缓存器地址			
Pr.11	间隙补偿量		0	轴 1	轴 2	轴 3	轴 4
				17+150n			

如图 12-5 所示，间隙补偿量也称为反向间隙补偿。在回原点完成后，间隙补偿量有效。

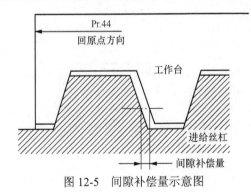

图 12-5　间隙补偿量示意图

参数号	参数名称	设置值 设置范围	初始值	缓存器地址			
Pr.12	软限位上限	随指令单位 而定	2147483647	轴 1	轴 2	轴 3	轴 4
				18+150n 19+150n			

参数号	参数名称	设置值 设置范围	初始值	缓存器地址			
Pr.13	软限位下限	随指令单位 而定	−2147483648	轴 1	轴 2	轴 3	轴 4
				20+150n 21+150n			

　　软限位是用数值设置的行程限位，是相对硬行程限位开关而言的，如图 12-6 所示。软限位要根据实际行程范围进行设置。

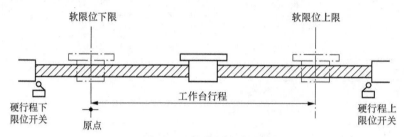

图 12-6　软限位示意图

参数号	参数名称	设置值 设置范围	初始值	缓存器地址			
Pr.15	软限位有效/无效	0：有效 1：无效	0	轴 1	轴 2	轴 3	轴 4
				23+150n			

　　设置 JOG 运行、微动运行、手轮运行时软限位是否有效。

参数号	参数名称	设置值 设置范围	初始值	缓存器地址			
Pr.16	定位精度（定位宽度）		100	轴 1	轴 2	轴 3	轴 4
				24+150n 25+150n			

　　在理论上，只有滞留脉冲=0 才算定位完成。但在实际运行中，只要滞留脉冲小于某一数值就可以认定是定位完成（滞留脉冲的定义参见 1.1.2 小节），这就是定位精度的定义。Pr.16 用于设置定位精度（也称为定位宽度），如图 12-7 所示。

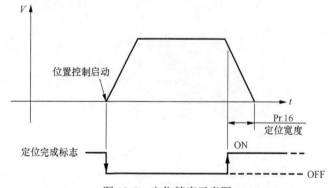

图 12-7　定位精度示意图

参数号	参数名称	设置值 设置范围	初始值	缓存器地址			
Pr.17	转矩限制值	1～1000（%）	300	轴 1	轴 2	轴 3	轴 4
				26+150n			

为防止伺服电机输出转矩过大而损坏设备，参数 Pr.17 设置转矩限制值，以额定转矩的百分比进行设置。

参数号	参数名称	设置值 设置范围	初始值	缓存器地址			
Pr.18	M 指令 ON 输出时间点	0：WITH 模式 1：AFTER 模式	0	轴 1	轴 2	轴 3	轴 4
				27+150n			

Pr.18 用于设置 M 指令 ON 的输出时间点。M 指令随运动指令同时输出（WITH 模式），如图 12-8 所示。M 指令在运动指令执行完毕后输出（AFTER 模式），如图 12-9 所示。

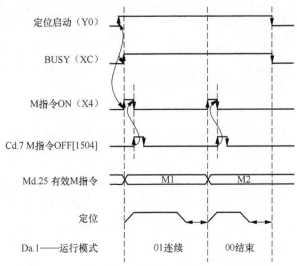

图 12-8　M 指令随运动指令同时输出（WITH 模式）

注意　图 12-8 中，在定位启动（Y0）=ON 后，输出 M 指令。

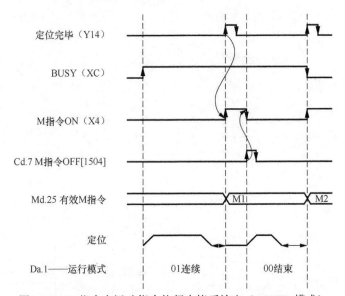

图 12-9　M 指令在运动指令执行完毕后输出（AFTER 模式）

注意　　图 12-9 中，在定位完毕（Y14）=ON 后，输出 M 指令。

参数号	参数名称	设置值 设置范围	初始值	缓存器地址			
Pr.19	速度切换模式	0：标准切换 1：提前速度切换	0	轴 1	轴 2	轴 3	轴 4
				28+150n			

Pr.19 用于设置连续的两个定位过程中，两个定位速度的切换时间点。

Pr.19=0，标准切换——在执行下一个定位数据时切换速度。

Pr.19=1，提前切换——在当前定位数据执行完毕时立即切换速度，如图 12-10 所示。

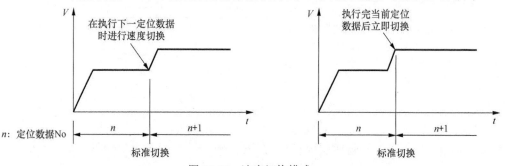

图 12-10　速度切换模式

参数号	参数名称	设置值 设置范围	初始值	缓存器地址			
Pr.20	插补速度指定方法		0	轴 1	轴 2	轴 3	轴 4
				29+150n			

进行直线插补/圆弧插补时，用 Pr.20 设置是指定合成速度还是指定基准轴速度，如图 12-11 所示。

0：合成速度。指定的速度为合成速度，由控制器计算各轴的速度。

1：基准轴速度。指定的速度为基准轴速度，由控制器计算另一个轴的速度。

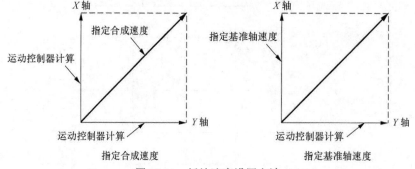

图 12-11　插补速度设置方法

参数号	参数名称	设置值 设置范围	初始值	缓存器地址			
Pr.21	速度控制时的进给（位置）当前值	0：不更新当前值 1：更新当前值 2：当前值清为零	0	轴 1	轴 2	轴 3	轴 4
				30+150n			

Pr.21 用于设置在速度控制模式下，进给（位置）当前值的处理方法。

参数号	参数名称	设置值 设置范围	初始值	缓存器地址			
Pr.22	输入信号逻辑	0：负逻辑 1：正逻辑	0	轴 1	轴 2	轴 3	轴 4
				31+150n			

Pr.22 用于设置输入信号的逻辑。各输入信号如表 12-5 所示。

正逻辑：信号=ON 生效；负逻辑：信号=OFF 生效。

表 12-5　Pr.22 对应的输入信号

bit15					bit9	bit8	bit7	bit6	bit5	bit4	bit3	bit2	bit1	bit0

bit	输入信号
bit0	上限位
bit1	下限位
bit2	禁用
bit3	停止
bit4	外部指令切换
bit5	禁用
bit6	DOG 信号
bit7	禁用
bit8	手轮输入
bit9～bit15	禁用

参数号	参数名称	设置值 设置范围	初始值	缓存器地址			
Pr.24	手轮脉冲方式	0：A 相/B 相 4 倍频 1：A 相/B 相 2 倍频 2：A 相/B 相 1 倍频 3：PLS/SIGN	0	轴 1	轴 2	轴 3	轴 4
				33			

Pr.24 用于设置来自手动脉冲器/INC 同步编码器的输入脉冲模式。

参数号	参数名称	设置值 设置范围	初始值	缓存器地址			
Pr.81	速度—位置功能	0：速度—位置切换 控制（INC 模式） 2：速度—位置切换 控制（ABS 模式）	0	轴 1	轴 2	轴 3	轴 4
				34+150n			

Pr.81 用于选择在速度—位置切换后，位置控制是增量（INC）模式还是绝对（ABS）模式。

参数号	参数名称	设置值 设置范围	初始值	缓存器地址			
Pr.82	急停有效/无效	0：有效 1：无效	0	轴 1	轴 2	轴 3	轴 4
				35			

Pr.82 用于选择紧急停止输入的有效/无效。

12.2.4　详细参数 2

1. 详细参数 2

详细参数 2 一览表如表 12-6 所示。

表 12-6　详细参数 2 一览表

参数号	参数名称
Pr.25	加速时间 1
Pr.26	加速时间 2
Pr.27	加速时间 3
Pr.28	减速时间 1
Pr.29	减速时间 2
Pr.30	减速时间 3
Pr.31	JOG 速度限制
Pr.32	JOG 加速时间
Pr.33	JOG 减速时间
Pr.34	加减速曲线
Pr.35	S 曲线比率
Pr.36	急停减速时间
Pr.37	急停选择 1
Pr.38	急停选择 2
Pr.39	急停选择 3
Pr.40	定位完毕信号输出时间
Pr.41	圆弧插补误差允许范围
Pr.42	外部指令功能
Pr.83	degree 轴速度 10 倍指定
Pr.84	伺服 OFF→ON 时的重启允许值范围设置
Pr.89	手轮脉冲输入类型
Pr.90	速度—转矩控制模式动作设置
Pr.95	外部指令信号

2. 对参数的详细解释

参数号	参数名称	设置值 设置范围	初始值	缓存器地址			
Pr.25	加速时间 1	1～8388608（ms）	1000	轴 1	轴 2	轴 3	轴 4
				36+150n　37+150n			

参数号	参数名称	设置值 设置范围	初始值	缓存器地址			
Pr.28	减速时间 1	1～8388608（ms）	1000	轴 1	轴 2	轴 3	轴 4
				42+150n 43+150n			

Pr25～Pr27：在定位运行时，从零速加速到速度限制值 Pr.8 的时间。这些参数提供了多种加速时间选择。

Pr28～Pr30：在定位运行时，从速度限制值 Pr.8 减速到零速的时间。这些参数提供了多种减速时间选择。

参数号	参数名称	设置值 设置范围	初始值	缓存器地址			
Pr.31	JOG 速度限制		20000	轴 1	轴 2	轴 3	轴 4
				48+150n 49+150n			

Pr.31 用于设置 JOG 运行时的最高速度。JOG 速度限制值应设置为小于 Pr.8 速度限制值。如果 Pr.31 超出速度限制值 Pr.8，则会发生报警。

参数号	参数名称	设置值 设置范围	初始值	缓存器地址			
Pr.32	JOG 加速时间	0：Pr.9 加速时间 0 1：Pr.25 加速时间 1 2：Pr.26 加速时间 2 3：Pr.27 加速时间 3	0	轴 1	轴 2	轴 3	轴 4
				50+150n			

Pr.32 用于设置使用加速时间 0～3 中的哪一个作为 JOG 运行时的加速时间。

参数号	参数名称	设置值 设置范围	初始值	缓存器地址			
Pr.33	JOG 减速时间	0：Pr.10 减速时间 0 1：Pr.28 减速时间 1 2：Pr.29 减速时间 2 3：Pr.30 减速时间 3	0	轴 1	轴 2	轴 3	轴 4
				51+150n			

Pr.33 用于设置使用减速时间 0～3 中的哪一个作为 JOG 运行时的减速时间。

参数号	参数名称	设置值 设置范围	初始值	缓存器地址			
Pr.34	加减速曲线	0：梯形直线加减速 1：S 曲线加减速	0	轴 1	轴 2	轴 3	轴 4
				52+150n			

Pr.34 用于设置是以梯形直线加减速方式还是以 S 曲线加减速方式进行加减速处理。

参数号	参数名称	设置值 设置范围	初始值	缓存器地址			
Pr.36	急停减速时间	1～8388608（ms）	1000	轴 1	轴 2	轴 3	轴 4
				54+150n 55+150n			

在紧急停止时，用于设置从 Pr.8 速度限制值（JOG 运行时为 Pr.31 JOG 速度限制值）开始变为零速度为止所需的时间。

参数号	参数名称	设置值 设置范围	初始值	缓存器地址			
Pr.40	定位完毕信号输出时间	0～65535（ms）	300	轴 1	轴 2	轴 3	轴 4
				59+150n			

Pr.40 用于设置从简单运动模块输出定位完毕信号的输出时间。

参数号	参数名称	设置值 设置范围	初始值	缓存器地址			
Pr.41	圆弧插补误差允许范围		100	轴 1	轴 2	轴 3	轴 4
				60+150n	61+150n		

Pr41 设置的圆弧插补误差允许范围如图 12-12 所示。

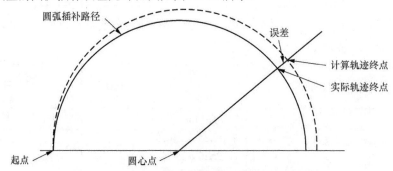

图 12-12　圆弧插补误差允许范围示意图

参数号	参数名称	设置值 设置范围	初始值	缓存器地址			
Pr.42	外部指令功能	0：外部定位启动 1：外部速度更改 2：速度—位置/ 位置—速度切换 3：跳过 4：高速输入	0	轴 1	轴 2	轴 3	轴 4
				62+150n			

在控制器的外部接口端子中有外部指令功能端子。Pr.42 参数用于设置这个端子的功能。

12.2.5　回原点参数

1. 回原点参数

回原点参数表如表 12-7 所示。

表 12-7　回原点参数表

参数号	参数名称	参数号	参数名称
Pr.43	回原点模式	Pr.46	回原点速度
Pr.44	回原点方向	Pr.47	爬行速度
Pr.45	原点地址	Pr.48	任意位置回原点功能

2. 对参数的详细说明

参数号	参数名称	设置值 设置范围	初始值	缓存器地址			
				轴1	轴2	轴3	轴4
Pr.43	回原点模式	0：近点 DOG 式 4：计数式 1 5：计数式 2 6：数据设置式 7：基准点信号检测式		70+150n			

Pr.43 用于选择回原点模式，有 5 种模式可选。参见第 21 章。

参数号	参数名称	设置值 设置范围	初始值	缓存器地址			
				轴1	轴2	轴3	轴4
Pr.44	回原点方向	0：正方向（地址增加方向） 1：负方向（地址减少方向）	0	71+150n			

Pr.44 用于选择回原点运行方向，以位置当前值增加为正方向，以位置当前值减少为负方向，如图 12-13 所示。一般原点设置在上限位或下限位附近。

当原点设置在下限位附近时，设置 Pr.44=1，朝负方向回原点。

当原点设置在上限位附近时，设置 Pr.44=0，朝正方向回原点。

参见第 21 章。

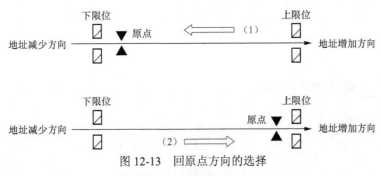

图 12-13 回原点方向的选择

参数号	参数名称	设置值 设置范围	初始值	缓存器地址			
				轴1	轴2	轴3	轴4
Pr.45	原点地址			72+150n 73+150n			

Pr.45 用于设置 ABS 方式的原点地址。

参数号	参数名称	设置值 设置范围	初始值	缓存器地址			
				轴1	轴2	轴3	轴4
Pr.46	回原点速度		1	74+150n 75+150n			

Pr.46 用于设置回原点的速度。应设置回原点的速度小于 Pr.8 速度限制值、大于 Pr.47 爬行速度。

参数号	参数名称	设置值 设置范围	初始值	缓存器地址			
Pr.47	爬行速度		1	轴 1	轴 2	轴 3	轴 4
				76+150n 77+150n			

如图 12-14 所示,爬行速度为从回原点速度开始减速至停止之前的低速度,即 DOG 开关=ON 后的低速度。

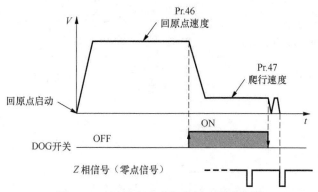

图 12-14　回原点速度和爬行速度示意图

参数号	参数名称	设置值 设置范围	初始值	缓存器地址			
Pr.48	任意位置回原点功能	0：无效 1：有效	0	轴 1	轴 2	轴 3	轴 4

Pr.48 用于设置任意位置回原点功能是否生效。参见 19.2.1 小节。

12.2.6　回原点详细参数

1.　回原点详细参数

本节介绍执行回原点的参数。回原点详细参数表如表 12-8 所示。

表 12-8　回原点详细参数表

参数号	参数名称
Pr.50	近点 DOG＝ON 后的移动量
Pr.51	回原点加速时间
Pr.52	回原点减速时间
Pr.53	原点移位量
Pr.54	回原点转矩限制值
Pr.55	回原点未完成时动作
Pr.56	原点移位时速度
Pr.57	回原点重试时停留时间

2. 对参数的详细说明

参数号	参数名称	设置值 设置范围	初始值	缓存器地址			
				轴 1	轴 2	轴 3	轴 4
Pr.50	近点 DOG = ON 后的移动量		0	80+150n 81+150n			

Pr.50 用于设置回原点方式为计数式 1、2 时，从 DOG 信号变为 ON 开始至原点为止的移动量。参见第 21 章。

参数号	参数名称	设置值 设置范围	初始值	缓存器地址			
				轴 1	轴 2	轴 3	轴 4
Pr.51	回原点加速时间	0：Pr.9 加速时间 0 1：Pr.25 加速时间 1 2：Pr.26 加速时间 2 3：Pr.27 加速时间 3	0	82+150n			

Pr.51 用于设置使用加速时间 0～3 中的哪一个作为回原点时的加速时间。

参数号	参数名称	设置值 设置范围	初始值	缓存器地址			
				轴 1	轴 2	轴 3	轴 4
Pr.52	回原点减速时间	0：Pr.10 减速时间 0 1：Pr.28 减速时间 1 2：Pr.29 减速时间 2 3：Pr.30 减速时间 3	0				

Pr.52 用于设置使用减速时间 0～3 中的哪一个作为回原点时的减速时间。

参数号	参数名称	设置值 设置范围	初始值	缓存器地址			
				轴 1	轴 2	轴 3	轴 4
Pr.53	原点移位量			84+150n 85+150n			

Pr.53 用于设置执行原点移位功能时的移位量。参见 19.2.2 小节。

参数号	参数名称	设置值 设置范围	初始值	缓存器地址			
				轴 1	轴 2	轴 3	轴 4
Pr.54	回原点转矩限制值						

Pr.54 用于设置回原点时到达爬行速度后的转矩限制值。

参数号	参数名称	设置值 设置范围	初始值	缓存器地址			
				轴 1	轴 2	轴 3	轴 4
Pr.55	回原点未完成时动作	0：不执行定位控制 1：执行定位控制	0	87+150n			

Pr.55 用于选择回原点未完成时是否执行定位控制。

参数号	参数名称	设置值 设置范围	初始值	缓存器地址			
Pr.56	原点移位时速度	0：回原点速度 1：爬行速度	0	轴 1	轴 2	轴 3	轴 4
				88+150n			

Pr.56 用于选择执行原点移位时的速度。参见 19.2.2 小节。

参数号	参数名称	设置值 设置范围	初始值	缓存器地址			
Pr.57	回原点重试时停留时间	0～65535(ms)	0	轴 1	轴 2	轴 3	轴 4
				89+150n			

Pr.57 用于设置任意位置回原点时的停留时间。参见 19.2.1 小节。

12.3　思考题

（1）电机编码器分辨率如何定义？用几号参数设置？

（2）速度限制值起什么作用？用几号参数设置？

（3）什么是软限位？软限位与硬限位有什么区别？用几号参数设置？

（4）什么是定位精度？用几号参数设置？

（5）什么是转矩限制？用几号参数设置？

第*13*章

运动控制器定位数据的设置及应用

运动控制器的主要功能就是定位。在数控系统中，编制运动程序是使用 G 指令。QD77 的定位数据的设置方法是最基础、最底层的方法——将运动数据设置在缓存区内。学习了 QD77 的定位数据的设置方法后，可以对其他运动控制器、数控系统有更深刻的认识。

13.1　QD77 的定位数据

13.1.1　点到点的定位流程

一个轴的单独的点到点的定位流程可以如图 13-1 所示。

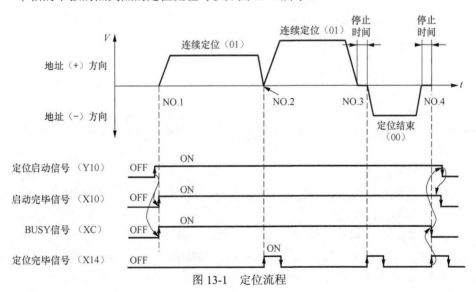

图 13-1　定位流程

从 NO.1 点到 NO.2 点的运动，必须设置 NO.1 点和 NO.2 点的定位位置、运动速度、加减速时间、运动形式等内容，这些数据被统称为定位数据。

QD77 的规定如下。

（1）每一个轴可设置 600 个定位点。

（2）每一个定位点有 10 个定位数据。

（3）用一组（10 个）缓存寄存器存储一个定位点的定位数据（速度、定位位置、加减速时间）。（600 点将占用 6000 个缓存区地址）

在 10.3.2 小节中，控制器规定了各轴的定位启动信号。如轴 1 为 Y10，在单轴运行的情况下，当设置了定位点编号（1～600）后，只要 Y10=ON，第 1 轴就按预先设置的定位点启动运行。

13.1.2 定位数据

1. 定位数据的内容和存储

定位数据的内容和存储位置如图 13-2 所示（以第 1 轴为例）。

定位数据NO.1	缓存区地址	定位数据NO.2	缓存区地址		定位数据NO.600	缓存区地址
定位识别符 Da.1～Da.5	2000+6000n	定位识别符 Da.1～Da.5	2010+6000n		定位识别符 Da.1～Da.5	7990+6000n
Da.10——M代码	2001+6000n	Da.10——M代码	2011+6000n		Da.10——M代码	7991+6000n
Da.9——停留时间	2002+6000n	Da.9——停留时间	2012+6000n	······	Da.9——停留时间	7992+6000n
Da.8——指令速度	2004+6000n 2005+6000n	Da.8——指令速度	2014+6000n 2015+6000n		Da.8——指令速度	7994+6000n 7995+6000n
Da.6——移动量	2006+6000n 2007+6000n	Da.6——移动量	2016+6000n 2017+6000n		Da.6——移动量	7996+6000n 7997+6000n
Da.7——圆弧地址	2008+6000n 2009+6000n	Da.7——圆弧地址	2018+6000n 2019+6000n		Da.7——圆弧地址	7998+6000n 7999+6000n

定位标识符设置

| bit15 | | | bit12 | | | bit8 | | | bit4 | | | bit0 |

| bit1 | bit0 | Da.1——运行模式 | bit3 | bit2 | Da.5——插补对象轴 | bit5 | bit4 | Da.3——加速时间编号 |
| bit7 | bit6 | Da.4——减速时间 | bit15 | | | | | bit8 | Da.2——运行指令 |

图 13-2 定位数据的内容和存储位置

2. 定位数据的设置

定位点运动数据用标识符 Da.1～Da.10 表示。控制器规定一组缓存器存放一个点的定位数据。图 13-2 中表示的内容说明如下。

（1）定位数据的存放。

对 1～600 不同编号的定位点，分别规定了对应的缓存器存放其定位数据。规定如下。

① 对 NO.1 定位点，规定缓存器 2000～2009（10 个）用于存放相关的定位数据。

② 对 NO.2 定位点，规定缓存器 2010～2019（10 个）用于存放相关的定位数据。

③ 对 NO.600 定位点，规定缓存器 7990～7999（10 个）用于存放相关的定位数据。

（2）缓存区存放定位数据的内容。

以第 1 轴第 1 定位点为例：

① 以缓存器 2000 存放定位标识符；

② 以缓存器 2001 存放 M 代码——以标识符 Da.10 表示；

③ 以缓存器 2002 存放停留时间——以标识符 Da.9 表示；

④ 以缓存器 2004、2005 存放指令速度——以标识符 Da.8 表示；

⑤ 以缓存器 2006、2007 存放定位地址、移动量——以标识符 Da.6 表示；

⑥ 以缓存器 2008、2009 存放圆弧地址——以标识符 Da.7 表示。

（3）缓存器的不同 bit 位代表不同的数据。

以第 1 轴第 1 定位点为例，以缓存器 2000 存放定位标识符，其中：

① bit0、bit1 存放运行模式——以标识符 Da.1 表示；

② bit8~bit15 存放运行指令——以标识符 Da.2 表示；

③ bit4、bit5 存放加速时间编号——以标识符 Da.3 表示；

④ bit6、bit7 存放减速时间编号——以标识符 Da.4 表示；

⑤ bit2、bit3 存放插补对象轴号——以标识符 Da.5 表示。

在编制 PLC 程序时，只需要使用 TO 指令对这些缓存器进行设置即可。实际上，在 QD77 设置软件上进行设置更方便，但需要实时修改时，还是要编制 PLC 程序。

13.2 定位数据的解释

13.2.1 运行模式——Da.1

运行模式主要定义的是定位点与定位点之间的关系。定位点与定位点之间的关系有以下 3 种。

1. 独立定位控制（定位单节结束）

这种定位模式的实质：在本定位单节结束后不执行下一个定位单节的运行，而是作为一个独立的运动单节。

在单点定位或一串连续的定位运动结束时，可以用此独立定位控制做连续定位运动的结束单节，如图 13-3 所示。

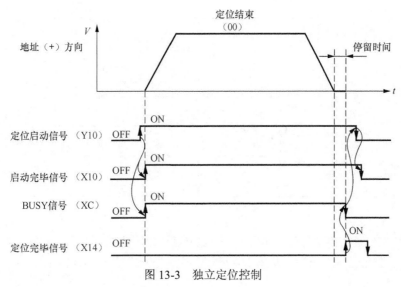

图 13-3 独立定位控制

2. 连续定位控制

（1）连续定位的运行特点：连续执行点到点的定位。

在执行完本定位点的定位后，速度减速到零（注意这是与连续轨迹控制的区别），然后执行到下一定位点的动作，直到出现定位结束单节，如图 13-4 所示。

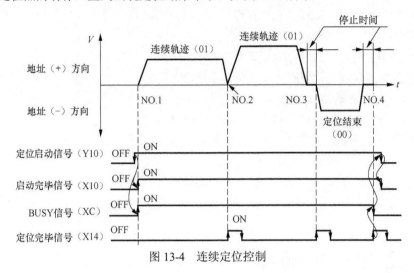

图 13-4 连续定位控制

（2）在连续定位控制运行时，如果下一定位点不是定位结束单节，系统就按定位点的顺序连续运行，到达第 600 点后又从第 1 点运行，直到遇到定位结束单节为止。利用这一特性，可以构成连续运动程序。

3. 连续轨迹控制

① 连续轨迹控制的运行特点：在执行本定位点的定位与执行下一个定位点的动作之间，速度并不减速到零（注意这是与连续定位控制的区别），而是从当前速度段加速或减速到下一速度段。其运动轨迹看起来是连续的，所以被称为连续轨迹控制，如图 13-5 所示。

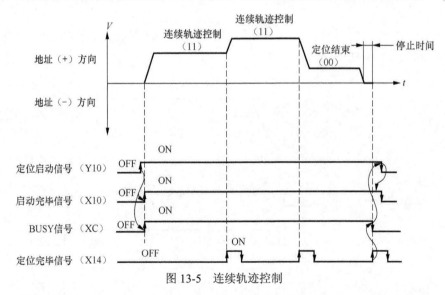

图 13-5 连续轨迹控制

② 在连续轨迹控制运行时，如果下一个定位点不是定位结束单节，系统就按定位点的顺序连续运行，到达第 600 点后又从第 1 点运行，直到遇到定位结束单节为止。

13.2.2 运行指令——Da.2

运行指令即直线定位、直线插补、圆弧插补、速度控制等。

这是定位运动的主要内容。QD77 运动控制器可执行的运行指令如表 13-1 所示。

表 13-1 运行指令一览表

Da.2 设置值	指令说明
01h	ABS 直线 1
02h	INC 直线 1
03h	定长进给 1
04h	正转.速度 1
05h	反转.速度 1
06h	正转.速度—位置
07h	反转.速度—位置
08h	正转.位置—速度
09h	反转.位置—速度
0Ah	ABS 直线 2
0Bh	INC 直线 2
0Ch	定长进给 2
0Dh	ABS 圆弧插补
0Eh	INC 圆弧插补
0Fh	ABS 圆弧 右
10h	ABS 圆弧 左
11h	INC 圆弧 右
12h	INC 圆弧 左
13h	正转.速度 2
14h	反转.速度 2
15h	ABS 直线 3
16h	INC 直线 3
17h	定长进给 3
18h	正转.速度 3
19h	反转.速度 3
1Ah	ABS 直线 4
1Bh	INC 直线 4
1Ch	定长进给 4
1Dh	正转.速度 4
1Eh	反转.速度 4
80h	NOP
81h	更改当前值
82h	JUMP
83h	LOOP
84h	LEND

在第 14 章中将详细学习运行指令。

13.2.3　设置加速时间编号——Da.3

加速时间必须在参数中做具体设置。设置 Da.3 就是选取某一参数设置的时间生效。
设置数据如下。

0：使用 Pr.9 设置的时间。

1：使用 Pr.25 设置的时间。

2：使用 Pr.26 设置的时间。

3：使用 Pr.27 设置的时间。

参见 12.2.4 小节。

13.2.4　设置减速时间编号——Da.4

减速时间必须在参数中做具体设置。设置 Da.4 就是选定某一参数设置的时间有效。
设置数据如下。

0：使用 Pr.10 设置的时间。

1：使用 Pr.28 设置的时间。

2：使用 Pr.29 设置的时间。

3：使用 Pr.30 设置的时间。

参见 12.2.4 小节。

13.2.5　设置在两轴插补运行的对象轴——Da.5

在插补运行时，本轴为基准轴，与基准轴共同进行插补运行的另外一轴称为对象轴。
设置数据如下。

0：选择轴 1 为对象轴。

1：选择轴 2 为对象轴。

2：选择轴 3 为对象轴。

3：选择轴 4 为对象轴。

> **注意**　Da.1～Da.5 的数据设置在一个缓存器内。以第 1 轴第 1 点为例：Da.1～Da.5 的数据设置在缓存器 2000 内。参见 13.1.2 小节。

13.2.6　设置定位地址/移动量——Da.6

做定位运行的目的是定位某个位置。如果是做绝对位置运行，就要设定绝对位置地址。如果是做增量指令运行，就要设定移动量。

设置方法如下。

Da.6 的数据设置在两个缓存器内。以第 1 轴第 1 点为例：Da.6 的数据设置在缓存器 2006、2007 内。参见 13.1.2 小节。

13.2.7 设置圆弧地址——Da.7

Da.7 为圆弧地址。圆弧地址是执行圆弧形插补运动时需要设置的数据。

（1）圆弧地址的种类。

圆弧插补数据的设置如图 13-6 所示。

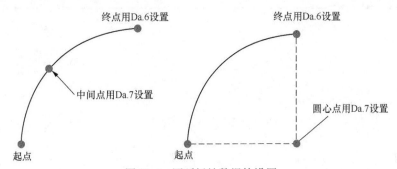

图 13-6 圆弧插补数据的设置

① 当用中间点指定执行圆弧插补时，设置中间点（通过点）地址为圆弧地址。

② 当用圆心点指定执行圆弧插补时，设置圆弧的圆心点地址为圆弧地址。

③ 当不执行圆弧插补时，Da.7 圆弧地址中设置的值无效。

（2）设置方法。

Da.7 的数据设置在 2 个缓存器内。以第 1 轴第 1 点为例：Da.7 的数据设置在缓存器 2008、2009 内。参见 13.1.2 小节。

13.2.8 设置指令速度——Da.8

Da.8 用于设置定位运行的指令速度。

设置注意事项如下。

（1）如果设置的指令速度超过 Pr.8 速度限制值，则会以速度限制值运行。

（2）如果指令速度设置＝"−1"，则以前一个定位数据编号设置的速度运行。

（3）Da.8 的数据设置在两个缓存器内。以第 1 轴第 1 点为例：Da.8 的数据设置在缓存器 2004、2005 之内。参见 13.1.2 小节。

13.2.9 设置停留时间/JUMP 指令的跳转目标点编号——Da.9

Da.9 用于设置停留时间或执行 JUMP 指令时的跳转目标点编号。

1. 设置停留时间

根据不同的运行指令，如果两个程序段之间有停留时间，则用 Da.9 设置停留时间。

当用于设置停留时间时，根据 Da.1 运行模式，停留时间的设置内容如图 13-7～图 13-9 所示。

① Da.1=00，定位结束单节。

将从定位结束至定位完毕信号变为 ON 之间的时间设置为 Da.9 停留时间，如图 13-7 所示。

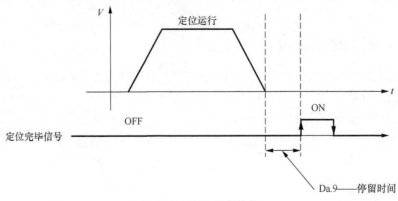

图 13-7　定位结束单节

② Da.1=01，连续定位单节。

将从定位结束至下一个定位启动之间的时间设置为 Da.9 停留时间，如图 13-8 所示。

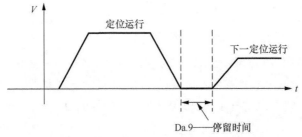

图 13-8　连续定位单节

③ Da.1=11，连续轨迹运行。

设置值无效，如图 13-9 所示。

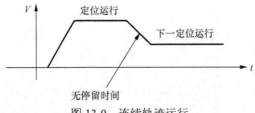

图 13-9　连续轨迹运行

2. 设置 JUMP 指令的跳转目标点编号

当运行指令为 JUMP 指令时，Da.9 用于设置 JUMP 指令的跳转目标点编号。

设置范围如表 13-2 所示。

表 13-2　Da.9 的设置内容

Da.9 设置值	设置项目	设定范围
JUMP 指令：82H	定位点编号	1～600
除 JUMP 指令以外	停留时间	0～65535ms

注意　Da.9 的数据设置在 1 个缓存器内。以第 1 轴第 1 点为例：Da.9 的数据设置在缓存器 2002 内。参见 13.1.2 小节。

13.2.10 设置 M 代码/条件数据编号/循环次数——Da.10

根据运行指令的不同，Da.10 设置的对象也不同。

1. 设置 M 代码

在没有循环指令（LOOP/LEND）或跳转指令（JUMP）时，Da.10 用于设置 M 代码。

2. 设置条件数据编号

如果使用了跳转指令（JUMP），则 Da.10 用于设置跳转指令的条件数据编号。

3. 设置循环执行次数

如果使用了 LOOP/LEND 指令，则 Da.10 用于设置循环次数。

4. 设置范围

不同情况下的设置范围如表 13-3 所示。

表 13-3　Da.10 的设置内容

Da.10 设置值	设置项目	设定范围
JUMP 指令：82H	条件数据	0～10
除 JUMP 指令以外	M 代码	0～65535
LOOP 指令：83H	循环次数	1～65535

> **注意**　Da.10 的数据设置在 1 个缓存器内。以第 1 轴第 1 点为例：Da.10 的数据设置在缓存器 2001 内。参见 13.1.2 小节。

在基本定位控制中，注意以下几点。

（1）1 个定位点数据有 10 种指标，用 Da.1～Da.10 表示。这些指标就是定位数据。

（2）1 个定位点数据占用 10 个缓存器，但不是每 1 种指标占用一个缓存器，有些指标占用两个缓存器。

（3）每 1 轴可以设置 600 个定位点。

（4）可以使用 PLC 程序设置定位数据，但强力推荐在编程软件 GX Works2 中设置所有的定位数据及参数，如图 13-10 所示。

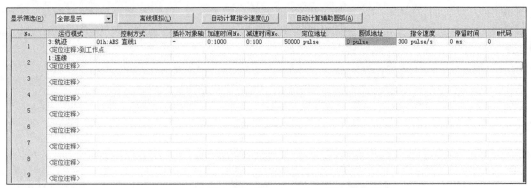

图 13-10　使用编程软件 GX Works2 设置定位数据

13.3 思考题

（1）什么是定位点？一个轴可以预置多少个定位点？

（2）一个定位点中有几个数据？每一个定位点占用多少缓存器？

（3）表示 3 轴插补的运动指令如何设置？

（4）在定位点数据中有 M 指令吗？用哪个标识符设置？

（5）如何设置跳跃指令的目标值？

第 *14* 章

运动控制器的运动指令

QD77 运动控制器提供了丰富的运动指令，运动指令的多少和复杂程度代表了一个运动控制器的性能。本章将详细介绍运动指令。

14.1 运动指令一览表

表 14-1 是运动指令一览表。表 14-1 中列出了 QD77 运动控制器的全部运动指令以及运动指令对应的设置值。GX Works2 设置值表示使用 GX Works2 软件时所对应的设置值。PLC 程序设置值表示使用 PLC 梯形图程序进行设置时所对应的设置值。其实两者的设置值是相同的。

表 14-1　运动指令一览表

	GX Works2 设置值	指令说明	PLC 程序设置值
Da.2	01h	ABS 直线 1	01H
	02h	INC 直线 1	02H
	03h	定长进给 1	03H
	04h	正转.速度 1	04H
	05h	反转.速度 1	05H
	06h	INC 正转.速度—位置	06H
	07h	INC 反转.速度—位置	07H
	08h	ABS 正转.位置—速度	08H
	09h	ABS 反转.位置—速度	09H
	0Ah	ABS 直线 2	0AH
	0Bh	INC 直线 2	0BH
	0Ch	定长进给 2	0CH
	0Dh	ABS 圆弧插补	0DH
	0Eh	INC 圆弧插补	0EH
	0Fh	ABS 圆弧 右	0FH
	10h	ABS 圆弧 左	10H
	11h	INC 圆弧 右	11H
	12h	INC 圆弧 左	12H
	13h	正转.速度 2	13H

续表

GX Works2 设置值	指令说明	PLC 程序设置值
14h	反转.速度 2	14H
15h	ABS 直线 3	15H
16h	INC 直线 3	16H
17h	定长进给 3	17H
18h	正转.速度 3	18H
19h	反转.速度 3	19H
1Ah	ABS 直线 4	1AH
1Bh	INC 直线 4	1BH
1Ch	定长进给 4	1CH
1Dh	正转.速度 4	1DH
1Eh	反转.速度 4	1EH
80h	NOP	80H
81h	更改当前值	81H
82h	JUMP	82H
83h	LOOP	83H
84h	LEND	84H

Da.2 对应左侧竖排合并单元格

14.2　运动指令详解

14.2.1　1 轴直线运动

1. ABS 1 轴直线运动（ABS——绝对位置型）

（1）定义。

指令 1 个轴根据绝对位置做直线运行。

如图 14-1 所示，定位位置（终点位置）用绝对位置表示。

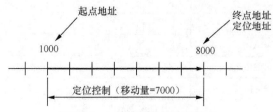

图 14-1　1 轴绝对位置直线运动

（2）设置。

以表 14-2 中的设置为例，第 1 轴 NO.1 点缓存器 2000=0110H。

表 14-2　1 轴绝对位置直线运动设置样例

设置项目		设置内容
Da.1	运行模式	00
Da.2	运行指令	01——ABS 1 轴直线定位

续表

设置项目		设置内容
Da.3	加速时间编号	1——指定 Pr.25 设置值
Da.4	减速时间编号	0——指定 Pr.10 设置值
Da.5	插补对象轴	无须设置

2. INC 1 轴直线运动（INC——相对位置增量型）

（1）定义。

指令 1 个轴根据相对位置执行增量型直线运行。运动方向由移动量符号确定。

如图 14-2 所示，定位位置（终点位置）用移动量确定。

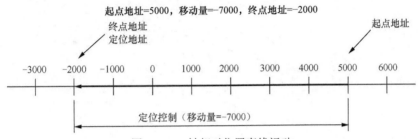

图 14-2　1 轴相对位置直线运动

（2）设置。

以表 14-3 中的设置为例，第 1 轴 NO.1 点缓存器 2000=0210H。

表 14-3　1 轴相对位置直线运动设置样例

设置项目		设置内容
Da.1	运行模式	00
Da.2	运行指令	02——INC 1 轴直线定位
Da.3	加速时间编号	1——指定 Pr.25 设置值
Da.4	减速时间编号	0——指定 Pr.10 设置值
Da.5	插补对象轴	无须设置

图 14-3 是在 GX Works2 软件上设置 1 轴相对位置直线运动的样例。

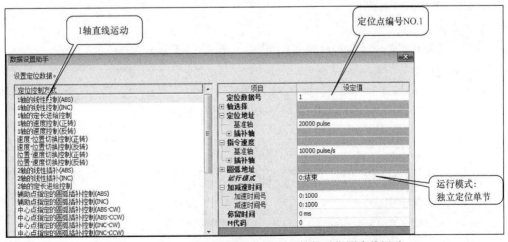

图 14-3　在 GX Works2 软件上设置 1 轴相对位置直线运动

14.2.2 2 轴直线插补

1. ABS 2 轴直线插补

（1）定义。

指令 2 个轴根据绝对位置执行直线插补，如图 14-4 所示。

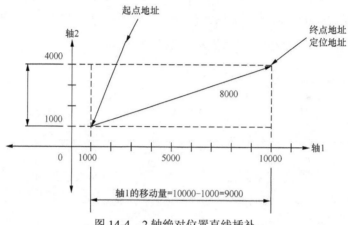

图 14-4 2 轴绝对位置直线插补

（2）设置。

以表 14-4 中的设置为例，第 1 轴 NO.1 点缓存器 2000=0A18H，以第 2 轴为插补对象轴。

表 14-4 2 轴绝对位置直线插补设置样例

	设置项目	设置内容
Da.1	运行模式	00
Da.2	运行指令	0A——ABS 2 轴直线插补
Da.3	加速时间编号	1——指定 Pr.25 设置值
Da.4	减速时间编号	0——指定 Pr.10 设置值
Da.5	插补对象轴	2

2. INC 2 轴直线插补

（1）定义。

指令 2 个轴根据相对位置增量执行直线插补，如图 14-5 所示。

（2）设置。

以表 14-5 中的设置为例，第 1 轴 NO.1 点缓存器 2000=0B18H，以第 2 轴为插补对象轴。

表 14-5 INC 2 轴直线插补设置样例

	设置项目	设置内容
Da.1	运行模式	00
Da.2	运行指令	0B——INC 2 轴直线插补
Da.3	加速时间编号	1——指定 Pr.25 设置值
Da.4	减速时间编号	0——指定 Pr.10 设置值
Da.5	插补对象轴	2

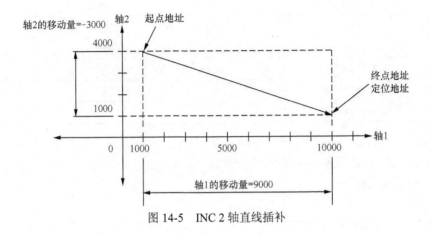

图 14-5 INC 2 轴直线插补

14.2.3 3 轴直线插补

1. ABS 3 轴直线插补

（1）定义。

指令 3 个轴根据绝对位置执行直线插补，如图 14-6 所示。

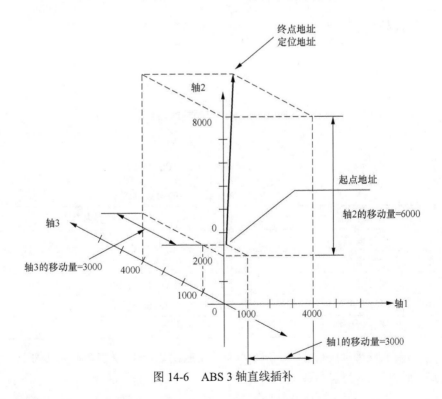

图 14-6 ABS 3 轴直线插补

（2）设置。

以表 14-6 中的设置为例，第 1 轴 NO.1 点缓存器 2000=1510H。

表 14-6 ABS 3 轴直线插补设置样例

设置项目		设置内容
Da.1	运行模式	00
Da.2	运行指令	15——ABS 3 轴直线插补
Da.3	加速时间编号	1——指定 Pr.25 设置值
Da.4	减速时间编号	0——指定 Pr.10 设置值
Da.5	插补对象轴	

在 ABS 3 轴直线插补的设置中，Da.5 不需要设置。如果轴 1 为基准轴，则轴 2、轴 3 为插补（对象）轴，所以设置缓存器 2000=1510H。

2. INC 3 轴直线插补

（1）定义。

指令 3 个轴根据相对位置执行增量直线插补，如图 14-7 所示。

起点地址（1000，2000，1000），轴1的移动量=10000，轴2的移动量=5000，轴3的移动量=6000

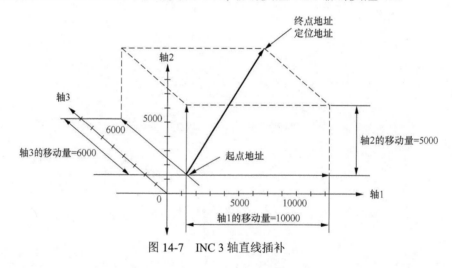

图 14-7 INC 3 轴直线插补

（2）设置。

以表 14-7 中的设置为例，第 1 轴 NO.1 点缓存器 2000=1610H。

表 14-7 INC 3 轴直线插补的设置样例

设置项目		设置内容
Da.1	运行模式	00
Da.2	运行指令	16——INC 3 轴直线插补
Da.3	加速时间编号	1——指定 Pr.25 设置值
Da.4	减速时间编号	0——指定 Pr.10 设置值
Da.5	插补对象轴	

在 INC 3 轴直线插补的设置中，Da.5 不需要设置。如果轴 1 为基准轴，则轴 2、轴 3 为插补（对象）轴，所以设置缓存器 2000=1610H。

14.2.4 4 轴直线插补

1. ABS 4 轴直线插补

（1）定义。

指令 4 个轴根据绝对位置作插补运行。

（2）设置。

以表 14-8 中的设置为例，第 1 轴 NO.1 点缓存器 2000=1A10H。

表 14-8 ABS 4 轴直线插补的设置样例

设置项目		设置内容
Da.1	运行模式	00
Da.2	运行指令	1A——ABS 4 轴直线插补
Da.3	加速时间编号	1——指定 Pr.25 设置值
Da.4	减速时间编号	0——指定 Pr.10 设置值
Da.5	插补对象轴	

在 ABS 4 轴直线插补的设置中，Da.5 不需要设置。如果轴 1 为基准轴，则轴 2、轴 3、轴 4 为插补（对象）轴，所以设置缓存器 2000=1A10H。

2. INC 4 轴直线插补

（1）定义。

指令 4 个轴根据增量值执行插补运行。

（2）设置。

以表 14-9 中的设置为例，第 1 轴 NO.1 点缓存器 2000=1B10H。

表 14-9 INC 4 轴直线插补的设置样例

设置项目		设置内容
Da.1	运行模式	00
Da.2	运行指令	1B——INC 4 轴直线插补
Da.3	加速时间编号	1——指定 Pr.25 设置值
Da.4	减速时间编号	0——指定 Pr.10 设置值
Da.5	插补对象轴	

在 INC 4 轴直线插补的设置中，Da.5 不需要设置。如果轴 1 为基准轴，则轴 2、轴 3、轴 4 为插补（对象）轴，所以设置缓存器 2000=1B10H。各插补轴的移动量要分别设置。

14.2.5 定长进给

1. 1 轴定长进给

（1）定义。

指令 1 个轴根据设置的定长进给数据作直线运行。每次进给一个固定的距离，这个定长进给数据由 Da.6 设置，但每次运行前需要设置进给当前位置 Md.20=0，如图 14-8 所示。

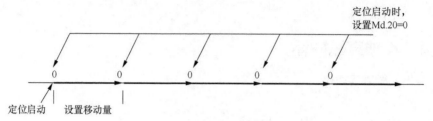

图 14-8　1 轴定长进给

（2）设置。

以表 14-10 中的设置为例，则第 1 轴 NO.1 定位点缓存器 2000=0310H。

表 14-10　1 轴定长进给设置样例

设置项目		设置内容
Da.1	运行模式	00
Da.2	运行指令	03——1 轴定长进给
Da.3	加速时间编号	1——指定 Pr.25 设置值
Da.4	减速时间编号	0——指定 Pr.10 设置值
Da.5	插补对象轴	
Da.6	定长移动量	8000.0μm

2. 2 轴定长进给

（1）定义。

指令 2 个轴根据设置的固定进给数据作直线插补运行。这种运动形式是每次以一个固定的距离进行插补运动。这个固定进给数据由 Da.6 设置，但每次运行前需要设置进给当前位置 Md.20=0，如图 14-9 所示。

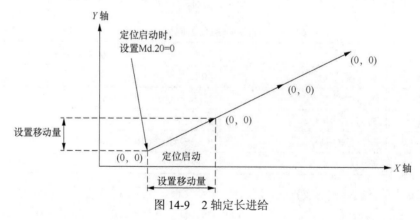

图 14-9　2 轴定长进给

（2）设置。

以表 14-11 中的设置为例，第 1 轴 NO.1 点缓存器 2000=0C18H，以第 2 轴为插补对象轴。

表 14-11　2 轴定长进给设置样例

设置项目		设置内容
Da.1	运行模式	00
Da.2	运行指令	0C——2 轴定长进给
Da.3	加速时间编号	1——指定 Pr.25 设置值

续表

设置项目		设置内容
Da.4	减速时间编号	0——指定 Pr.10 设置值
Da.5	插补对象轴	2
Da.6	定长移动量	8000.0μm

3. 3 轴定长进给

（1）定义。

指令 3 个轴根据设置的定长进给数据作直线插补运行。每次以一个固定的距离进行插补运动。这个固定进给数据由 Da.6 设置，但每次运行前需要设置进给当前位置 Md.20=0，如图 14-10 所示。

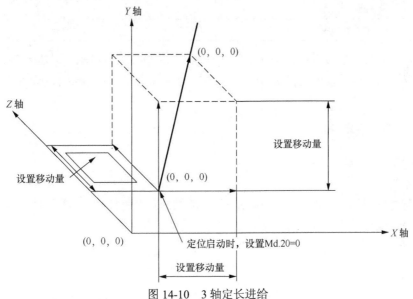

图 14-10　3 轴定长进给

（2）设置。

以表 14-12 中的设置为例，第 1 轴 NO.1 点缓存器 2000=1710H。

表 14-12　3 轴定长进给设置样例

设置项目		设置内容
Da.1	运行模式	00
Da.2	运行指令	17——3 轴定长进给
Da.3	加速时间编号	1——指定 Pr.25 设置值
Da.4	减速时间编号	0——指定 Pr.10 设置值
Da.5	插补对象轴	
Da.6	定长移动量	10000.0μm

在 3 轴定长插补的设置中，Da.5 不需要设置。如果轴 1 为基准轴，则轴 2、轴 3 为插补（对象）轴，所以设置缓存器 2000=1710H。各插补轴的移动量要分别设置。

4. 4 轴定长进给

（1）定义。

指令 4 个轴根据设置的固定进给数据作插补运行。这种运动形式是每次以一个固定的距离进行插补运动。这个固定进给数据由 Da.6 设置，但每次运行前需要设置进给当前位置 Md.20=0。

（2）设置。

以表 14-13 中的设置为例，第 1 轴 NO.1 点缓存器 2000=1C10H。

表 14-13　4 轴定长进给设置样例

设置项目		设置内容
Da.1	运行模式	00
Da.2	运行指令	1C——4 轴定长进给
Da.3	加速时间编号	1——指定 Pr.25 设置值
Da.4	减速时间编号	0——指定 Pr.10 设置值
Da.5	插补对象轴	
Da.6	定长移动量	10000.0μm

在 4 轴定长插补的设置中，Da.5 不需要设置。如果轴 1 为基准轴，则轴 2、轴 3、轴 4 为插补（对象）轴，所以设置缓存器 2000=1C10H。各插补轴的移动量要分别设置。

14.2.6　圆弧插补

1. ABS（辅助点）圆弧插补

（1）定义。

基于绝对位置，对起点、终点、辅助点 3 点构成的圆弧进行插补运行。终点由 Da.6 设置，辅助点由 Da.7 设置，如图 14-11 所示。

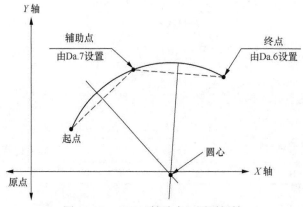

图 14-11　ABS（辅助点）圆弧插补

（2）设置。

以表 14-14 中的设置为例，第 1 轴 NO.1 点缓存器 2000=0D18H，以第 2 轴为插补对象轴。

表 14-14　ABS（辅助点）圆弧插补设置样例

设置项目		设置内容
Da.1	运行模式	00
Da.2	运行指令	0D——ABS（辅助点）圆弧插补
Da.3	加速时间编号	1——指定 Pr.25 设置值

续表

设置项目		设置内容
Da.4	减速时间编号	0——指定 Pr.10 设置值
Da.5	插补对象轴	轴 2
Da.6	终点地址	8000、6000

2. INC（辅助点）圆弧插补

（1）定义。

基于相对位置，对起点、终点、辅助点 3 点构成的圆弧进行插补运行。终点由 Da.6 设置，辅助点由 Da.7 设置，其中终点位置、辅助点位置均是以起点为基准的相对位置，如图 14-12 所示。

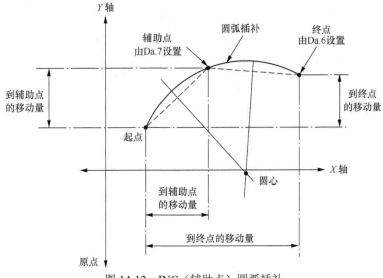

图 14-12 INC（辅助点）圆弧插补

（2）设置。

以表 14-15 中的设置为例，第 1 轴 NO.1 点缓存器 2000=0E18H，以第 2 轴为插补对象轴。

表 14-15 INC（辅助点）圆弧插补设置样例

设置项目		设置内容
Da.1	运行模式	00
Da.2	运行指令	0E——INC（辅助点）圆弧插补
Da.3	加速时间编号	1——指定 Pr.25 设置值
Da.4	减速时间编号	0——指定 Pr.10 设置值
Da.5	插补对象轴	轴 2
Da.6	终点地址	8000、6000

3. 指定圆心指定路径的圆弧插补（ABS 右/ABS 左）

ABS 圆弧插补的分类如表 14-16 所示。

表 14-16　ABS 圆弧插补的分类

控制方式	旋转方向	圆弧中心角	插补路径
ABS 圆弧右	右	0°<θ<360°	
INC 圆弧右			
ABS 圆弧左	左		
INC 圆弧左			

（1）定义。

基于绝对位置，对起点、终点、圆心 3 点构成的圆弧进行插补运行，并指定圆弧插补轨迹的方向。终点由 Da.6 设置，圆心点由 Da.7 设置，其中终点位置，圆心点位置均是绝对位置，如图 14-13 所示。

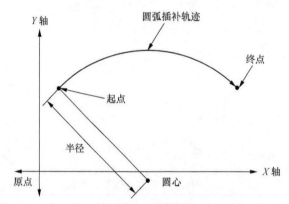

图 14-13　指定圆心指定路径的圆弧插补（ABS 右/ABS 左）

（2）设置。

以表 14-17 中的设置为例，如果是右旋，则第 1 轴 NO.1 点缓存器 2000=0F18H，以第 2 轴为插补对象轴；如果是左旋，则第 1 轴 NO.1 点缓存器 2000=1018H，以第 2 轴为插补对象轴。

表 14-17　指定圆心指定路径的圆弧插补（ABS 右/ABS 左）设置样例

设置项目		设置内容
Da.1	运行模式	00
Da.2	运行指令	0F——ABS 左圆弧插补 10——ABS 右圆弧插补
Da.3	加速时间编号	1——指定 Pr.25 设置值

设置项目		设置内容
Da.4	减速时间编号	0——指定 Pr.10 设置值
Da.5	插补对象轴	轴 2
Da.6	终点地址	（8000，6000）
Da.7	圆弧地址	（4000，3000）

4. 指定圆心指定路径的圆弧插补（INC 右/INC 左）

（1）定义。

基于相对位置，对起点、终点、圆心 3 点构成的圆弧进行插补运行，并指定圆弧插补轨迹的方向。终点由 Da.6 设置，圆心点由 Da.7 设置。

其中终点位置，圆心点位置均是以起点为基准的相对位置，如图 14-14 所示。

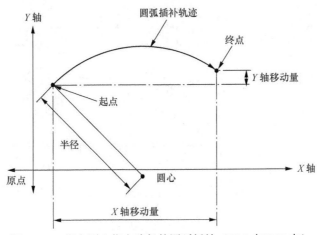

图 14-14 指定圆心指定路径的圆弧插补（INC 右/INC 左）

（2）设置。

以表 14-18 中的设置为例，如果是右旋，则第 1 轴 NO.1 点缓存器 2000=1118H，以第 2 轴为插补对象轴；如果是左旋，则第 1 轴 NO.1 点缓存器 2000=1218H，以第 2 轴为插补对象轴。

表 14-18 指定圆心指定路径的圆弧插补（INC 右/INC 左）设置样例

设置项目		设置内容
Da.1	运行模式	00
Da.2	运行指令	11——INC 左圆弧插补 12——INC 右圆弧插补
Da.3	加速时间编号	1——指定 Pr.25 设置值
Da.4	减速时间编号	0——指定 Pr.10 设置值
Da.5	插补对象轴	轴 2
Da.6	终点地址	8000、6000
Da.7	圆弧地址	4000、3000

14.2.7 速度控制

1. 1 轴速度控制

（1）定义。

指令 1 个轴按设置的速度运行，如图 14-15 所示。

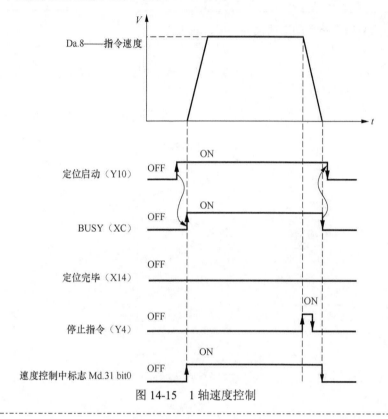

图 14-15　1 轴速度控制

注意　以轴 1 为例：定位启动=Y10，停止指令=Y4。

（2）设置。

以表 14-19 中的设置为例，如果是正转，则第 1 轴 NO.1 点缓存器 2000=0410H；如果是反转，则第 1 轴 NO.1 点缓存器 2000=0510H。

表 14-19　1 轴速度控制设置样例

设置项目		设置内容
Da.1	运行模式	00
Da.2	运行指令	04——1 轴速度控制正转 05——1 轴速度控制反转
Da.3	加速时间编号	1——指定 Pr.25 设置值
Da.4	减速时间编号	0——指定 Pr.10 设置值
Da.5	插补对象轴	
Da.8	指令速度	600mm/min

2. 2轴速度控制

（1）定义。

指令 2 个轴按设置的速度运行。如图 14-16 所示，由于是插补控制，所以 2 个轴有同样的加减速时间。各轴的运行速度可以设置为不同，但是，不同速度之间要有联动关系。

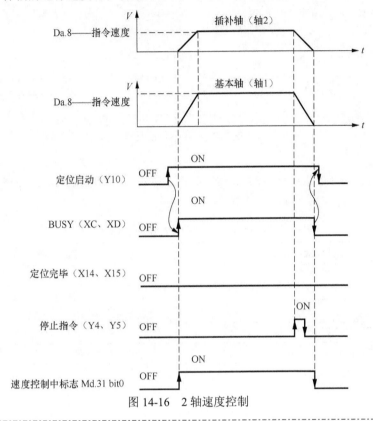

图 14-16　2 轴速度控制

注意　以轴 1 为例，定位启动=Y10，停止指令=Y4 或 Y5 中任意一个。

（2）速度控制运行中的当前值。

在速度控制中，各轴的当前位置如何表示？这也是实际使用中常遇到的问题。QD77 提供了以下 3 种方式（通过参数设置来选择这 3 种方式）。

① 保持速度控制开始时的当前位置数据。

② 实时更新当前位置数据。

③ 将当前位置数据清零，即设置当前位置=0。

如图 14-17 和表 14-20 所示。

表 14-20　当前值的处理

Pr.21	Md.20 进给当前值
0	保持速度控制开始时的数值
1	更新当前值
2	当前值清零

（3）各轴速度之间的关系。

如果某轴速度超过其速度限制值，则该轴按速度限制值运行，而与其有插补关系的轴按

比例降低其运动速度。（这就是插补关系）

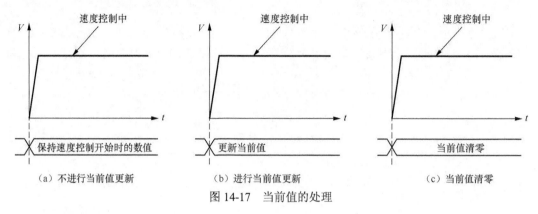

（a）不进行当前值更新　　　　　（b）进行当前值更新　　　　　（c）当前值清零

图 14-17　当前值的处理

（4）设置。

以表 14-21 中的设置为例，如果正转，则第 1 轴 NO.1 点缓存器 2000=1318H；如果反转，则第 1 轴 NO.1 点缓存器 2000=1418H。

表 14-21　2 轴速度控制设置样例

设置项目		设置内容
Da.1	运行模式	00
Da.2	运行指令	13——2 轴速度控制正转 14——2 轴速度控制反转
Da.3	加速时间编号	1——指定 Pr.25 设置值
Da.4	减速时间编号	0——指定 Pr.10 设置值
Da.5	插补对象轴	轴 2
Da.8	指令速度	6000mm/min，3000mm/min

3. 3 轴速度控制

（1）定义。

指令 3 个轴按设置的速度作联动运行。如图 14-18 所示，由于是联动控制，所以 3 个轴有同样的加减速时间。各轴的运行速度可以设置为不同，但是，不同速度之间要有联动关系。

注意　以轴 1 为例，定位启动=Y10，停止指令=Y4、Y5 或 Y6 中任意一个。

（2）各轴速度之间的关系。

如果某轴速度超过其速度限制值，则该轴按速度限制值运行，而与其有插补关系的轴按比例降低其运动速度。（这就是插补关系）

（3）设置。

以表 14-22 中的设置为例，如果正转，则第 1 轴 NO.1 点缓存器 2000=1810H；如果反转，则第 1 轴 NO.1 点缓存器 2000=1910H。

表 14-22　3 轴速度控制设置样例

设置项目		设置内容
Da.1	运行模式	00
Da.2	运行指令	18——3 轴速度控制正转 19——3 轴速度控制反转

续表

设置项目		设置内容
Da.3	加速时间编号	1——指定 Pr.25 设置值
Da.4	减速时间编号	0——指定 Pr.10 设置值
Da.5	插补对象轴	
Da.8	指令速度	6000mm/min，3000mm/min，2000mm/min

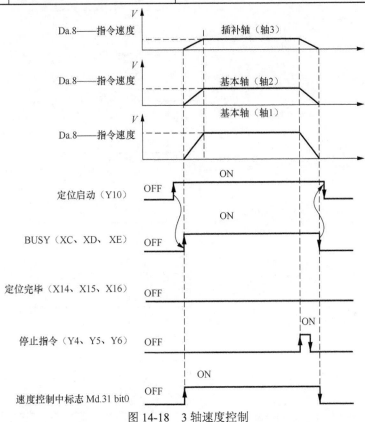

图 14-18　3 轴速度控制

14.2.8　速度—位置切换控制

1.（相对位置增量型 INC）速度—位置切换控制

（1）定义。

速度—位置切换控制即电机先作速度控制运行，在接收到切换信号后，转为位置控制运行。

相对位置增量型 INC 则是指在作位置控制运行时，定位距离以切换点为基准进行计算，由 Da.6 设置。运行时序图如图 14-19 所示。

（2）速度—位置切换信号的选择。

在速度—位置切换控制中，切换信号的选择是很重要的。切换信号有以下几种方式。

① 外部信号（外部信号有专用端子）。

② 近点 DOG 信号。

③ 控制接口 Cd.46。

选择哪种方式由控制接口 Cd.45 的数值决定（可以通过 PLC 程序设置）。

Cd.45=0，使用外部信号。

Cd.45=1，使用近点 DOG 信号。

Cd.45=2，使用控制接口 Cd.46 信号。

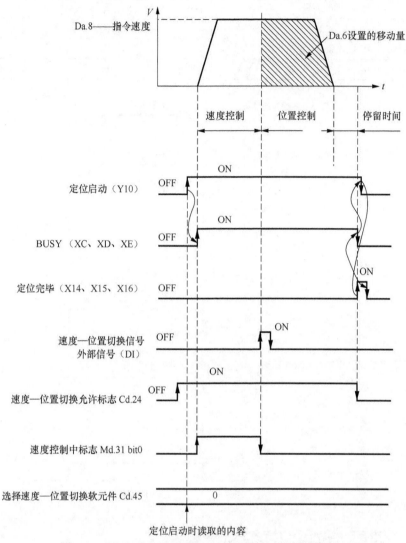

图 14-19 （相对位置增量型 INC）速度—位置切换控制

另外，使用速度—位置切换控制时，必须将 Cd.24 速度—位置切换允许（控制接口）设置为 ON，即 Cd.24=ON。

（3）动作案例。

① 电机运行到 90° 时，切换信号=ON。

② 增量运行移动量=270°。

③ 实际运行为在 90° 位置再运行 270°。停止位置如图 14-20 所示。

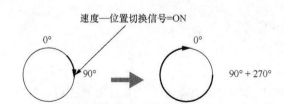

图 14-20 （相对位置增量型 INC）速度—位置切换控制样例

（4）位置移动量的更改。

在速度—位置切换控制中，可以根据实际工作要求，更改定位距离。但是只能在速度控制运行段进行更改，进入定位运行段以后，则不能更改。更改的数值存放在控制接口 Cd.23 中。更改数据需要编制 PLC 程序，如图 14-21 所示。

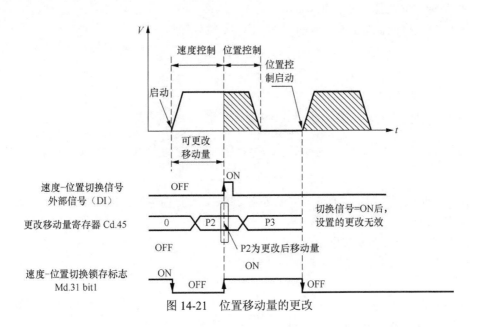

图 14-21 位置移动量的更改

（5）设置。

以表 14-23 中的设置为例，如果正转，则第 1 轴 NO.1 点缓存器 2000=0610H；如果反转，则第 1 轴 NO.1 点缓存器 2000=0710H。

表 14-23 （相对位置增量型 INC）速度—位置切换控制设置样例

设置项目		设置内容
Da.1	运行模式	00
Da.2	运行指令	06——速度—位置控制正转 07——速度—位置控制反转
Da.3	加速时间编号	1——指定 Pr.25 设置值
Da.4	减速时间编号	0——指定 Pr.10 设置值
Da.5	插补对象轴	
Da.6	定位地址	10000μm

2.（绝对位置型 ABS）速度—位置切换控制

（1）定义。

速度—位置切换控制即电机先作速度控制运行，在接收到切换信号后，转为位置控制运行。绝对位置型 ABS 则是指在作定位控制运行时，定位距离以绝对位置进行计算，由 Da.6 设置。

（绝对位置型 ABS）速度—位置切换控制只在参数 Pr.81=2 时有效。Da.2 的设置与（相对位置增量型 INC）速度—位置切换控制相同。

> **注意**　绝对位置型 ABS 的定位距离的单位只能设置为"度——deg"，不能设置成其他单位。

（2）动作案例。

① 电机运行到 90°，在此时速度—位置切换信号=ON。

② 按绝对位置运行的移动量=270°。

③ 实际定位位置在 270°。停止位置如图 14-22 所示。

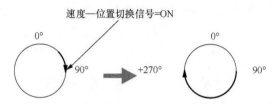

图 14-22　（绝对位置型 ABS）速度—位置切换控制运行样例

（3）当前值。

在（绝对位置型 ABS）速度—位置切换控制中，对当前值的设置只能是设置 Pr.21=1，实时更新当前值，否则就报警。

（4）速度—位置切换信号。

与（相对位置增量型 INC）速度—位置切换相同。

（5）设置。

以表 14-24 中的设置为例，如果正转，则第 1 轴 NO.1 点缓存器 2000=0610H；如果反转，则第 1 轴 NO.1 点缓存器 2000=0710H。

表 14-24　（绝对位置型 ABS）速度—位置切换控制设置样例

设置项目		设置内容
Da.1	运行模式	00
Da.2	运行指令	06——ABS 速度—位置控制正转 07——ABS 速度—位置控制反转
Da.3	加速时间编号	1——指定 Pr.25 设置值
Da.4	减速时间编号	0——指定 Pr.10 设置值
Da.5	插补对象轴	
Da.6	定位地址	270°

14.2.9　位置—速度切换控制

（1）定义。

位置—速度切换控制即电机先作定位控制运行，在接收到切换信号后，转为速度控制运行。定位位置由 Da.6 设置，速度由 Da.8 设置。运动时序图如图 14-23 所示。

（2）位置—速度切换信号的选择。

与 14.2.8 小节相同。

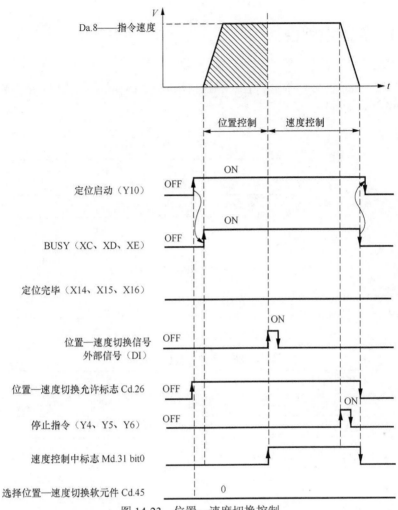

图 14-23 位置—速度切换控制

（3）设置。

以表 14-25 中的设置为例，如果正转，则第 1 轴 NO.1 点缓存器 2000=0810H；如果反转，则第 1 轴 NO.1 点缓存器 2000=0910H。

表 14-25 位置—速度切换控制设置样例

设置项目		设置内容
Da.1	运行模式	00
Da.2	运行指令	08——ABS 位置—速度控制正转 09——ABS 位置—速度控制反转
Da.3	加速时间编号	1——指定 Pr.25 设置值
Da.4	减速时间编号	0——指定 Pr.10 设置值
Da.5	插补对象轴	
Da.6	定位地址	10000μm

14.2.10 更改当前值

（1）定义。

将状态接口 Md.20 表示的当前值更改为由 Da.6 设置的数值。更改时对应的轴必须处于停止状态，如图 14-24 所示。

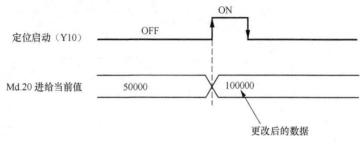

图 14-24　更改当前值

（2）设置。

以表 14-26 中的设置为例，第 1 轴 NO.1 点缓存器 2000=8110H。注意：更改后的数据为 100000。

表 14-26　更改当前值设置样例

设置项目		设置内容
Da.1	运行模式	00
Da.2	运行指令	81——当前值更改
Da.3	加速时间编号	1——指定 Pr.25 设置值
Da.4	减速时间编号	0——指定 Pr.10 设置值
Da.5	插补对象轴	
Da.6	定位地址	100000μm

14.2.11 NOP 指令

（1）定义。

NOP 指令是非执行指令。如果在定位点数据中设置了 NOP 指令，就表示本定位点无执行内容，直接移动到下一定位点。设置了 NOP 指令的定位点可以作为程序中的预留点。

（2）设置。

以表 14-27 中的设置为例，第 1 轴 NO.1 点缓存器 2000=8010H。

表 14-27　NOP 指令设置样例

设置项目		设置内容
Da.1	运行模式	00
Da.2	运行指令	80——NOP
Da.3	加速时间编号	1——指定 Pr.25 设置值
Da.4	减速时间编号	0——指定 Pr.10 设置值
Da.5	插补对象轴	

14.2.12 JUMP 指令

（1）定义。

在执行连续定位或连续轨迹运行时，进行跳转。跳转目标的定位点编号由 Da.9 设置。

（2）跳转条件及动作。

① 无条件跳转。

在无条件跳转模式下，只要执行 JUMP 指令就能跳转到指定定位点，如图 14-25 所示。

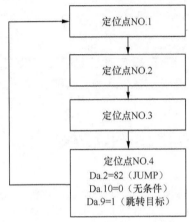

图 14-25　无条件跳转示意图

② 有条件跳转。

在有条件跳转模式下，是否执行 JUMP 指令取决于条件是否满足。条件在高级定位控制中设置（参见 15.4.2 小节），由 Da.10 设置条件编号，如果条件满足就跳转到目标定位点，目标定位点由 Da.9 设置，如果条件不满足就执行下一定位点，如图 14-26 所示。

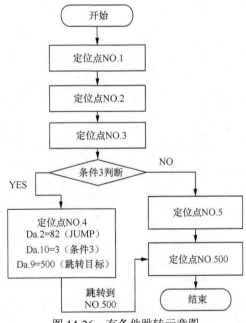

图 14-26　有条件跳转示意图

（3）应用限制。

跳转目标必须是连续定位点或连续轨迹点。

（4）设置。

以表 14-28 中的设置为例，第 1 轴 NO.1 点缓存器 2000=8200H。

表 14-28 JUMP 指令设置样例

设置项目		设置内容
Da.1	运行模式	00
Da.2	运行指令	82——JUMP
Da.3	加速时间编号	
Da.4	减速时间编号	
Da.9	跳转目标	500

注意　在 Da.9 中设置了跳转目标"定位点编号=500"，即跳转到第 500 号定位点。

14.2.13 LOOP 指令和 LEND 指令

（1）定义。

LOOP 指令和 LEND 指令都用于构成循环指令，如图 14-27 所示。

① LOOP 指令标志循环开始，并且在 Da.10 中设置循环次数。

② LEND 指令是循环结束标志。

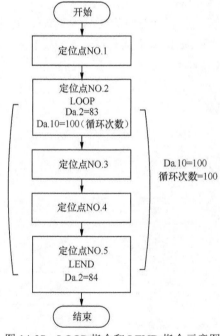

图 14-27 LOOP 指令和 LEND 指令示意图

（2）应用限制。

① 循环次数不能设置为"0"，否则报警。

② 不能嵌套。

（3）设置。

以表 14-29 中的设置为例，第 1 轴 NO.1 点缓存器 2000=8300H。

表 14-29 LOOP 指令设置样例

设置项目		设置内容
Da.1	运行模式	00
Da.2	运行指令	83——LOOP
Da.3	加速时间编号	
Da.4	减速时间编号	
Da.10	循环次数	500

注意 在 Da.10 中设置了循环次数=500。

以表 14-30 中的设置为例，第 1 轴 NO.1 点缓存器 2000=8400H。

表 14-30 LEND 指令设置样例

设置项目		设置内容
Da.1	运行模式	00
Da.2	运行指令	84——LEND
Da.3	加速时间编号	
Da.4	减速时间编号	
Da.10	循环次数	

QD77 具备的运动指令可归纳为以下几类。

（1）定位插补类。

有 1～4 个轴的线性插补、定长插补、圆弧插补。

（2）速度联动控制。

有 1～4 个轴的速度联动控制。

（3）程序结构类。

有跳转指令和循环指令。

14.3 思考题

（1）什么是 ABS 3 轴直线插补？什么是 INC 3 轴直线插补？

（2）什么是定长进给？可以执行 3 轴定长进给吗？

（3）什么是速度控制？可以执行 3 轴速度控制吗？

（4）什么是跳转指令？如何进行跳转？

（5）什么是循环指令？如何设置循环条件？

第 15 章

高级定位运动控制

本章将学习如何设置运动块，如何编制与高级定位运动控制相关的 PLC 程序。

15.1　高级定位运动控制的定义

基本定位控制只能够适应比较简单的运动控制项目。对于复杂的运动控制项目，如程序结构复杂，有较多的程序分支、循环等要求时，QD77 提供了高级定位运动控制功能。

高级定位运动控制是以运动块为控制对象、对应复杂运动控制过程的控制方法。

15.2　运动块的定义

在高级定位运动控制中，首先定义了运动块的概念。

在基本定位控制中，已经定义每 1 个轴有 600 个定位点。600 个定位点是否连续运行要视其设置而定。实际应用中不太可能一次运行 600 点，某一轴可能运行一段程序（几个点）后，执行其他轴的运行，再运行后一段程序。因此，将每 1 个轴中从启动到结束的一个程序段（可能含有 N 个点）命名为运动块。

QD77 规定每 1 个轴可以设置 50 个运动块。经过适当的设置后，可以指定某运动块运行，而运动块又能够设置从哪一定位点开始运行，这样就能够方便地搭建程序结构。图 15-1 是运动块与定位点之间的关系。注意运动块与定位点都是对一个轴而言的。

表 15-1 是运动块的设置样例。特别要注意运动块运动连续性的设置。

表 15-1　运动块设置样例

运动块编号	Da.11 块运动连续性	Da.12 定位点编号	Da.13 启动方式	Da.14 参数
1	1：连续运行	1	0：正常启动	
2	1：连续运行	2	0：正常启动	
3	1：连续运行	5	0：正常启动	
4	1：连续运行	10	0：正常启动	
5	0：结束	15	0：正常启动	

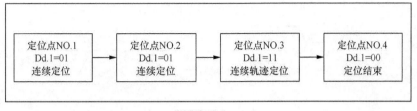

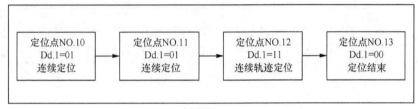

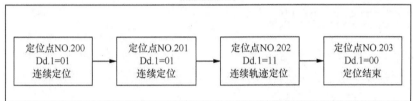

图 15-1 运动块与定位点之间的关系

表 15-2 是运动块定位点数据的设置样例。注意运动块可以设置多个定位点，以及运动块中起始定位点的编号。

表 15-2 定位点的设置及其所属的运动块

定位点编号	Da.1——运行连续性	所属运动块
1	00：定位结束	运动块 1
2	11：连续轨迹	运动块 2
3	01：连续定位	
4	00：定位结束	
5	11：连续轨迹	运动块 3
6	00：定位结束	
10	00：定位结束	运动块 4
15	00：定位结束	运动块 5

图 15-2 表示了按表 15-2 中的设置进行的运动，共有 5 个运动块。

- 第 1 运动块有 1 个定位点：NO.1。
- 第 2 运动块有 3 个定位点：NO.2、NO.3、NO.4。
- 第 3 运动块有 2 个定位点：NO.5、NO.6。
- 第 4 运动块有 1 个定位点：NO.10。
- 第 5 运动块有 1 个定位点：NO.15。

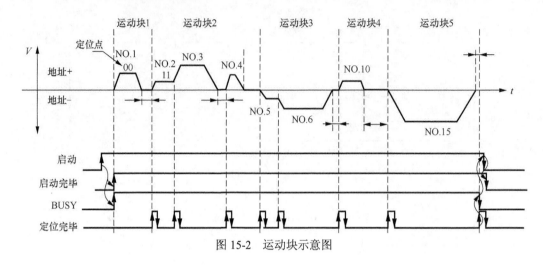

图 15-2　运动块示意图

15.3　程序区的定义

程序区可以理解为缓存区内存放程序的大区，就像一个大的"社区"一样。

在 QD77 缓存内划分了 5 个这样的大区。每个大区规定了编号。大区编号为 7000～7004。程序区在缓存区的位置如图 15-3 所示。

QD77 控制器缓存区

程序区　7000
程序区　7001
程序区　7002
程序区　7003
程序区　7004

图 15-3　程序区在缓存区的位置

每一个这样的大区都为 1 轴～4 轴（最多 16 轴）的 50 个运动块分配了对应的缓存器。这样实际上每 1 个轴的运动块可以达到 250 个。

在每一程序区内，可以设置内容如下。

（1）对每 1 个轴可以预先设置 50 个运动块。

（2）每个运动块可以设置更丰富的运行条件（如运动块的条件启动、循环运行等）。

（3）运动块的运动内容直接使用定位点的数据。可以将任意一定位点数据设置到运动块中，这样运动顺序就不受定位点 1～600 点顺序的约束。

（4）定位点 1～600 点设置的连续定位模式、连续轨迹模式构成的连续运动程序仍然有效，可将其视为一个运动块的内容，即一个运动块可以包含连续 N 个点的运动内容。

程序区的编号为 7000～7004，这主要是为了扩大运动程序的存放空间，所以编制运动程序时，首先要设置大区编号，再设置运动块编号，最后设置定位点编号。

程序区与运动块的关系如图 15-4～图 15-6 所示（以 4 轴为例）。

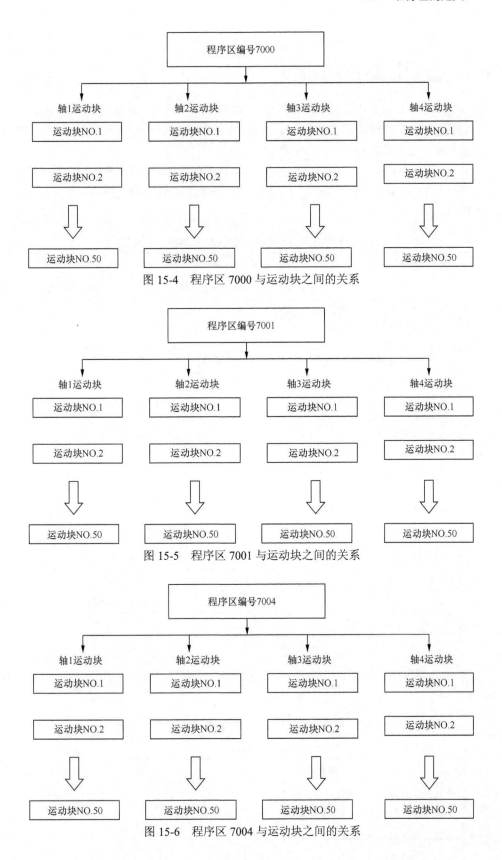

图 15-4　程序区 7000 与运动块之间的关系

图 15-5　程序区 7001 与运动块之间的关系

图 15-6　程序区 7004 与运动块之间的关系

15.4 运动块数据的设置

运动块的运动数据要预先设置。高级运动控制实际上是对运动块运动数据的设置。

运动数据的内容用标识符 Da.11~Da.19 设置。注意 Da.11~Da.19 只是对运动块数据的设置，不要与定位点的数据 Da.1~Da.10 混淆。

Da.11~Da.19 各自对应的缓存地址如表 15-3 至表 15-5 所示，每一种运动块数据都有对应的缓存器。表 15-3 是程序区号 7000/运动块号 NO.1 所对应的缓存器。随轴号不同，缓存器地址各不相同。

表 15-3 程序区号 7000/运动块号 NO.1 所对应的缓存器

程序区号 7000		运动块号 NO.1	
	\multicolumn{2}{c}{设置内容}		缓存器地址
启动数据	bit15: Da.11——块运动连续性 bit14~b0: Da.12——定位点编号 bit15　　　　　　　　　　　　　　　bit0 [ ]		26000+1000n
	bit15~b8: Da.13——启动方式 bit7~b0: Da.14——参数 bit15　　　　　bit7　　　　　bit0 [ ]		26050+1000n
	bit7~bit0: Da.15——条件对象 bit15~bit8: Da.16——条件运算符 bit15　　　　　bit7　　　　　bit0 [ ]		26100+1000n
	Da.17——地址		26102+1000n
	Da.18——参数1		26103+1000n
	Da.19——参数2		26104+1000n
			n=轴号−1

表 15-4 是程序区号 7000/运动块号 NO.2 所对应的缓存器。随轴号不同，缓存器地址各不相同。

表 15-4 程序区号 7000/运动块号 NO.2 所对应的缓存器

程序区号　7000		运动块号 NO.2	
	\multicolumn{2}{c}{设置内容}		缓存器地址
启动数据	bit15: Da.11——块运动连续性 bit14~b0: Da.12——定位点编号 bit15　　　　　　　　　　　　　　　bit0 [ ]		26001+1000n

续表

程序区号 7000		运动块号 NO.2

	设置内容	缓存器地址
启动数据	bit15～bit8：Da.13——启动方式 bit7～bit0：Da.14——参数 bit15　　　　　　　bit7　　　　　　bit0	26051+1000n
	bit7～bit0：Da.15——条件对象 bit15～bit8：Da.16——条件运算符 bit15　　　　　　　bit7　　　　　　bit0	26110+1000n
	Da.17——地址	26112+1000n
	Da.18——参数1	26113+1000n
	Da.19——参数2	26104+1000n
		n=轴号−1

表 15-5 是程序区号 7004/运动块号 NO.50 所对应的缓存器。各轴对应的缓存器各不相同。

表 15-5　程序区号 7004/运动块号 NO.50 所对应的缓存器

程序区号 7004		运动块号 NO.50

	设置内容	缓存器地址
启动数据	bit15：　　Da.11——块运动连续性 bit14～bit0：Da.12——定位点编号 bit15　　　　　　　　　　　　bit0	26849+1000n
	bit15～bit8：　Da.13——启动方式 bit7～bit0：　Da.14——参数 bit15　　　　　　bit7　　　　　bit0	26899+1000n
	bit7～bit0：　Da.15——条件对象 bit15～bit8：Da.16——条件运算符 bit15　　　　　　bit7　　　　　bit0	26950+1000n

续表

程序区号　7004	运动块号 NO.50	
	设置内容	缓存器地址
启 动 数 据	Da.17——地址	26952+1000n
	Da.18——参数 1	26953+1000n
	Da.19——参数 2	26954+1000n
		n=轴号−1

表 15-3 到表 15-5 表明各程序区为其所对应的各轴的 50 个运动块都分配了缓存器。这也就说明了程序区和运动块的关系，程序区、运动块和定位点之间的关系就像仓库区、库房和货架之间的关系。

15.4.1　启动数据的设置

启动数据包含 Da.11～Da.14，其作用是对运动块的块运动连续性和启动对象进行设置，其定义如下。

1. Da.11——块运动连续性

定义：执行完当前运动块后是停止还是继续执行下一运动块。

Da.11=0，停止。

Da.11=1，继续执行下一运动块。

2. Da.12——定位点编号

即第 13 章中已经设置的 600 个定位点的编号：01H～258H（1～600）。（由于可以设置定位点编号，就实现了更柔性化的运动控制，这是很关键的。编程时首先考虑启动某一运动块，再考虑启动某一定位点。）

3. Da.13——启动方式

启动方式 Da.13 可以设置的内容如表 15-6 所示。

表 15-6　启动方式 Da.13 设置的内容

Da.13	设置值
Da.13= 0H	正常启动
Da.13= 1H	条件启动
Da.13= 2H	等待启动
Da.13= 3H	同时启动
Da.13= 4H	循环启动
Da.13= 5H	循环条件
Da.13= 6H	NEXT 启动

（1）Da.13=0H，正常启动。这是常规启动，无须做条件判断。

（2）Da.13=1H，条件启动。当设定的条件=ON 时，执行当前运动块；条件=OFF 时，跳过当前运动块，执行下一运动块（非此即彼的判断类型），如图 15-7 所示。

（3）Da.13=2H，等待启动。当条件=ON 时，执行当前运动块；当条件=OFF 时，系统就一直等待，直到条件=ON，执行当前运动块。等待启动的流程如图 15-8 所示。注意等待启动与条件启动的区别。

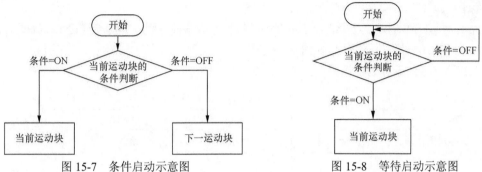

图 15-7　条件启动示意图　　　　　　　图 15-8　等待启动示意图

（4）Da.13=3H，同时启动。同时执行指定轴的启动，最多可以 4 轴同时启动。

4. Da.14——为 Da.13 的条件设置数据

根据 Da.13 中设置的指令，Da.14 设置以何种条件进行启动（例如：指定条件数据编号或循环次数）

15.4.2　条件数据的设置

1. 启动条件设置

在运动程序中，作为判断条件，可使用：

（1）开关量信号的 ON/OFF；

（2）数据的大小；

（3）某轴的运行状态。

本节对启动条件作说明。启动条件构成了连续运动的节点。QD77 提供了 1 组缓存器组成条件（每组 8 个缓存器），也就是说，每个运动块可以设置不同的条件作为本运动块的启动条件（通过编制 PLC 程序给这些缓存器设置内容）。启动条件数据由 Da.15～Da.19 构成，详细解释如下。

2. 条件的详细设置说明

Da.15 的设置值与各启动条件的关系如表 15-7 所示。

表 15-7　Da.15 设置值与启动条件的关系

Da.15 设置值	高级定位控制				基本定位控制
	条件启动	等待启动	同时启动	FOR	JUMP 指令
01：输入信号 X	YES	YES	NO	YES	YES
02：输出信号 Y	YES	YES	NO	YES	YES
03：缓存器（1 字）	YES	YES	NO	YES	YES
04：缓存器（2 字）	YES	YES	NO	YES	YES
05：轴运动点状态	NO	NO	YES	NO	NO

（1）Da.15=01H，以输入信号 X 的 ON/OFF 作为条件。输入信号的地址编号由 Da.18 设置。ON/OFF 条件的选择由 Da.16 设置。

（2）Da.15=02H，以输出信号 Y 的 ON/OFF 作为条件。输出信号的地址编号由 Da.18 设置。ON/OFF 条件的选择由 Da.16 设置。

（3）Da.15=03H，以缓存器（1 字）中的数值作为条件。缓存器的编号由 Da.17 设置，比较数据由 Da.18 设置，运算规则由 Da.16 设置。

（4）Da.15=04H，以缓存器（2 字）中的数值作为条件。缓存器的编号由 Da.17 设置，比较数据由 Da.18 设置，运算规则由 Da.16 设置。

如表 15-8 所示样例，当缓存器 800 的数值≥1000 时，条件=ON。

表 15-8　条件运算样例

Da.15	Da.16	Da.17	Da.18	Da.19
条件对象	条件运算符	地址	参数 1	参数 2
04H 缓存器（2 字）	04H **≥P1	800	1000	

（5）Da.15=05H，以某轴的运动状态作为启动条件。设定对象轴和定位数据编号。如表 15-9 所示样例，当轴 2 的 NO.3 点启动时，条件=ON。

表 15-9　条件运算样例

Da.15	Da.16	Da.17	Da.18	Da.19
条件对象	条件运算符	地址	参数 1	参数 2
05H 以某轴的运动状态作为启动条件	20H 选择轴 2		0003H 设置"定位点编号=3"	

3. 条件的运算规则

（1）Da.16=01H～06H，规定了缓存器数据与参数 Da.18 设置值的比较运算规则。

（2）Da.16=07H～08H，规定了以输入信号 X、输出信号 Y 的 ON/OFF 作为条件。

（3）Da.16=10H～E0H，规定了以各轴的运动状态作为条件。

（4）Da.17——用于以缓存器的数据作为条件（Da.15=03H～04H）时，设置缓存器的地址。

（5）Da.18——用于设置与缓存器的数据进行比较的数值 P1 及轴 1、轴 2 的定位点编号。

（6）Da.19——用于设置与缓冲器的数据进行比较的数值 P2 及轴 3、轴 4 的定位点编号。

条件运算的设置如表 15-10 所示。

表 15-10　条件运算的设置

Da.15	Da.16	Da.17	Da.18	Da.19
条件对象	条件运算符	地址	参数 1	参数 2
01H：输入信号 X	07H：DEV=ON		0～1F H	
02H：输出信号 Y	08H：DEV=OFF		0～1F H	
03H：缓存器（1 字）	01H：**= P1	缓存器地址	P1 数值	P2 数值
	02H：**≠P1			
	03H：**≤ P1			
04H：缓存器（2 字）	04H：**≥ P1			
	05H：P1≤**≤P2			
	06H P2≤**≤P1			

续表

Da.15	Da.16	Da.17	Da.18	Da.19
条件对象	条件运算符	地址	参数 1	参数 2
05H：轴运动状态	10H：指定轴 1		低位：轴 1 定位点编号 高位：轴 2 定位点编号	低位：轴 3 定位点编号 高位：轴 4 定位点编号
	20H：指定轴 2			
	30H：指定轴 1、轴 2			
	40H：指定轴 3			
	50H：指定轴 1、轴 3			
	60H：指定轴 2、轴 3			
	70H：指定轴 1、轴 2、轴 3			
	80H：指定轴 4			
	90H：指定轴 1、轴 4			
	A0H：指定轴 2、轴 4			
	B0H：指定轴 1、轴 2、轴 4			
	C0H：指定轴 3、轴 4			
	D0H：指定轴 1、轴 3、轴 4			
	E0H：指定轴 2、轴 3、轴 4			

15.4.3 设置样例

1. 以输入信号 X 的 OFF 作为条件

Da.15=01H，Da.16=08H，Da.18=0CH。设置内容如表 15-11 所示。

表 15-11 设置样例 1

Da.15	Da.16	Da.17	Da.18	Da.19
条件对象	条件运算符	地址	参数 1	参数 2
01H：输入信号 X	08H：DEV=OFF		0CH	—

Da.18 设定了输入信号 X 的地址编号=0CH，即 XC。

2. 以数据值作为条件

例：当缓存器 800、801 内的数据＞1000 时，条件=ON。

Da.15=04H，以缓存器（2 字）内数据为条件。

Da.16=04H，进行比较运算（≥）。

Da.17=800，缓存器地址=800。

Da.18=1000，用于比较的数据 1000。

设置内容如表 15-12 所示。

表 15-12 设置样例 2

Da.15	Da.16	Da.17	Da.18	Da.19
条件对象	条件运算符	地址	参数 1	参数 2
04H：缓存器（2 字）	04H：**≥P1	800	1000	–

3. 以某轴的运动状态作为条件

设置以第 2 轴的定位点 NO.3 启动作为条件。

Da.15=05H，以某轴的某定位点的运动状态为条件。

Da.16=02H，设置轴号为 2。

Da.18=0003H，设置定位点编号为 3。

设置内容如表 15-13 所示。

表 15-13 设置样例 3

Da.15	Da.16	Da.17	Da.18	Da.19
条件对象	条件运算符	地址	参数 1	参数 2
05H：轴运动状态	20H：指定轴 2		高位：0003H	–

15.4.4 多轴同时启动

多轴同时启动比较简单的设置方法是通过指令接口 Cd.** 进行设置。

1. 设置

在下列指令接口中设置满足启动要求的数据，如表 15-14 所示。

表 15-14 多轴同时启动指令

设置项目	项目说明	设定值	缓存器地址
Cd.3	工作模式	9004	1500
Cd.30	轴 1 定位点编号		1541
Cd.31	轴 2 定位点编号		1542
Cd.32	轴 3 定位点编号		1543
Cd.33	轴 4 定位点编号		1544

（1）Cd.3——工作模式选择指令。

设置 Cd.3=9004，即为多轴同时启动模式。

（2）在 Cd.30 中设置轴 1 的定位点编号。

（3）在 Cd.31 中设置轴 2 的定位点编号。

（4）在 Cd.32 中设置轴 3 的定位点编号。

（5）在 Cd.33 中设置轴 4 的定位点编号。

设置完毕后，发出启动信号，即可执行多轴同时启动。

2. 设置样例

以轴 1 为启动轴，轴 2、轴 4 为同时启动轴，设置内容如表 15-15 所示。

表 15-15 多轴同时启动指令设置样例

设置项目	项目说明	设定值	缓存器地址
Cd.3	工作模式	9004	1500
Cd.30	轴 1 定位点编号	100	1541
Cd.31	轴 2 定位点编号	200	1542
Cd.32	轴 3 定位点编号	0	1543
Cd.33	轴 4 定位点编号	300	1544

在以上设置中，轴 3 的数据为 "0"，表示轴 3 不参加同时启动。

指令轴 1 的启动信号 Y10=ON，则轴 1、轴 2、轴 4 同时启动，并且各轴的定位点都已经设置完毕。

15.4.5 无条件循环

1. 定义

如果要执行几个运动块的循环操作，就使用循环指令，即设置 Da.13=4H，由 Da.14 设置循环次数。

循环起点为 Da.13=4H 的运动块，循环终点为 Da.13=6H 的运动块。循环次数由 Da.14 设置。如果 Da.14=0，则为无限循环，如图 15-9 所示。

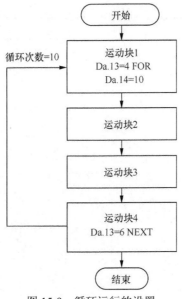

图 15-9 循环运行的设置

2. 设置样例

循环运行设置样例如表 15-16 所示。

表 15-16 循环运行设置样例

运动块编号	Da.11 块运动连续性	Da.12 定位点编号	Da.13 启动方式	Da.14 循环次数
1	1：连续		4：FOR	10
2	1：连续		0：启动	

续表

运动块编号	Da.11 块运动连续性	Da.12 定位点编号	Da.13 启动方式	Da.14 循环次数
3	1：连续		0：启动	
4	0：结束		6：NEXT	

经过表 15-16 所示的设置后，就可以进行图 15-9 所示的循环运行。这种循环运行是无条件的。

15.4.6 有条件循环运行

1. 定义

如果要执行运动块的有条件循环操作，就使用有条件循环指令，即 Da.13=5H，由 Da.14 设置循环条件编号，如图 15-10 所示。

循环起点为 Da.13=5H 的运动块，循环终点为 Da.13=6H 的运动块。

2. 设置样例

条件循环设置样例如表 15-17 所示。

表 15-17　条件循环设置样例

轴 1 运动块	Da.11 块运动连续性	Da.12 定位点编号	Da.13 启动方式	Da.14 循环次数
第 1 块	1：连续		5：循环启动	3
第 2 块	1：连续		0：正常启动	
第 3 块	1：连续		0：正常启动	
第 4 块	0：结束		6：NEXT 启动	

注意 上表在 Da.14 中设置的是条件编号。经过表 15-17 所示的设置，就能够按图 15-10 所示，进行有条件的循环。

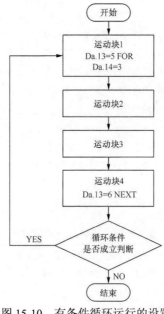

图 15-10　有条件循环运行的设置

15.5 高级定位的 PLC 程序编制

1. 编制原则

编制高级定位启动的 PLC 程序必须遵循以下原则。

（1）设置大区号。

在 7000～7004 选择一个编号，表示当前动作为高级定位控制。

（2）设置运动块编号（注意是运动块，不是定位点）。每一个轴有 50 个运动块，选择其中一个编号（定位点编号由 Da.12 设置）。

（3）编制各轴的运动顺序。

（4）发出启动信号。

2. 编制高级定位启动的 PLC 程序

高级定位启动的 PLC 程序如图 15-11 所示。

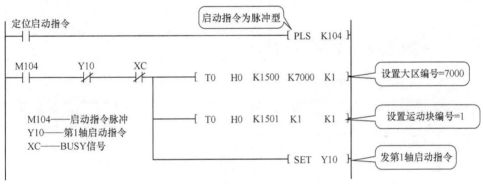

图 15-11 高级定位启动的 PLC 程序

更详细的 PLC 程序编制方法参见第 20 章。

15.6 思考题

（1）运动块与定位点有什么区别？

（2）用于运动块的各种标识符与定位点有关吗？

（3）什么是条件启动？轴运动状态可以作为条件吗？

（4）什么是有条件循环？什么是无条件循环？

（5）QD77 缓存区划分了几个程序区？每个程序区都有各轴的运动块吗？

第 16 章

运动控制器的控制指令

对于一个运动控制器而言，除了运动程序以外，还有许多与操作相关的功能型指令，这些指令赋予了控制器丰富的功能，本章要学习这些指令的功能以及如何编制相关的 PLC 程序。

QD77 控制器用 Cd.** 标识符来表示控制指令。每一种控制指令都有一个缓存器与其对应，所以 Cd.** 指令也可以视作接口。执行该指令就是向缓存器设置相应的数值，即设置 "1" 或设置 "0"。

16.1 系统控制指令

1. Cd.1——闪存写入请求

控制指令	指令功能	设置值	默认值	缓存器地址
Cd.1	将参数、伺服参数写入闪存		0	1900

Cd.1=1，写参数到闪存。本指令执行完成后，Cd.1=0（自动变为 0）。Cd.1 指令很重要，如果在 PLC 程序中修改了某些参数而未生效，则必须执行本指令，而且执行本指令时，必须使控制器处于 READY OFF 状态。

2. Cd.2——参数初始化

控制指令	指令功能	设置值	出厂值	缓存器地址
Cd.2	将所有参数值返回出厂值		0	1901

Cd.2=1，参数初始化。本指令执行完成后，Cd.2=0（自动变为 0）。

3. Cd.41——设置 Md.48 减速开始标志为有效还是无效

控制指令	指令功能	设置值	出厂值	缓存器地址
Cd.41	设置 Md.48 减速开始标志为有效/无效		0	1905

Cd.41=0，Md.48 减速开始标志为无效。

Cd.41=1，Md.48 减速开始标志为有效。

4. Cd.44——设置外部信号有效还是无效

控制指令	指令功能	设置值	出厂值	缓存器地址
Cd.44	设置外部信号有效/无效			1928

说明：外部信号如每一轴的上下限位、近点 DOG 信号等，如果需要暂时使这些信号无效

（调试时经常需要使某些信号无效），使用本指令可以实现这些要求。Cd.44 缓存器每个 bit 都对应一个外部信号。使用本指令时，设置参数 Pr.80=2。

缓存器		存储内容	初始值
1928	bit0	轴 1 上限位	Pr.22=负逻辑 0=OFF 1=ON Pr.22=正逻辑 0=ON 1=OFF
	bit1	轴 1 下限位	
	bit2	轴 1 近点 DOG	
	bit3	轴 1 停止	
	bit4	轴 2 上限位	
	bit5	轴 2 下限位	
	bit6	轴 2 近点 DOG	
	bit7	轴 2 停止	
	bit8	轴 3 上限位	
	bit9	轴 3 下限位	
	bit10	轴 3 近点 DOG	
	bit11	轴 3 停止	
	bit12	轴 4 上限位	
	bit13	轴 4 下限位	
	bit14	轴 4 近点 DOG	
	bit15	轴 4 停止	

5. Cd.137——切换无放大器运行模式

控制指令	指令功能	设置值	出厂值	缓存器地址
Cd.137	切换无放大器运行模式			1926

Cd.137=ABCDh，从普通模式切换到无放大器模式。

Cd.137=0000h，从无放大器模式切换到普通模式。

16.2 轴运动控制指令

1. Cd.3——工作模式的选择

控制指令	指令功能	设置值	出厂值	缓存器地址			
				轴 1	轴 2	轴 3	轴 4
Cd.3	设置运动模式，设置定位点编号（相当于工作模式的选择）	Cd.3=1～600，定位点编号 Cd.3=7000～7004，设定程序区号（选择高级定位运动控制） Cd.3=9001，回原点 Cd.3=9002，高速回原点 Cd.3=9003，更改当前值 Cd.3=9004，多轴同时启动	0	1500	1600	1700	1800

这是最重要的指令之一。Cd.3 指令用于工作模式的选择。通过 Cd.3 指令可以选择基本定位、高级定位、回原点、更改当前值、多轴同时启动等（包含了自动运行的各种模式）。

2. Cd.4——设置运动块编号

控制指令	指令功能	设置值	出厂值	缓存器地址			
				轴 1	轴 2	轴 3	轴 4
Cd.4	设置运动块编号	Cd.4=1～50	0	1501	1601	1701	1801

Cd.3 和 Cd.4 指令都非常重要，它们决定了定位运动的内容。注意各轴都有对应的缓存器。

3. Cd.5——清除故障报警

控制指令	指令功能	设置值	默认值	缓存器地址			
				轴 1	轴 2	轴 3	轴 4
Cd.5	清除轴出错检测、轴出错编号、轴警告检测和轴警告编号	Cd.5=1，清除故障报警	0	1502	1602	1702	1802

在本指令执行完毕后，系统自动设置 Cd.5=0，因此可以用此功能检测本指令执行情况。

4. Cd.6——重新启动

控制指令	指令功能	设置值	默认值	缓存器地址			
				轴 1	轴 2	轴 3	轴 4
Cd.6	无论何种原因使系统停止运动，当设置 Cd.6=1，从停止点开始运行	Cd.6=1，重新启动	0	1503	1603	1703	1803

注意本指令是从停止点开始启动运行。在本指令执行完毕后，系统自动设置 Cd.6=0，因此可以用此功能检测本指令执行情况。

5. Cd.7——M 指令 OFF

控制指令	指令功能	设置值	默认值	缓存器地址			
				轴 1	轴 2	轴 3	轴 4
Cd.7	M 指令 OFF		0	1504	1604	1704	1804

Cd.7=1，M 指令 OFF。在 M 指令=OFF 后，Cd.7=0。

Cd.7 M 指令 OFF 执行完成。利用 M 指令完成条件执行本指令，表示 M 指令执行完毕，可以进行下一步运动程序。

6. Cd.8——选择外部指令有效/无效

控制指令	指令功能	设置值	默认值	缓存器地址			
				轴 1	轴 2	轴 3	轴 4
Cd.8	选择外部指令是否有效	Cd.8=0，外部指令无效　Cd.8=1，外部指令有效	0	1505	1605	1705	1805

7. Cd.9——设置新当前值

控制指令	指令功能	设置值	默认值	缓存器地址			
				轴 1	轴 2	轴 3	轴 4
Cd.9	当 Cd.3=9003，执行更改当前值操作时，Cd.9 所设置的数值即为新的当前值	设定范围根据参数 Pr.1 确定	0	1506 1507	1606 1607	1706 1707	1806 1807

8. Cd.10——设置新加速时间

控制指令	指令功能	设置值	默认值	缓存器地址			
				轴 1	轴 2	轴 3	轴 4
Cd.10	在变速运行期间，要更改加速时间，就向 Cd.10 写入新的加速时间	0～8388608ms	0	1508 1509	1608 1609	1708 1709	1808 1809

9. Cd.11——设置新减速时间

控制指令	指令功能	设置值	默认值	缓存器地址			
				轴 1	轴 2	轴 3	轴 4
Cd.11	在变速运行期间，要更改减速时间，就向 Cd.11 写入新的减速时间	0～8388608ms	0	1510 1511	1610 1611	1710 1711	1810 1811

10. Cd.12——选择是否允许对加减速时间进行修改

控制指令	指令功能	设置值	默认值	缓存器地址			
				轴 1	轴 2	轴 3	轴 4
Cd.12	在变速运行期间，选择是否允许对加减速时间进行修改	Cd.12=0，允许修改 Cd.12=1，禁止修改	0	1512	1612	1712	1812

11. Cd.13——设置速度倍率

控制指令	指令功能	设置值	默认值	缓存器地址			
				轴 1	轴 2	轴 3	轴 4
Cd.13	设定速度倍率	设置值为速度的百分数（1%～300%）	0	1513	1613	1713	1813

12. Cd.14——设置新速度值

控制指令	指令功能	设置值	默认值	缓存器地址			
				轴 1	轴 2	轴 3	轴 4
Cd.14	在变速运行期间，设置新速度值		0	1514 1515	1614 1615	1714 1715	1814 1815

13. Cd.15——指令设置的新速度生效

控制指令	指令功能	设置值	默认值	缓存器地址			
				轴 1	轴 2	轴 3	轴 4
Cd.15	在 Cd.14 设置新速度后，使新速度生效	Cd.15=1，设置的新速度生效	0	1516	1616	1716	1816

在本指令执行完毕后，系统自动设置 Cd.15=0，可以用此功能检测本指令执行情况。

14. Cd.16——设置微动位移量

控制指令	指令功能	设置值	默认值	缓存器地址			
				轴 1	轴 2	轴 3	轴 4
Cd.16	设置微动位移量	设置范围由参数 Pr.1 确定	0	1517	1617	1717	1817

参见 11.2.1 小节

15. Cd.17——设置 JOG 速度

控制指令	指令功能	设置值	默认值	缓存器地址			
				轴 1	轴 2	轴 3	轴 4
Cd.17	设置 JOG 速度	设置范围由参数 Pr.1 确定	0	1518 1519	1618 1619	1718 1719	1818 1819

参见 11.1 节

16. Cd.18——中断请求

控制指令	指令功能	设置值	默认值	缓存器地址			
				轴 1	轴 2	轴 3	轴 4
Cd.18	在连续运行期间，执行中断	Cd.18=1，请求执行中断	0	1520	1620	1720	1820

在本指令执行完毕后，系统自动设置 Cd.18=0，可以用此功能检测本指令执行情况。

17. Cd.19——强制回原点请求标志从 ON→OFF

控制指令	指令功能	设置值	默认值	缓存器地址			
				轴 1	轴 2	轴 3	轴 4
Cd.19	强制回原点请求标志从 ON→OFF	Cd.19=1，强制回原点请求标志从 ON→OFF	0	1521	1621	1721	1821

在本指令执行完毕后，系统自动设置 Cd.19=0，可以用此功能检测本指令执行情况。

18. Cd.20——设置手轮脉冲放大倍率

控制指令	指令功能	设置值	默认值	缓存器地址			
				轴 1	轴 2	轴 3	轴 4
Cd.20	设置手轮脉冲放大倍率	1～100	1	1522 1523	1622 1623	1722 1723	1822 1923

19. Cd.21——设置允许或禁止使用手轮

控制指令	指令功能	设置值	默认值	缓存器地址			
				轴1	轴2	轴3	轴4
Cd.21	设置允许或禁止使用手轮	Cd.21=0，禁止使用手轮 Cd.21=1，允许使用手轮	0	1524	1624	1724	1824

20. Cd.22——设置新的转矩限制值

控制指令	指令功能	设置值	默认值	缓存器地址			
				轴1	轴2	轴3	轴4
Cd.22	设置新的转矩限制值	设置范围参见参数 Pr.17	0	1525	1625	1725	1825

参见 24.4 节

21. Cd.23——在速度—位置控制模式下设置新的位移值

控制指令	指令功能	设置值	默认值	缓存器地址			
				轴1	轴2	轴3	轴4
Cd.23	在速度—位置控制模式下，当需要更改位移值时，设置新的位移值到 Cd.23	设置范围参见参数 Pr.1	0	1526 1527	1626 1627	1726 1727	1826 1827

22. Cd.24——设置是否允许使用外部信号进行速度—位置切换

控制指令	指令功能	设置值	默认值	缓存器地址			
				轴1	轴2	轴3	轴4
Cd.24	是否允许使用外部信号进行速度—位置切换	Cd.24=0，不允许 Cd.24=1，允许	0	1528	1628	1728	1828

23. Cd.25——在位置—速度控制模式下设置新的速度值

控制指令	指令功能	设置值	默认值	缓存器地址			
				轴1	轴2	轴3	轴4
Cd.25	在位置—速度控制模式下设置新的速度值		0	1530 1531	1630 1631	1730 1731	1830 1831

24. Cd.26——设置是否允许使用外部信号进行位置—速度切换

控制指令	指令功能	设置值	默认值	缓存器地址			
				轴1	轴2	轴3	轴4
Cd.26	是否允许使用外部信号进行位置—速度切换	Cd.26=0，不允许 Cd.26=1，允许	0	1532	1628	1728	1828

25. Cd.27——设置新的定位值

控制指令	指令功能	设置值	默认值	缓存器地址			
				轴1	轴2	轴3	轴4
Cd.27	在定位控制运行时，当需要更改定位数值时，设置新的定位数值	设置范围参见参数 Pr.1	0	1534 1535	1634 1635	1734 1735	1834 1835

26. Cd.28——设置新的速度值

控制 指令	指令功能	设置值	默认 值	缓存器地址			
				轴 1	轴 2	轴 3	轴 4
Cd.28	在定位运行，当需要更改速度时， 设置新的速度数值	设置范围参见参数 Pr.1	0	1534 1535	1634 1635	1734 1735	1834 1835

27. Cd.29——设置是否允许更改定位数据

控制 指令	指令功能	设置值	默认 值	缓存器地址			
				轴 1	轴 2	轴 3	轴 4
Cd.29	设置在定位运行期间是否允许更 改定位数据	Cd.29=0，不允许 Cd.29=1，允许	0	1538	1638	1738	1838

28. Cd.30——设置多轴同时启动时，轴 1 的定位数据号

控制 指令	指令功能	设置值	默认 值	缓存器地址			
				轴 1	轴 2	轴 3	轴 4
Cd.30	设置多轴同时启动时轴 1 定位数据号	1～600	0	1540	1640	1740	1840

29. Cd.31——设置多轴同时启动时，轴 2 的定位数据号

控制 指令	指令功能	设置值	默认 值	缓存器地址			
				轴 1	轴 2	轴 3	轴 4
Cd.31	设置多轴同时启动时轴 2 定位数据号	1～600	0	1541	1641	1741	1841

30. Cd.32——设置多轴同时启动时，轴 3 的定位数据号

控制 指令	指令功能	设置值	默认 值	缓存器地址			
				轴 1	轴 2	轴 3	轴 4
Cd.32	设置多轴同时启动时轴 3 定位数据号	1～600	0	1542	1642	1742	1842

31. Cd.33——设置多轴同时启动时，轴 4 的定位数据号

控制 指令	指令功能	设置值	默认 值	缓存器地址			
				轴 1	轴 2	轴 3	轴 4
Cd.33	设置多轴同时启动时轴 4 定位数据号	1～600	0	1543	1643	1743	1843

32. Cd.34——设置单步运行停止方式

控制 指令	指令功能	设置值	默认 值	缓存器地址			
				轴 1	轴 2	轴 3	轴 4
Cd.34	设置单步运行停止方式	Cd.34=0，减速点停止 Cd.34=1，单步执行完毕停止	0	1544	1644	1744	1844

33. Cd.35——设置单步模式是否生效

控制指令	指令功能	设置值	默认值	缓存器地址			
				轴 1	轴 2	轴 3	轴 4
Cd.35	设置单步模式是否生效	Cd.35=0，单步模式无效 Cd.35=1，单步模式有效	0	1545	1645	1745	1845

34. Cd.36——设置是否连续单步运行

控制指令	指令功能	设置值	默认值	缓存器地址			
				轴 1	轴 2	轴 3	轴 4
Cd.36	设置是否连续单步运行	Cd.36=0，结束单步运行 Cd.36=1，连续单步运行	0	1546	1646	1746	1846

35. Cd.37——跳越指令

控制指令	指令功能	设置值	默认值	缓存器地址			
				轴 1	轴 2	轴 3	轴 4
Cd.37	跳跃	Cd.37=1，执行跳越	0	1547	1647	1747	1847

本指令执行完毕后，控制器自动设置 Cd.37=0。

36. Cd.38——设置示教数据写入的对象

控制指令	指令功能	设置值	默认值	缓存器地址			
				轴 1	轴 2	轴 3	轴 4
Cd.38	设置示教数据的类型	Cd.38=0，示教数据写入定位地址 Cd.38=1，示教数据写入圆弧地址	0	1548	1648	1748	1848

37. Cd.39——设置示教数据写入的定位点编号

控制指令	指令功能	设置值	默认值	缓存器地址			
				轴 1	轴 2	轴 3	轴 4
Cd.39	设置示教数据写入的定位点编号	1～600	0	1549	1649	1749	1849

38. Cd.40——设置以角度单位 deg 作 ABS 运行时的方向

控制指令	指令功能	设置值	默认值	缓存器地址			
				轴 1	轴 2	轴 3	轴 4
Cd.40	设置以角度单位 deg 作 ABS 运行时的方向	Cd.40=0，就近定位 Cd.40=1，ABS 顺时针 Cd.40=2，ABS 逆时针	0	1550	1650	1750	1850

39. Cd.43——设置同时启动的轴数和各轴编号

控制指令	指令功能	设置值	默认值	缓存器地址			
				轴 1	轴 2	轴 3	轴 4
Cd.43	设置同时启动的轴数和各轴编号		000H	4339	4439	4539	4639

设置方法：

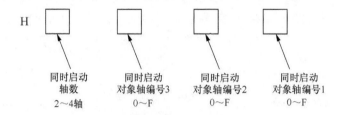

40. Cd.45——选择进行速度—位置切换的软元件

控制指令	指令功能	设置值	默认值	缓存器地址			
				轴 1	轴 2	轴 3	轴 4
Cd.45	选择进行速度—位置切换的软元件			1566	1666	1766	1866

设置方法如下。

（1）进行速度—位置切换。

Cd.45=0，使用外部信号。

Cd.45=1，使用近点 DOG 信号。

Cd.45=2，使用 Cd.46 信号。

（2）进行位置—速度切换

Cd.45=0，使用外部信号。

Cd.45=1，使用近点 DOG 信号。

Cd.45=2，使用 Cd.46 信号。

41. Cd.46——速度—位置切换

控制指令	指令功能	设置值	默认值	缓存器地址			
				轴 1	轴 2	轴 3	轴 4
Cd.46	速度—位置切换			1567	1667	1767	1867

设置方法如下。

（1）进行速度—位置切换。

Cd.46=0，不切换。

Cd.46=1，切换。

（2）进行位置—速度切换

Cd.46=0，不切换。

Cd.46=1，切换。

42. Cd.100——伺服 OFF 指令

控制指令	指令功能	设置值	默认值	缓存器地址			
				轴 1	轴 2	轴 3	轴 4
Cd.100	伺服 OFF 指令	Cd.100=0，伺服 ON Cd.100=1，伺服 OFF		1551	1651	1751	1851

注：在全部轴 ON，指令某一轴伺服 OFF 的时候使用。

43. Cd.101——设置转矩输出值

控制指令	指令功能	设置值	默认值	缓存器地址			
				轴 1	轴 2	轴 3	轴 4
Cd.101	设置转矩输出值。以额定转矩为基准设置百分比（%）		0	1552	1652	1752	1852

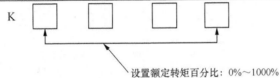

设置额定转矩百分比：0%～1000%

设置方法：以额定转矩为基准设置百分比（%）。

Cd.101=0，以参数 Pr.17 转矩限制值运行。通过设置 Cd.101 可以在 PLC 程序内随时更改转矩值。

44. Cd.108——增益切换指令

控制指令	指令功能	设置值	默认值	缓存器地址			
				轴 1	轴 2	轴 3	轴 4
Cd.108	切换增益		0	1559	1659	1759	1859

Cd.108=0，切换增益指令 OFF。

Cd.108=1，切换增益指令 ON。

如果在伺服驱动器一侧设置了不同的增益，则可以用本指令进行切换。

45. Cd.112——正转和反转转矩限制设置

控制指令	指令功能	设置值	默认值	缓存器地址			
				轴 1	轴 2	轴 3	轴 4
Cd.112	设置正转和反转转矩限制值是相同还是不同		0	1563	1663	1763	1863

Cd.112=0，正转和反转转矩限制值相同。

Cd.112=1，正转和反转转矩限制值不同。

46. Cd.113——设置更改后的反转转矩值

控制指令	指令功能	设置值	默认值	缓存器地址			
				轴 1	轴 2	轴 3	轴 4
Cd.113	设置更改后的反转转矩值			1564	1664	1764	1864

如果 Cd.112=1，表示正转和反转转矩限制值不同，可将更改后的反转转矩值设置在 Cd.113 内，以额定转矩的百分比（%）设置。

47. Cd.130——写入伺服参数

控制指令	指令功能	设置值	默认值	缓存器地址			
				轴 1	轴 2	轴 3	轴 4
Cd.130	将修改后的参数写入控制器			1554	1654	1754	1854

如果在 Cd.131、Cd.132 修改了参数，用本指令将修改后的参数写入控制器。

48. Cd.131——设置需要修改的伺服参数号

控制指令	指令功能	设置值	默认值	缓存器地址			
				轴 1	轴 2	轴 3	轴 4
Cd.131	设置需要修改的伺服参数号			1555	1655	1755	1855

设置：

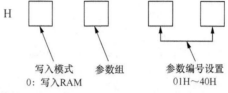

H　　　　　　写入模式　　参数组　　　　参数编号设置
　　　　　　0: 写入RAM　　　　　　　01H~40H

需要修改参数时，设置该参数号。

49. Cd.132——设置修改后的伺服参数值

控制指令	指令功能	设置值	默认值	缓存器地址			
				轴 1	轴 2	轴 3	轴 4
Cd.132	设置修改后的伺服参数值			1556 1557	1656 1657	1756 1757	1856 1857

50. Cd.133——半闭环—全闭环控制切换请求

控制指令	指令功能	设置值	默认值	缓存器地址			
				轴 1	轴 2	轴 3	轴 4
Cd.133	切换半闭环—全闭环控制		0	1558	1658	1758	1858

Cd.133=0，半闭环控制；Cd.133=1，全闭环控制。

51. Cd.136——PI—PID 控制切换请求

控制指令	指令功能	设置值	默认值	缓存器地址			
				轴 1	轴 2	轴 3	轴 4
Cd.136	对伺服驱动器切换 PI—PID 控制		0	1565	1665	1765	1865

Cd.136=1，切换到 PID 控制。

52. Cd.138——控制模式切换指令

控制指令	指令功能	设置值	默认值	缓存器地址			
				轴 1	轴 2	轴 3	轴 4
Cd.138	由 Cd.139 选择控制模式。Cd.138 予以确认			1574	1674	1774	1874

Cd.138=1，切换控制模式。

53. Cd.139——选择控制模式

控制指令	指令功能	设置值	默认值	缓存器地址			
				轴1	轴2	轴3	轴4
Cd.139	选择控制模式		0	1575	1675	1775	1875

Cd.139=0，位置控制模式。

Cd.139=10，速度控制模式。

Cd.139=20，转矩控制模式。

Cd.139=30，挡块控制模式。

54. Cd.140——速度控制模式时的指令速度

控制指令	指令功能	设置值	默认值	缓存器地址			
				轴1	轴2	轴3	轴4
Cd.140	设置速度控制模式时指令速度		0	1576	1676	1776	1876

55. Cd.141——速度控制模式时的加速时间

控制指令	指令功能	设置值	默认值	缓存器地址			
				轴1	轴2	轴3	轴4
Cd.141	设置从零速度到 Pr.8 速度限制值的加速时间	1～65535	1000	1578	1678	1778	1878

56. Cd.142——速度控制模式时的减速时间

控制指令	指令功能	设置值	默认值	缓存器地址			
				轴1	轴2	轴3	轴4
Cd.142	设置从 Pr.8 速度限制值到零速度的减速时间	1～65535	1000	1579	1679	1779	1879

57. Cd.143——转矩控制模式时的指令转矩

控制指令	指令功能	设置值	默认值	缓存器地址			
				轴1	轴2	轴3	轴4
Cd.143	设置转矩控制模式时的指令转矩，以额定转矩的百分比设置		0	1580	1680	1780	1880

58. Cd.144——转矩控制模式时从零速度加速到 Pr.17 转矩限制值的时间常数

控制指令	指令功能	设置值	默认值	缓存器地址			
				轴1	轴2	轴3	轴4
Cd.144	设置转矩从零速度到达 Pr.17 转矩限制值的时间	0～65535	1000	1581	1681	1781	1881

59. Cd.145——转矩控制模式时从 Pr.17 转矩限制值减速到零速度的时间常数

控制指令	指令功能	设置值	默认值	缓存器地址			
				轴 1	轴 2	轴 3	轴 4
Cd.145	设置转矩从 Pr.17 转矩限制值到零速度的时间	0～65535		1582	1682	1782	1882

60. Cd.146——转矩控制模式时的速度限制值

控制指令	指令功能	设置值	默认值	缓存器地址			
				轴 1	轴 2	轴 3	轴 4
Cd.146	设置转矩控制模式时的速度限制值		1	1584	1684	1784	1884

16.3　扩展轴控制指令

1. Cd.180——轴运动停止指令

控制指令	指令功能	设置值	默认值	缓存器地址			
				轴 1	轴 2	轴 3	轴 4
Cd.180	设置 Cd.180=1，所有运动（回原点、JOG、自动运行等）全部停止		0	30100	30110	30120	30130

Cd.180=1，轴停止信号有效。

2. Cd.181——JOG 正转启动

控制指令	指令功能	设置值	默认值	缓存器地址			
				轴 1	轴 2	轴 3	轴 4
Cd.181	JOG 正转启动	Cd.181=1，正转启动		30101	30111	30121	30131

3. Cd.182——JOG 反转启动

控制指令	指令功能	设置值	默认值	缓存器地址			
				轴 1	轴 2	轴 3	轴 4
Cd.182	JOG 反转启动	Cd.182=1，反转启动		30102	30112	30122	30132

4. Cd.183——禁止执行指令

控制指令	指令功能	设置值	默认值	缓存器地址			
				轴 1	轴 2	轴 3	轴 4
Cd.183	禁止执行启动动作	Cd.183=1，禁止执行启动动作		30103	30113	30123	30133

16.4　思考题

（1）指令接口 Cd.** 都有缓存器与其对应吗？每 1 个轴所对应的缓存器是否不同？

（2）接口 Cd.3 对应了几种工作模式？如何设置？

（3）如何设置运动块编号？如何设置定位点编号？

（4）如何设置速度倍率？

（5）如何发出中断指令？

第 *17* 章

对运动控制器工作状态的监视

所有控制器都有表示控制器自身工作状态的功能。QD77 控制器的工作状态信号，如处于自动模式中、定位运行工作中、定位完毕等，是经常被使用的。因此在 QD77 控制器中，提供了工作状态接口，由标识符 Md.** 表示。每一种工作状态有一个与其对应的缓存器，只要读出该缓存器的数据，就可以知道是哪一种工作状态。要想读出工作状态就要在 PLC 程序中进行相应的编程。

17.1 系统状态监视信号

1. Md.1——测试模式中标志

工作状态项目	内容	出厂值	缓存器地址
			全轴通用
Md.1	表示系统当前是否处于测试模式	0	1200

Md.1=0，不处于测试模式
Md.1=1，处于测试模式

2. Md.3——启动信息

工作状态项目	内容	出厂值	缓存器地址			
			轴 1	轴 2	轴 3	轴 4
Md.3	存储启动信息。包括重启标志、启动源、被启动的轴	0000H	1212			

	bit15			bit12			bit8			bit4			bit0	

bit7～bit0：已经启动的轴号 1～16
bit9～bit8：启动源
bit9～bit8=00，PLC 启动
bit9～bit8=01，外部信号
bit9～bit8=10，GXWORK2
bit14～bit10：未使用
bit15：重启标志
bit15=0，重启 OFF
bit15=1，重启 ON
说明：
（1）重启标志：暂停之后是否重启
（2）启动源：由何种设备输入了启动信号
（3）启动轴：被启动的轴号

3. Md.4——启动编号

工作状态项目	内容	出厂值	缓存器地址			
			轴1	轴2	轴3	轴4
Md.4	存储启动编号 不同的工作模式有不同的编号。参见图17-1、表17-1	0000H	1213			

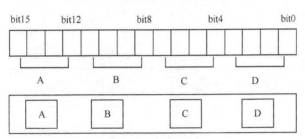

图 17-1　Md.4 各 bit 的定义

表 17-1　工作模式对应的编号

内容	存储值				参考十进制
	A	B	C	D	
定位运行	0	0	0	1	001
	0	2	5	8	600
	1	B	5	8	7000
	1	B	5	9	7001
	1	B	5	A	7002
	1	B	5	B	7003
	1	B	5	C	7004
JOG 运行	2	3	3	2	9010
手轮运行	2	3	3	3	9011
回原点	2	3	2	9	9012
高速回原点	2	3	2	A	9001
更改当前值	2	3	3	B	9002
同时启动	2	3	2	C	9003
同步控制	2	3	3	C	9004
位置—速度控制	2	3	4	6	9030
位置—转矩控制	2	3	4	7	9031
速度—转矩控制	2	3	4	8	9032
转矩—速度控制	2	3	4	9	9033
速度—位置控制	2	3	4	A	9034
转矩—位置控制	2	3	4	B	9035

4. Md.54——启动时间

工作状态项目	内容	出厂值	缓存器地址			
			轴 1	轴 2	轴 3	轴 4
Md.54	存储启动时间（年，月）	0000H	1440			

5. Md.5——启动时间（日，时）

工作状态项目	内容	出厂值	缓存器地址			
			轴 1	轴 2	轴 3	轴 4
Md.5	存储启动时间（日，时）	0000H	1214			

6. Md.6——启动时间（分，秒）

工作状态项目	内容	出厂值	缓存器地址			
			轴 1	轴 2	轴 3	轴 4
Md.6	存储启动时间（分，秒）	0000H	1215			

7. Md.7——报警信息

工作状态项目	内容	出厂值	缓存器地址			
			轴 1	轴 2	轴 3	轴 4
Md.7	存储报警信息	0000H	1216			

8. Md.9——出现故障的轴号

工作状态项目	内容	出厂值	缓存器地址			
			轴 1	轴 2	轴 3	轴 4
Md.9	存储出现故障的轴号	0	1293			

9. Md.10——故障代码

工作状态项目	内容	出厂值	缓存器地址			
			轴 1	轴 2	轴 3	轴 4
Md.10	存储故障代码	0	1294			

10. Md.57——伺服驱动器上显示的故障代码

工作状态项目	内容	出厂值	缓存器地址			
			轴 1	轴 2	轴 3	轴 4
Md.57	存储伺服驱动器 LED 上显示的故障代码	0	31300			

11. Md.61——伺服驱动器运行报警编号

工作状态项目	内容	出厂值	缓存器地址			
			轴 1	轴 2	轴 3	轴 4
Md.61	存储驱动器运行报警编号	0	31333			

12. Md.55——轴出错发生时间（年，月）

工作状态项目	内容	出厂值	缓存器地址			
			轴 1	轴 2	轴 3	轴 4
Md.55	存储轴出错发生时间（年，月）	0	1456			

13. Md.11——轴出错发生时间（日，时）

工作状态项目	内容	出厂值	缓存器地址			
			轴 1	轴 2	轴 3	轴 4
Md.11	存储轴出错发生时间（日，时）	0	1295			

14. Md.12——轴出错发生时间（分，秒）

工作状态项目	内容	出厂值	缓存器地址			
			轴 1	轴 2	轴 3	轴 4
Md.12	存储轴出错发生时间（分，秒）	0	1296			

15. Md.50——急停状态

工作状态项目	内容	出厂值	缓存器地址			
			轴 1	轴 2	轴 3	轴 4
Md.50	存储急停状态	0	1431			

Md.50=0，急停输入 ON
Md.50=1，急停输入 OFF

16. Md.51——无驱动器运行模式状态

工作状态项目	内容	出厂值	缓存器地址			
			轴 1	轴 2	轴 3	轴 4
Md.51	存储无驱动器运行模式状态	0	1432			

Md.51=0，普通模式状态
Md.51=1，无驱动器运行模式状态

17. Md.53——SSCNET 连接状态

工作状态项目	内容	出厂值	缓存器地址			
			轴 1	轴 2	轴 3	轴 4
Md.53	存储 SSCNET 的连接状态	0	1433			

Md.53=1，有连接断开的轴

17.2　轴运动状态监视

1. Md.20——进给当前值

工作状态项目	内容	出厂值	缓存器地址			
			轴 1	轴 2	轴 3	轴 4
Md.20	① 存储进给当前值 ② 回原点时存储的是原点地址	0000H	800 801	900 901	1000 1001	1100 1101

2. Md.21——以机械坐标系表示的进给当前值

工作状态项目	内容	出厂值	缓存器地址			
			轴 1	轴 2	轴 3	轴 4
Md.21	存储以机械坐标系表示的进给当前值，相当于绝对坐标	0000H	802 803	902 903	1002 1003	1102 1103

说明：在 Md.21 中存储的是以机械坐标系表示的进给当前值，相当于绝对坐标。

（1）不受更改当前值指令的影响，能够保持当前坐标值。

（2）在作速度控制时，Md.21=0。

（3）定长进给启动时，Md.21 不被清零。

（4）单位为"deg"时，不以 0～360° 环形计数，而以累计值计数。

3. Md.22——进给速度

工作状态项目	内容	出厂值	缓存器地址			
			轴 1	轴 2	轴 3	轴 4
Md.22	存储进给速度（指令速度）	0000H	804 805	904 905	1004 1005	1104 1105

4. Md.23——轴故障代码

工作状态项目	内容	出厂值	缓存器地址			
			轴 1	轴 2	轴 3	轴 4
Md.23	存储轴故障代码	0	806	906	1006	1106

5. Md.24——轴报警代码

工作状态项目	内容	出厂值	缓存器地址			
			轴 1	轴 2	轴 3	轴 4
Md.24	存储轴报警代码。报警属于轻微故障	0	807	907	1007	1107

6. Md.25——有效 M 代码

工作状态项目	内容	出厂值	缓存器地址			
			轴 1	轴 2	轴 3	轴 4
Md.25	存储有效 M 代码	0	808	908	1008	1108

显示：

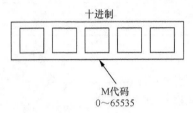

十进制

M代码
0～65535

PLC 就绪信号（Y0）变为 OFF 时，Md.25=0。

7. Md.26——轴运动状态

工作状态项目	内容	出厂值	缓存器地址			
			轴 1	轴 2	轴 3	轴 4
Md.26	存储轴运动状态。轴运动状态如下所示	0	809	909	1009	1109

Md.26	轴运动状态
Md.26=−2	步进待机中
Md.26=−1	出错中
Md.26=0	待机中
Md.26=1	停止中
Md.26=2	插补中
Md.26=3	JOG 运行中
Md.26=4	手轮运行中
Md.26=5	分析中
Md.26=6	特殊启动待机中
Md.26=7	原点复位中
Md.26=8	位置控制中
Md.26=9	速度控制中
Md.26=10	速度—位置控制的速度控制中
Md.26=11	速度—位置控制的位置控制中
Md.26=12	位置—速度控制的位置控制中
Md.26=13	位置—速度控制的速度控制中
Md.26=15	同步控制中
Md.26=20	伺服未连接/伺服电源 OFF
Md.26=21	伺服 OFF
Md.26=30	控制模式切换中
Md.26=31	速度控制模式中
Md.26=32	转矩控制模式中
Md.26=33	挡块控制模式中

8. Md.27——当前速度

工作状态项目	内容	出厂值	缓存器地址			
			轴 1	轴 2	轴 3	轴 4
Md.27	存储当前执行的定位点的 Da.8 指令速度		810	910	1010	1110
			811	911	1011	1111

9. Md.28——轴进给速度

工作状态项目	内容	出厂值	缓存器地址			
			轴 1	轴 2	轴 3	轴 4
Md.28	存储各轴中实际指令速度	0	812	912	1012	1112
			813	913	1013	1113

10. Md.29——切换为位置控制后的移动量

工作状态项目	内容	出厂值	缓存器地址			
			轴 1	轴 2	轴 3	轴 4
Md.29	在速度—位置切换控制中切换为位置控制后，存储实际移动量	0	814	914	1014	1114
			815	915	1016	1116

11. Md.30——存储外部信号状态

工作状态项目	内容	出厂值	缓存器地址			
			轴 1	轴 2	轴 3	轴 4
Md.30	存储外部信号的 ON/OFF 状态		816	916	1016	1116

bit	内容	定义
bit0	下限位	
bit1	上限位	
bit2	未使用	
bit3	停止信号	0：OFF
bit4	外部指令信号/切换信号	1：ON
bit5	未使用	
bit6	DOG 信号	
bit7	未使用	

12. Md.31—存储各种信号标志状态

工作状态项目	内容	出厂值	缓存器地址			
			轴 1	轴 2	轴 3	轴 4
Md.31	存储各种信号标志状态	0008H	817	917	1017	1117

bit	内容	定义
bit0	处于速度控制中	0：OFF
bit1	速度—位置切换锁存标志	1：ON
bit2	进入定位完成范围标志	

续表

工作状态项目	内容	出厂值	缓存器地址			
			轴 1	轴 2	轴 3	轴 4
Md.31	存储各种信号标志状态	0008H	817	917	1017	1117

bit	内容	定义
bit3	回原点请求标志	
bit4	回原点完成标志	
bit5	位置—速度切换锁定标志	
bit6		
bit7		
bit8		0：OFF
bit9	轴报警控制	1：ON
bit10	速度更改为 0 标志	
bit11		
bit12	M 代码 ON	
bit13	出错检测	
bit14	启动完毕	
bit15	定位完毕	

bit0：速度控制中标志。

控制器处于速度控制中时，bit0=ON。

bit1：速度—位置切换锁存标志。

bit1 为速度—位置切换控制中限制移动量可否变更的互锁信号。在执行速度—位置切换控制，切换为位置控制时，bit1=ON。执行下一个定位数据、JOG 运行、手轮运行时，bit1=OFF。

bit2：到达定位精度范围标志。

当滞留脉冲到达定位精度范围以内时，bit2=ON，在运行模式为连续轨迹控制时不变为 ON。在各运算周期中进行检查；在速度控制中不进行检查；在插补运行时仅启动轴标志变为 ON；在启动时所有轴变为 OFF。

bit3：回原点请求标志。

上电后（未建立原点时），bit3=ON；回原点完成时，bit3=OFF。

bit4：回原点完成标志。在回原点完成时，bit4=ON；运行开始时，bit4=OFF。

bit5：位置—速度切换锁存标志。

bit5 为位置—速度切换控制中的指令速度可否变更的互锁信号。在切换为速度控制时，bit5=ON；在执行下一个定位、JOG 运行、手轮运行时，bit5=OFF。

bit9：轴报警检测。在检测到轴报警时，bit9=ON。

bit10：更改速度值=0 标志。当更改速度值=0 时，bit10=ON；否则，bit10=OFF。

bit12：M 指令选通信号。当发出 M 指令时，bit12=ON。

bit13：出错检测。发生轴出错时，bit13=ON；复位后，bit13=OFF。

bit14：启动完毕信号。定位启动完成，bit14=ON。

bit15：定位完毕信号。定位完成时，bit15=ON；插补控制时，仅基准轴信号为 ON。

13. Md.32——存储定位运行时的目标值（Da.6 定位地址）

工作状态项目	内容	出厂值	缓存器地址			
			轴 1	轴 2	轴 3	轴 4
Md.32	存储定位运行时的目标值（Da.6 定位地址）	0	818	918	1018	1118
			819	919	1019	1119

14. Md.33——实际指令速度

工作状态项目	内容	出厂值	缓存器地址			
			轴 1	轴 2	轴 3	轴 4
Md.33	实际指令速度为执行了速度倍率调节后的指令速度	0	820	920	1020	1120
			821	921	1021	1121

说明：

（1）定位运行时，为实际指令速度；定位完成后，Md.33=0。

（2）位置插补时，在基准轴存储实际指令速度，插补轴=0。

（3）速度插补时，在基准轴和插补轴分别存储实际指令速度。

（4）JOG 运行时，存储 JOG 速度。

（5）手轮运行时，Md.33=0。

15. Md.35——转矩值

工作状态项目	内容	出厂值	缓存器地址			
			轴 1	轴 2	轴 3	轴 4
Md.35	在不同状态下存储不同的转矩值	0	826	926	1026	1126

存储内容说明如下。

（1）在定位启动、JOG 运行启动、手轮运行时，存储 Pr.17 转矩限制值或 Cd.101 转矩输出值。

（2）运行中使用 Cd.22 转矩更改值时，存储 Cd.22 的值。

（3）回原点时，存储 Pr.17 转矩限制值或 Cd.101 转矩输出值。但是，进入爬行速度后存储 Pr.54 回原点转矩限制值。

16. Md.36——存储特殊启动的内容

工作状态项目	内容	出厂值	缓存器地址			
			轴 1	轴 2	轴 3	轴 4
Md.36	存储特殊启动的内容	0	827	927	1027	1127

Md.36	启动形式
00	正常运动块启动
01	条件启动
02	等待启动
03	同时启动
04	循环启动（根据循环次数循环）
05	循环启动（根据循环条件循环）
06	NEXT 循环结束

17.　Md.37——存储条件数据编号和循环次数

工作状态项目	内容	出厂值	缓存器地址			
			轴 1	轴 2	轴 3	轴 4
Md.37	存储特殊启动的条件数据编号和循环次数	0	828	928	1028	1128

Md.37	数据	存储数据
00	无	
01	条件启动编号	1～10
02		
03		
05		
04	循环次数	0～255
06	无	

18.　Md.38——存储定位数据编号

工作状态项目	内容	出厂值	缓存器地址			
			轴 1	轴 2	轴 3	轴 4
Md.38	存储定位数据编号	0	829	929	1029	1129

19.　Md.39——存储速度限制中标志

工作状态项目	内容	出厂值	缓存器地址			
			轴 1	轴 2	轴 3	轴 4
Md.39	存储速度限制中标志	0	830	930	1030	1130

Md.39=0，不在速度限制中
Md.39=1，在速度限制中

20.　Md.40——速度更改处理中标志

工作状态项目	内容	出厂值	缓存器地址			
			轴 1	轴 2	轴 3	轴 4
Md.40	Md.40=1，表示当前处于速度更改状态	0	831	931	1031	1131

定位控制中进行速度更改时，Md.40=1
速度更改处理完成后，Md.40=0

21.　Md.41——存储剩余循环次数（FOR—NEXT 循环）

工作状态项目	内容	出厂值	缓存器地址			
			轴 1	轴 2	轴 3	轴 4
Md.41	在 FOR—NEXT 循环中，存储剩余循环次数	0	832	932	1032	1132

在 FOR—NEXT 循环运行时，Md.41 存储剩余循环次数。在循环结束后，Md.41=-1。如果是无限循环，则 Md.41=0

22. Md.42——存储剩余循环次数（LOOP—LEND 循环）

工作状态项目	内容	出厂值	缓存器地址			
			轴 1	轴 2	轴 3	轴 4
Md.42	在 LOOP—LEND 循环中，存储剩余循环次数	0	833	933	1033	1133

23. Md.43——存储当前执行的运动块编号

工作状态项目	内容	出厂值	缓存器地址			
			轴 1	轴 2	轴 3	轴 4
Md.43	存储当前执行中的运动块编号（1～50）	0	834	934	1034	1134

24. Md.44——存储当前执行的定位点编号

工作状态项目	内容	出厂值	缓存器地址			
			轴 1	轴 2	轴 3	轴 4
Md.44	存储当前执行的定位点编号	0	835	935	1035	1135

25. Md.45——存储当前执行中的程序区编号

工作状态项目	内容	出厂值	缓存器地址			
			轴 1	轴 2	轴 3	轴 4
Md.45	存储当前执行的程序区编号	0	836	936	1036	1136

26. Md.46——存储最后执行定位数据编号

工作状态项目	内容	出厂值	缓存器地址			
			轴 1	轴 2	轴 3	轴 4
Md.46	存储最后执行的定位数据编号	0	837	937	1037	1137

27. Md.47——存储定位数据的详细内容

工作状态项目	内容	出厂值	缓存器地址
Md.47	存储当前执行的定位数据的详细内容		

标识符	内容	缓存器地址			
		轴 1	轴 2	轴 3	轴 4
Da.1～Da.5	定位识别符	838	938	1038	1138
Da.10	M 指令	839	939	1039	1139
Da.9	停留时间	840	940	1040	1140
Da.8	指令速度	841	941	1041	1141
Da.6	定位地址	842	942	1042	1142
Da.7	圆弧地址	843	943	1043	1143

28. Md.48——存储减速开始标志

工作状态项目	内容	出厂值	缓存器地址			
			轴 1	轴 2	轴 3	轴 4
Md.48	存储减速开始标志		899	999	1099	1199

Md.48=1，表示减速开始

29. Md.100——存储回原点位移量

工作状态项目	内容	出厂值	缓存器地址			
			轴 1	轴 2	轴 3	轴 4
Md.100	存储回原点位移量	0	848	948	1048	1148
			849	949	1049	1149

30. Md.101——存储实际当前值

工作状态项目	内容	出厂值	缓存器地址			
			轴 1	轴 2	轴 3	轴 4
Md.101	实际当前值=进给当前值−偏差计数器值	0	850	950	1050	1150
			851	951	1051	1151

31. Md.102——存储偏差计数器值

工作状态项目	内容	出厂值	缓存器地址			
			轴 1	轴 2	轴 3	轴 4
Md.102	偏差计算器值=进给指令当前值−实际当前值（单位为脉冲）	0	852	952	1052	1152
			853	953	1053	1153

32. Md.103——存储电机转数

工作状态项目	内容	出厂值	缓存器地址			
			轴 1	轴 2	轴 3	轴 4
Md.103	存储电机转数，单位为 r/m	0	854	954	1054	1154
			855	955	1055	1155

33. Md.104——存储电机电流值

工作状态项目	内容	出厂值	缓存器地址			
			轴 1	轴 2	轴 3	轴 4
Md.104	存储电机电流值。实际值为额定电流的百分数	0	856	956	1056	1156

34. Md.107——存储设置不当的参数编号

工作状态项目	内容	出厂值	缓存器地址			
			轴 1	轴 2	轴 3	轴 4
Md.107	如果某个参数设置错误，Md.107 就会存储该错误参数编号	0	870	970	1070	1170

35. Md.108——存储伺服系统工作状态

工作状态项目	内容	出厂值	缓存器地址			
			轴 1	轴 2	轴 3	轴 4
Md.108	存储伺服系统工作状态	0	876	976	1076	1176

说明：伺服系统有以下工作状态。

（1）零点通过。

只要通过编码器零点 1 次，Md.108（低位）bit0=1。

（2）零速度中。

电机速度小于伺服参数零速度时，Md.108（低位）bit3=1。

（3）速度限制中。

转矩控制模式下并处于速度限制中时，Md.108（低位）bit4=1。

（4）PID 控制中。

伺服驱动器处于 PID 控制中时，Md.108（低位）bit8=1。

（5）就绪 ON。

显示就绪 ON/OFF 状态，Md.108（高位）bit0=1/0。

（6）伺服 ON。

显示伺服 ON/OFF 状态，Md.108（高位）bit1=1/0。

（7）控制模式。

显示伺服驱动器的控制模式。

位置控制模式 Md.108（高位）：bit2=0，bit3=0。

速度控制模式 Md.108（高位）：bit2=1，bit3=0。

转矩控制模式 Md.108（高位）：bit2=0，bit3=1。

（8）报警中。

伺服报警发生时，Md.108（高位）bit7=1。

（9）到达定位精度。

滞留脉冲小于伺服参数的设置值时，Md.108（高位）bit12=1。

（10）转矩限制中。

伺服驱动器处于转矩限制中，Md.108（高位）bit13=1。

（11）绝对位置丢失。

伺服驱动器处于绝对位置消失中时，Md.108（高位）bit14=1。

（12）报警中。

伺服驱动器处于报警中时，Md.108（高位）bit15=1。

36. Md.120——存储反转转矩限制值

工作状态项目	内容	出厂值	缓存器地址			
			轴 1	轴 2	轴 3	轴 4
Md.120	存储反转转矩限制值	0	891	991	1091	1191

37. Md.122——存储指令速度

工作状态项目	内容	出厂值	缓存器地址			
			轴 1	轴 2	轴 3	轴 4
Md.122	存储速度控制模式中的指令速度	0	892	992	1092	1192
			893	993	1093	1193

38. Md.123——存储指令转矩

工作状态项目	内容	出厂值	缓存器地址			
			轴 1	轴 2	轴 3	轴 4
Md.123	存储转矩控制模式中的指令转矩	0	894	994	1094	1194

17.3　思考题

（1）进给当前值 Md.20 与机械坐标值 Md.21 有什么区别？

（2）如何读取定位完成信号？

（3）如何读取 M 指令？

（4）如何读取实际速度？

（5）如何读取当前执行的运动块编号？

第 18 章

手轮运行控制

本章学习手轮工作模式的相关内容，包括脉冲格式、手轮的连接、参数设置，以及手轮运行相关的 PLC 程序。

18.1 手轮运行模式概述

手轮运行模式是一种特殊运行模式，在手轮运行模式下，伺服系统只接受手轮发出的脉冲信号，根据脉冲指令运行。手轮运行模式常常用于调试初期的各轴位置的精密调整。

手轮的简明工作步骤如图 18-1 所示。

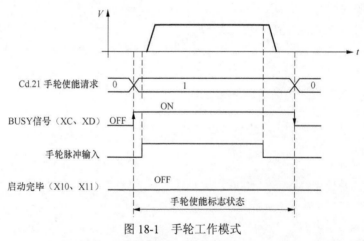

图 18-1 手轮工作模式

（1）选择手轮运行模式，设置手轮使能信号 Cd.21=1，随之 BUSY 信号=ON。

（2）摇动手轮，发出脉冲驱动伺服电机运行。如果无脉冲信号，伺服电机就会在 25ms 内停止运动。

（3）设置手轮使能信号 Cd.21=0，随之 BUSY 信号=OFF。

（4）退出手轮运行模式。

18.2 常用手轮的技术规格

18.2.1 常用手轮的分类

常用手轮分为差分型和电压输出/集电极开路型。

18.2.2　技术规格

1. 差分型手轮技术规格

表 18-1 所示为某差分型手轮技术规格。差分型手轮最大可输出 4Mpps 脉冲。

表 18-1　某差分型手轮技术规格

		规格
脉冲格式		A/B 相 PLS/SIGN
差分型手轮	最大输出脉冲频率	1Mpps（4 倍频后为 4Mpps）
	脉冲宽度	1μs 以上
	上升沿、下降沿时间	0.25μs 以下
	相位差	0.25μs 以下
	额定输入电压	DC5.5V 以下
	高电压	DC2.0～5.5V
	低电压	DC0～0.8V
	差分电压	±0.2V
	电缆长度	最大 30m

差分型手轮的脉冲波形如图 18-2 所示。

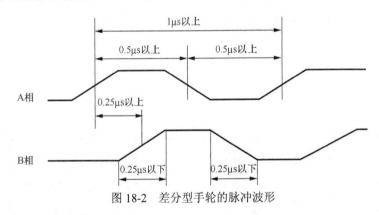

图 18-2　差分型手轮的脉冲波形

2. 电压输出/集电极开路型手轮技术规格

表 18-2 所示为集电极开路型手轮技术规格。集电极开路型手轮价格相对较低，最为常用。集电极开路型手轮最大可输出 200kpps 脉冲。

表 18-2　集电极开路型手轮技术规格

		规格
脉冲格式		A/B 相、PLS/SIGN
集电极开路型手轮	最大输出脉冲频率	200kpps（4 倍频后为 800kpps）
	脉冲宽度	5μs 以上
	上升沿、下降沿时间	1.2μs 以下
	相位差	1.2μs 以下

续表

		规格
集电极开路 型手轮	额定输入电压	DC5.5V 以下
	高电压	DC3.0～5.25V
	低电压	DC0～1.0V
	差分电压	±0.2V
	电缆长度	最大 10m

集电极开路型手轮的脉冲波形如图 18-3 所示。注意脉冲宽度在时间上的差别。

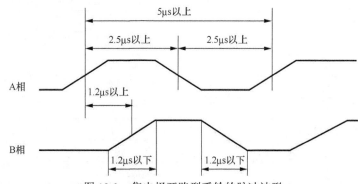

图 18-3　集电极开路型手轮的脉冲波形

18.2.3　手轮技术术语的说明

1. 脉冲输出格式

脉冲信号的输出有两种格式。

（1）A 相 / B 相。

（2）计数脉冲+方向信号。

差分型和集电极开路型手轮都具备这两种脉冲信号输出格式。这两种脉冲输出格式如图 18-4 所示。在运动控制器中可以用参数选择这两种脉冲格式。

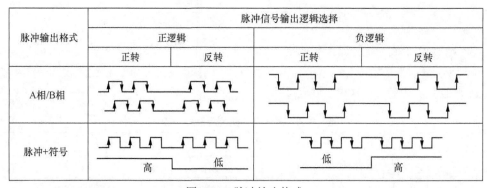

图 18-4　脉冲输出格式

2. 工作原理

1）输出格式——A 相/B 相

（1）脉冲信号分为 A 相和 B 相。以 A 相、B 相的相位关系确定正转、反转（定位地址的增加或减少），如图 18-5 所示。

① A 相的相位超前于 B 相时，使用 A 相、B 相的上升沿、下降沿增加定位地址（正转）。

② B 相的相位超前于 A 相时，使用 A 相、B 相的上升沿、下降沿减少定位地址（反转）。

图中脉冲的带箭头的上升沿和下降沿，就是发出脉冲生效的时间点。

（2）关于 4 倍频、2 倍频、1 倍频。

① 4 倍频——A 相、B 相脉冲的上升沿、下降沿都作为脉冲计数信号。所以手轮 A 相、B 相发出 1 个脉冲，就有 4 个计数信号，这就是 4 倍频（相当于发出了 4 个脉冲），如图 18-5 所示。

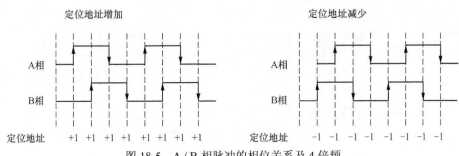

图 18-5　A / B 相脉冲的相位关系及 4 倍频

② 2 倍频——A 相脉冲的上升沿、下降沿都作为脉冲计数信号。所以编码器 A 相、B 相发出 1 个脉冲，就有两个计数信号，这就是 2 倍频（相当于发出了两个脉冲），如图 18-6 所示。

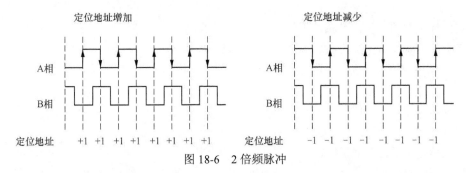

图 18-6　2 倍频脉冲

③ 1 倍频——A 相脉冲的上升沿作为脉冲计数信号。所以编码器 A 相、B 相发出 1 个脉冲，就有 1 个计数信号，这就是 1 倍频（相当于发出了 1 个脉冲），如图 18-7 所示。

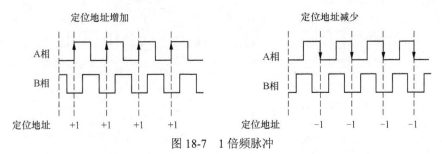

图 18-7　1 倍频脉冲

（3）正逻辑/负逻辑。

正逻辑/负逻辑示意图如图 18-8 所示。

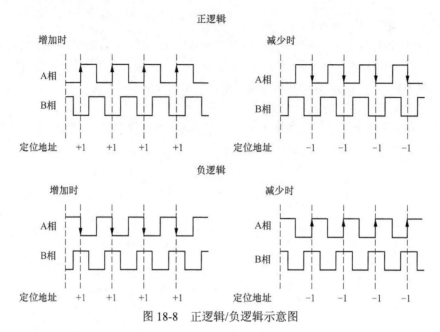

图18-8 正逻辑/负逻辑示意图

① 正逻辑（高电平=1，低电平=0）。

定位地址增加——以A相的上升沿作为计数时间点。

定位地址减少——以A相的下降沿作为计数时间点。

② 负逻辑（高电平=0，低电平=1）。

定位地址增加——以A相的下降沿作为计数时间点。

定位地址减少——以A相的上升沿作为计数时间点。

2）输出格式——脉冲串+方向信号

（1）脉冲串的作用（PLS）。

脉冲串用作计数，使用其上升沿或下降沿进行计数。

（2）方向信号的作用（SIGN）。

方向信号用于确定是正转还是反转。

（3）正逻辑/负逻辑。

计数脉冲+方向信号示意图如图18-9所示。

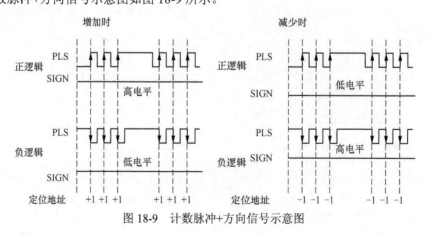

图18-9 计数脉冲+方向信号示意图

① 正逻辑。

定位地址增加——SIGN=HIGH（高电平），以脉冲PLS的上升沿作为计数时间点。

定位地址减少——SIGN=LOW（低电平），以 PLS 的上升沿作为计数时间点。

② 负逻辑。

定位地址增加——SIGN=LOW（低电平），以脉冲 PLS 的下降沿作为计数时间点。

定位地址减少——SIGN=HIGH（高电平），以脉冲 PLS 的下降沿作为计数时间点。

在使用手轮或编码器等脉冲发生设备时，必须使用如下参数设置。

（1）脉冲输出格式选择 A 相/B 相或计数脉冲+方向信号。

（2）正逻辑或负逻辑。

18.3　手轮与控制器的连接

18.3.1　运动控制器的接口

在控制器的正面有 1 排或 2 排插口，专门用于连接各种外部信号，其中有连接手轮的各信号端，如图 18-10 所示。

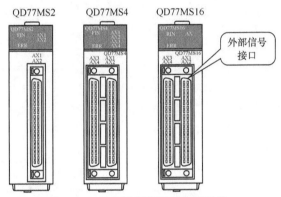

图 18-10　运动控制器的外部信号接口

18.3.2　与手轮相关的各针脚的定义

手轮连接于外部插口，与手轮相关的针脚编号如表 18-3 所示。

表 18-3　与手轮连接相关的针脚编号

针脚	针脚号	信号名	针脚号	信号名
	B20	HB	A20	5V
	B19	HA	A19	5V
	B18	HBL	A18	HBH
	B17	HAL	A17	HAH
	B16		A16	
	B15	5V	A15	5V
	B14	SG	A14	SG
	B13		A13	

18.3.3　差分型手轮的连接

差分型手轮的接线图如图 18-11 所示。

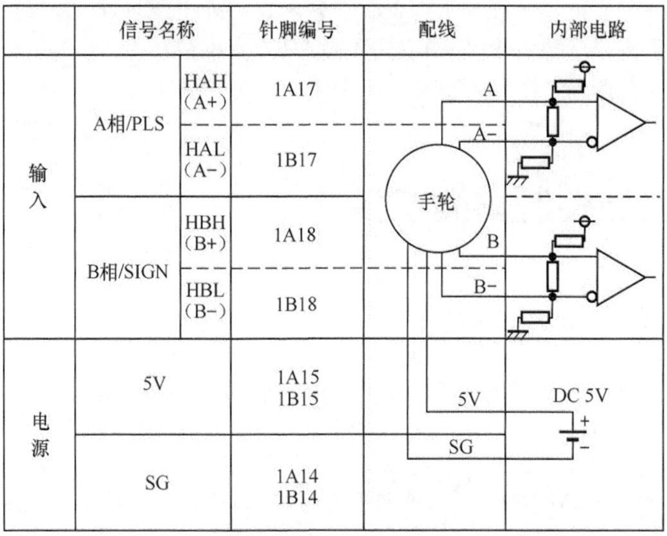

	信号名称		针脚编号	配线	内部电路
输入	A相/PLS	HAH (A+)	1A17		
		HAL (A−)	1B17		
	B相/SIGN	HBH (B+)	1A18		
		HBL (B−)	1B18		
电源	5V		1A15 1B15		
	SG		1A14 1B14		

图 18-11　差分型手轮接线图

1. 手轮使用的电源

手轮本身没有电源，要使用主设备提供的电源，或者使用外部电源。手轮接在运动控制器上，就由运动控制器提供电源。运动控制器提供的是 DC5V 电源。1A15、1A14 就是电源+5V和 SG 端。

2. 各接线端子的说明

① 电源 DC5V。

DC+——1A15

DC SG——1A14

② A 相。

A+——1A17（HAH）

A−——1B17（HAL）

③ B 相。

B+——1A18（HBH）

B−——1B18（HBL）

3. 注意事项

① 设置参数 Pr.89=0，差分型。

② 设置参数 Pr.24=*，选择手轮脉冲方式。

③ 如果使用外部 DC5V 电源，不能接在运动控制器电源端子。必须使用稳压电源。

18.3.4　集电极开路型手轮的连接

集电极开路型手轮的接线图如图 18-12 所示。

	信号名称		针脚编号	配线	内部电路
输入	A相/PLS	HA(A)	1B19	手轮	
	B相/SIGN	HB(B)	1B20		
电源	5V		1A15 1B15		DC 5V
	SG		1A14 1B14		

图 18-12　集电极开路型手轮接线图

1. 各接线端子的说明

① 电源 DC5V。

DC+——1A15

DC SG——1A14

② A 相——1B19（HA）。

③ B 相——1B20（HB）。

2. 注意事项

① 设置参数 Pr.89=1，集电极开路型。

② 设置参数 Pr.24=*，选择手轮脉冲方式。

③ 如果使用外部 DC5V 电源，不能接在运动控制器电源端子。必须使用稳压电源。

18.3.5　接线示例

1. 差分型手轮接线

差分型手轮接线图如图 18-13 所示。

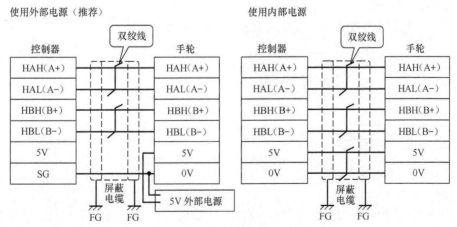

图 18-13　差分型手轮接线图

（1）推荐使用外部电源。

（2）必须使用双绞线以防止干扰。

（3）如果出现手轮情况不稳定，需要采取抗干扰措施。

2. 集电极开路型手轮接线

集电极开路型手轮接线图如图 18-14 所示。

（1）推荐使用外部电源。

（2）必须使用双绞线以防止干扰。

（3）必须连接电源线以防止干扰。

（4）如果出现手轮情况不稳定，需要采取抗干扰措施。

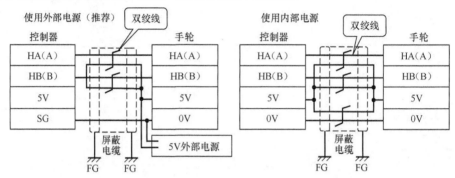

图 18-14   集电极开路型手轮接线图

18.4   手轮脉冲的移动量

1. 手轮 1 脉冲移动量

手轮执行定位控制时的进给当前值可通过下式计算。

$$进给当前值 = 输出脉冲数 \times 脉冲倍率 \times 手轮 1 脉冲移动量$$

每 1 脉冲的移动量可以通过下列计算公式计算。

每 1 脉冲的移动量 = 每转的移动量（AL）/ 每转的脉冲数（AP）× 单位倍率（AM）

2. 采用手轮进行的速度控制

采用手轮进行定位控制时的速度为根据单位时间的输入脉冲数的速度，可通过以下计算式计算。

$$输出指令频率 = 输入频率 \times 手动脉冲器 1 脉冲输入倍率$$

18.5   手轮运行执行步骤

18.5.1   基本步骤

手轮运行的基本步骤如图 18-15 所示。

手轮工作步骤如下。

（1）设置参数 Pr.1～Pr.24 及 Pr.89。可以在 GX Works2 软件中设置，也可在 PLC 梯形图程序中设置。

（2）编制有关手轮使能、脉冲倍率、轴选的 PLC 梯形图程序。

（3）将 PLC 程序写入控制器。

（4）摇动手轮，观察手轮运行方向、速度及 1 个脉冲的移动量（在 GX Works2 软件上监视运行）。

（5）退出手轮模式。

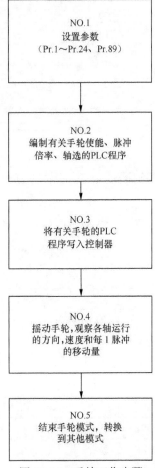

NO.1
设置参数
（Pr.1～Pr.24、Pr.89）

NO.2
编制有关手轮使能、脉冲倍率、轴选的PLC程序

NO.3
将有关手轮的PLC程序写入控制器

NO.4
摇动手轮,观察各轴运行的方向,速度和每 1 脉冲的移动量

NO.5
结束手轮模式,转换到其他模式

图 18-15 手轮工作步骤

18.5.2 手轮运行必须使用的参数

使用手轮，必须设置如表 18-4 所示的参数。其中 Pr.22 脉冲信号逻辑选择、Pr.24 手轮脉冲方式、Pr.89 手轮类型是最重要的参数。

表 18-4 手轮运行使用的参数

设置项目			设置内容
相关参数	Pr.1	单位	3（PLS）
	Pr.2	每转脉冲数（单位：PLS）	20000
	Pr.3	每转移动量（单位：PLS）	20000
	Pr.4	倍率	1
	Pr.8	速度限制值（单位：PLS/s）	200000

续表

设置项目		设置内容
相关参数	Pr.11	间隙补偿（单位：PLS）	0
	Pr.12	软限位上限（单位：PLS）	2147483647
	Pr.13	软限位下限（单位：PLS）	−2147483648
	Pr.14	软行程限制对象选择	0（进给当前值）
	Pr.15	软限位有效无效选择	0（有效）
	Pr.17	转矩限制值（单位：%）	300
	Pr.22	脉冲信号逻辑选择	0（负逻辑）
	Pr.24	手轮脉冲方式	0（A 相/B 相 4 倍频）
	Pr.89	手轮类型	0（差分型）

18.5.3 手轮运行启动条件

1. 启动条件

手轮模式作为一种工作模式，在运行之前需要具备一定的条件，如表 18-5 所示。

表 18-5 手轮运行启动条件

信号名称		信号状态		软元件（QD77 MS4）
内部接口信号	QPLC 就绪信号	ON	QPLC 准备完毕	Y0
	准备完毕信号	ON	运动控制器准备完毕	X0
	全部轴伺服 ON	ON	全部轴伺服 ON	Y1
	同步标志	ON	可以访问运动控制器缓存区	X1
	轴停止信号	OFF	轴停止信号 OFF 中	Y4～Y7
	启动完毕信号	OFF	启动完毕信号 OFF 中	X10～X13
	BUSY 信号	OFF	非工作状态	XC
	出错检测信号	OFF	无错误发生	X8～XB
	M 代码 ON 信号	OFF	无 M 指令	
外部信号	紧急停止信号	ON	无紧急停止指令	
	停止信号	OFF	无停止指令	
	上限位信号	ON	在行程范围内	
	下限位信号	ON	在行程范围内	

图 18-16 是手轮运行的时序图，在时序图中表明了各信号之间的关系。最重要的信号就是手轮使能信号。只有手轮使能=ON，手轮脉冲才生效。

2. 注意事项

（1）手轮运行速度不受参数 Pr.8 速度限制的限制。速度指令取决于来自手轮的输入。速度指令超过 62914560PLS/s 的情况下，将发生报警（报警编号：35）。

（2）如果手轮运行出现故障，排除故障后，要重新选择手轮模式，对 Cd.21 手轮使能进行 ON→OFF→ON 的操作。

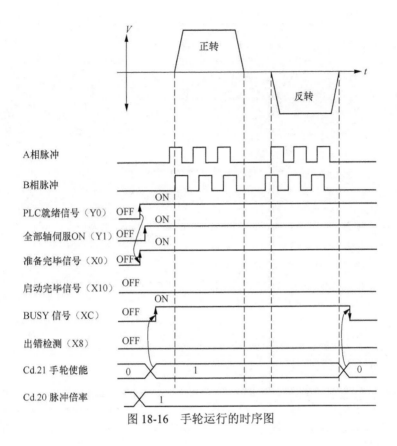

图 18-16 手轮运行的时序图

18.6 编制手轮运行的 PLC 程序

1. 设置手轮使能的 PLC 程序

设置手轮使能 PLC 程序说明如下。

Cd.21——手轮使能对应的缓存器是 1524（轴 1）、1624（轴 2）、1724（轴 3），所以图 18-17 是手轮轴选程序。即选择某一轴进入手轮使能状态。

（1）第 68 步至 81 步是轴 1 手轮使能有效。

（2）第 82 步至 95 步是轴 2 手轮使能有效。

（3）第 96 步至 109 步是轴 3 手轮使能有效。

（4）第 111 步以后是各轴手轮使能无效，即退出手轮模式。

2. 设置手轮脉冲倍率的 PLC 程序

Cd.20——手轮脉冲倍率对应的缓存器是 1522（轴 1）、1622（轴 2）、1722（轴 3），所以图 18-18 是设置手轮脉冲倍率程序。程序说明如下。

（1）第 123 步至 136 步是设置手轮脉冲倍率=1。

（2）第 137 步至 150 步是设置手轮脉冲倍率=10。

（3）第 151 步至 165 步是设置手轮脉冲倍率=100。

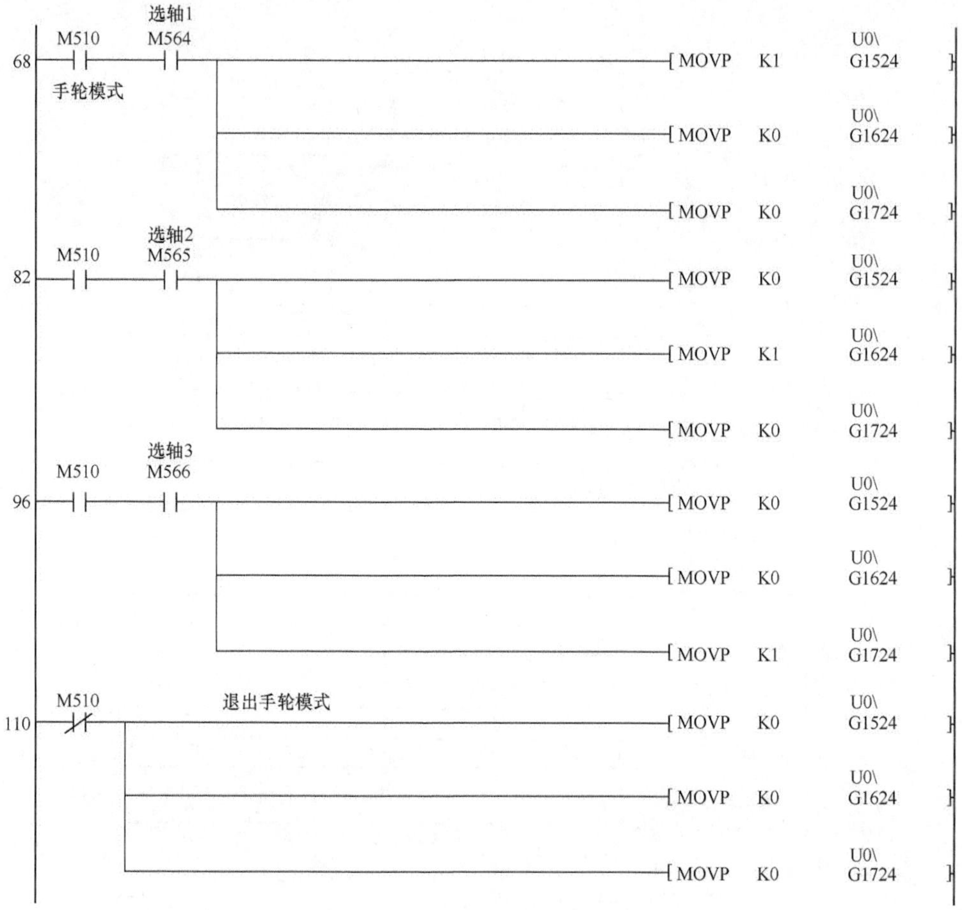

图 18-17　设置手轮使能的 PLC 程序

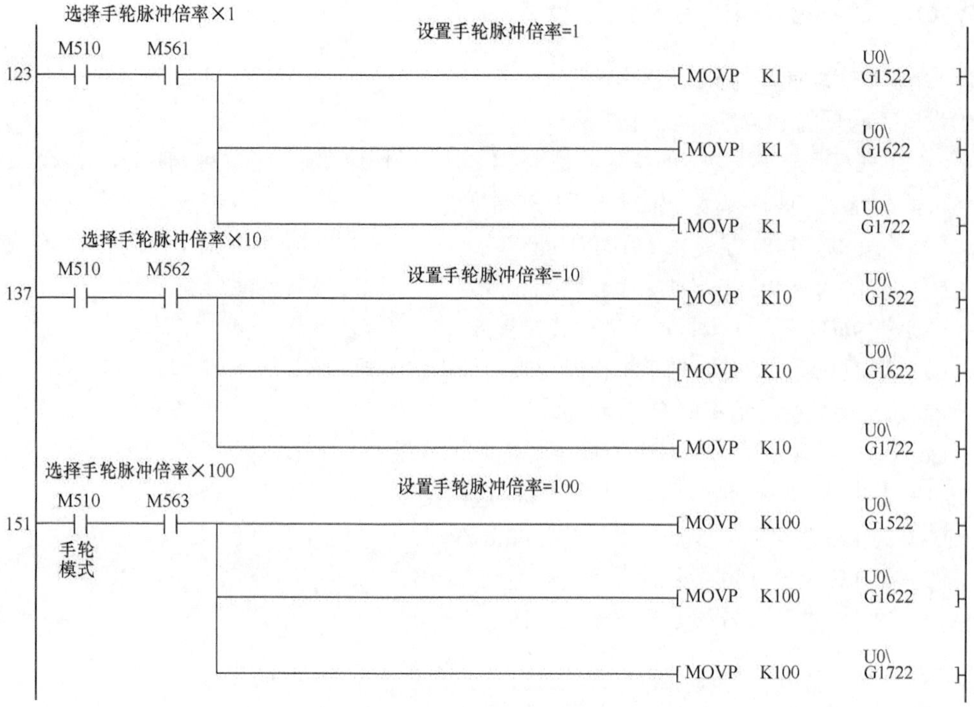

图 18-18　设置手轮脉冲倍率的 PLC 程序

18.7　思考题

（1）脉冲格式有几种类型？如何区分正反转脉冲？

（2）什么是脉冲的正逻辑、负逻辑？什么是 4 倍频？

（3）什么是手轮使能？如何选择手轮工作模式？

（4）什么是手轮脉冲倍率？手轮脉冲倍率与速度倍率有什么区别？

（5）手轮运行需要发出启动指令吗？

第 *19* 章

运动控制器的辅助功能

QD77 运动控制器具备丰富的运动控制功能，本章将学习其中常用且重要的功能，如原点移位调整、速度限制、转矩更改等，这些功能在实际工作机械中有时极为重要。

19.1 辅助功能一览表

QD77 运动控制器具备丰富的适用于运动控制机械的功能，正确地使用这些功能，可以达到事半功倍的效果。表 19-1 是辅助功能一览表。这些功能的具体应用将在后续章节中叙述。

表 19-1 辅助功能一览表

序号	功能		内容
1	回原点	任意位置回原点	可在任意位置回原点
2		原点调整移位	可对原点进行再调整
3	补偿	间隙补偿	对反向间隙进行补偿
4		调整电子齿轮比补偿行程误差	通过调整电子齿轮比补偿实际行程误差
5		执行连续轨迹减少振动	通过执行连续轨迹减少振动
6	限制	速度限制	设置速度限制值对速度进行限制
7		转矩限制	设置转矩限制值对转矩进行限制
8		软限位	用数值设置行程限位值
9		硬限位	用硬件开关做行程限位
10		急停	使用硬件急停开关
11	更改	速度更改功能	在运行中更改速度指令
12		速度倍率	设置速度百分数调节速度
13		转矩更改	在运行中更改转矩限制值
14		目标位置更改	在运行中更改定位目标值
15		加减速时间	在运行中修改加减速时间
16	绝对位置		使用绝对位置系统

19.2 回原点辅助功能

19.2.1 任意位置回原点功能

一般的回原点方法规定了工作台回原点的方向，如正向回原点。如果工作台已经在原点的另外一侧，就不能执行回原点操作。

任意位置回原点功能为无论工作台在任何位置，都能够执行回原点操作，如图 19-1 所示。

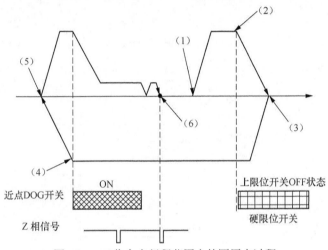

图 19-1　工作台在行程范围内的回原点过程

一、任意位置回原点的工作过程

工作台与原点的相对位置分为 3 种。

1. 工作台在上下限范围之内

如图 19-1 所示，工作台位于原点与上限位开关之间，回原点方向是正向，工作过程如下。

（1）工作台启动，正向运行。

（2）碰到上限位开关后，上限位开关=OFF，在此点位减速，减速到零。

（3）反向运行，一直运行到近点 DOG 开关在 OFF→ON→OFF 点（见图 19-1）开始减速。

（4）减速到零。

（5）执行正常回原点操作。

（6）到达原点。

2. 工作台在上下限范围之外

（1）工作台与原点的相对位置如图 19-2 所示，工作台已经在下限位开关之外，但执行回原点的方向与参数 Pr.44（回原点方向）相同，可执行常规回原点操作。

（2）工作台与原点的相对位置如图 19-3 所示，不能够直接按参数 Pr.44 规定的方向回原点。工作台位于上限位开关之外，而回原点方向是正向，其回原点工作过程如下。

① 工作台启动，负向运行。

② 负向运行，一直运行到近点 DOG 开关，在 OFF→ON→OFF 点（见图 19-3）开始减速。

③ 减速到零。

④ 执行正常回原点操作。

⑤ 到达原点。

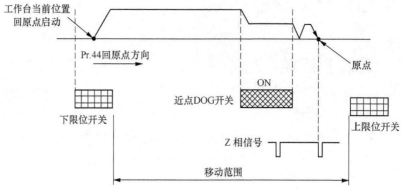

图 19-2　工作台与原点的位置可执行常规回原点操作

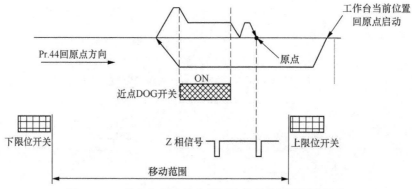

图 19-3　工作台与原点的位置不能执行常规回原点操作

二、停留时间

由于这种类型回原点有反向动作，为了使回原点的动作稳定，不引起机床振动，在运动换向点设置了停留时间。

如图 19-4 所示的 A 点、B 点是换向点，在 A 点、B 点暂停，时间由参数 Pr.57 设置。

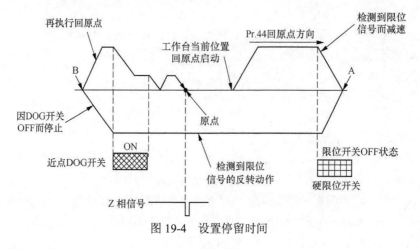

图 19-4　设置停留时间

三、注意事项

（1）根据 Pr.43 回原点方式参数设置，选择如下回原点方式时才能执行本功能。

- 近点 DOG 开关式
- 计数式 1
- 计数式 2

（2）上、下限位开关必须是硬件开关。

（3）不能使用上、下限位开关切断伺服驱动器的电源。

四、设置方法

Pr.48=1。（Pr.48——任意位置回原点功能。）

Pr.57=1。（Pr.57——停留时间。设置范围为 0～65535ms。）

19.2.2 原点移位调整功能

1. 功能

在实际运行中，可能受近点 DOG 开关安装位置的限制，使初次回原点后确立的原点不能满足要求。

原点移位调整功能是在初次回原点建立的原点基础上，再将原点移动一段距离，从而获得需要的原点。简而言之，就是初次原点+设置距离=实际原点，如图 19-5 所示。

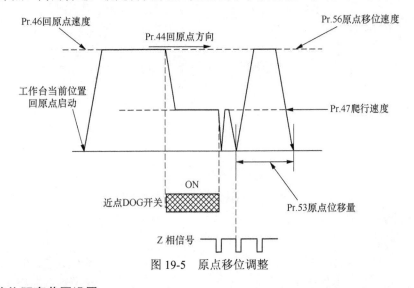

图 19-5 原点移位调整

2. 移位距离范围设置

原点移位量应在初次原点至限位行程内，如图 19-6 所示。

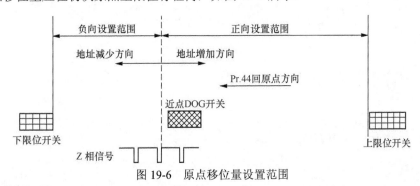

图 19-6 原点移位量设置范围

3. 原点移位速度设置

（1）与回原点速度相同。

原点移位速度可以与回原点速度相同，如图 19-7 所示。

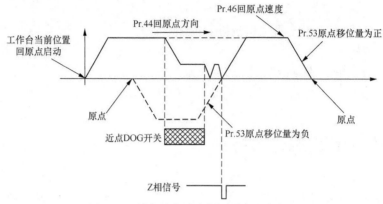

图 19-7　原点移位速度与回原点速度相同

（2）以爬行速度运行。

原点移位速度与爬行速度相同，如图 19-8 所示。

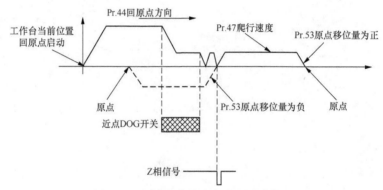

图 19-8　原点移位速度与爬行速度相同

4. 功能设置

设置参数如下。

① Pr.53——原点移位量。根据需要设置。

② Pr.56——原点移位速度。

Pr.56=0，选择 Pr.46 设置的回原点速度。

Pr.56=1，选择 Pr.47 设置的爬行速度。

需要对各轴分别进行设置。

19.3　用于补偿控制的功能

19.3.1　反向间隙补偿功能

1. 功能

所有的丝杠传动，其螺母与丝杠间都会存在间隙，如图 19-9 所示。如果机械反向运行时，这段间隙就会影响总的行程量，即实际行程小于指令行程，所以，必须对这段间隙进行补偿。简而言之，就是必须指令工作台多运行一段距离，这段距离就是间隙。

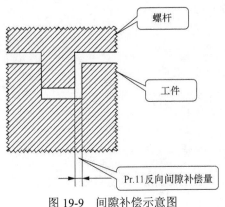

螺杆

工件

Pr.11反向间隙补偿量

图 19-9 间隙补偿示意图

2. 设置

设置参数 Pr.11——反向间隙补偿量。

3. 注意事项

（1）在回原点后，反向间隙补偿量生效。

（2）在移动方向改变时，控制器输出进给量和间隙补偿值。

（3）在速度模式和转矩模式，不执行间隙补偿。

（4）各轴分别设置。

19.3.2　行程补偿功能（调整电子齿轮比）

如果在实际运行中，实际行程和指令行程存在误差，可以通过调整电子齿轮比进行补偿。

1. 有关电子齿轮的参数

Pr.2——每转脉冲数（AP）。

Pr.3——每转机械移动量（AL）。

Pr.4——单位倍率（AM）。

2. 有关计算公式

（1）电子齿轮比计算公式。

$$电子齿轮比=AP/(AL×AM) \tag{1}$$

（2）误差补偿计算公式。

$$误差补偿量=指令移动量(L)/实际移动量(L') \tag{2}$$

（3）含误差补偿量的电子齿轮比。

含误差补偿量的电子齿轮比计算公式如下：

$$[AP/(AL×AM)]×[L/L']=AP'/(AL'×AM') \tag{3}$$

3. 计算样例

（1）条件。

每转脉冲数（AP）= 4194304PLS。

每转移动量（AL）= 5000.0μm。

倍率（AM）= 1。

（2）定位结果。

指令移动量（L）= 100mm。

实际移动量（L'）= 101mm。

（3）含补偿值的电子齿轮比计算。

[AP/（AL×AM）]×[L/L']

=[4194304/（5000.0×1）]×[100/101]

=4194304（AP'）/[5050（AL'）×1（AM'）]。

（4）设置新的电子齿轮比。

经过以上计算后，重新设置参数。

Pr.2——每转脉冲数（AP'）= 4194304。

Pr.3——每转移动量（AL'）= 5050.0。

Pr.4——倍率（AM'）= 1。

这样，就实现了对实际移动量的补偿。

19.3.3　连续轨迹运行的减振功能

在插补运行时，如果点与点之间相差过大，某一轴运行方向急速改变，就会引起机械振动。如果使用连续轨迹运行功能，运行轨迹不实际通过每一点，而是以一条圆滑的曲线轨迹连接两点，则不会引起振动，如图 19-10 所示。

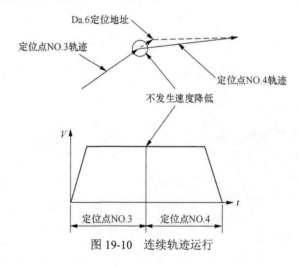

图 19-10　连续轨迹运行

19.4　限制功能

限制功能有速度限制功能、转矩限制功能、软限位功能、硬限位功能、紧急停止功能等。各功能通过参数设置及编制 PLC 程序执行。

19.4.1　速度限制功能

1. 功能

通过设置一个速度限制值，使运行速度被限制在速度限制值以下，这实际上是一种安全保护措施。

2. 速度限制功能与各运动模式之间的关系

速度限制功能在手动模式和自动模式下都有效。

3. 注意事项

（1）2～4 轴速度控制运行时，如果某 1 轴超过了 Pr.8 速度限制值，则该轴以速度限制值运行。其他轴以插补速度比例运行。

（2）2～4 轴直线插补、2～4 轴定长进给、2 轴圆弧插补时，基准轴速度超过 Pr.8 速度限制值时，基准轴以速度限制值运行。

4. 设置方法

设置下列参数。

Pr.8——速度限制值。

Pr.31——JOG 速度限制值。

19.4.2　转矩限制功能

1. 功能

转矩限制功能用于限制电机转矩，起保护作用。

2. 转矩限制功能与各运行模式的关系

转矩限制功能在回原点模式、自动模式、JOG 模式、手轮模式下都有效。转矩限制功能的动作时序图如图 19-11 所示。

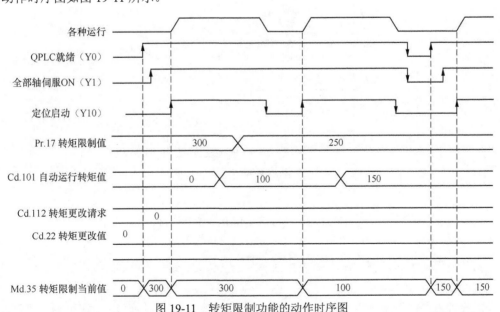

图 19-11　转矩限制功能的动作时序图

3. 说明

（1）Pr.17 是转矩限制值。Pr.17 的值是相对于伺服电机额定转矩的百分比，设置范围为 0%～1000%。Pr.17 是参数，设置后在运行中不易修改。

（2）Cd.101 是自动运行转矩限制值。Cd.101 的值也是额定转矩的百分比，可以通过编制 PLC 程序设置及修改。在自动运行并需要经常修改各轴的转矩限制值时，使用 Cd.101。

（3）Pr.17 与 Cd.101 的关系如下。

① 如果不使用 Cd.101（Cd.101=0），则控制器使用 Pr.17 设置的转矩限制值。

② 如果经常要修改转矩限制值，则使用 Cd.101。

每次轴定位启动（Y10=ON），控制器就检查 Cd.101，以 Cd.101 的值作为转矩限制值。如果 Cd.101=0 或者 Cd.101 的值超出 Pr.17 设置值，就使用 Pr.17 设置值。

③ 在启动信号（Y10）的上升沿，Pr.17 设置值或者 Cd.101 的值生效。各种工作模式下，伺服电机的转矩都受到转矩限制值的限制。

4. 设置方法

（1）使用转矩限制功能时，设置如下参数。

参数 Pr.17——转矩限制值。

参数 Pr.54——回原点转矩限制值（即回原点爬行速度时的转矩限制值）。

（2）设置的内容在就绪信号（Y0）的上升沿（OFF→ON）处生效。

5. 监视

设置的转矩限制值在被发送到伺服驱动器的同时，也被设置到 Md.35 转矩限制储存值和 Md.120 反转转矩限制储存值中。

编制 PLC 程序读出 Md.35 的值，可以监视当前使用的转矩限制值，如图 19-12 所示。

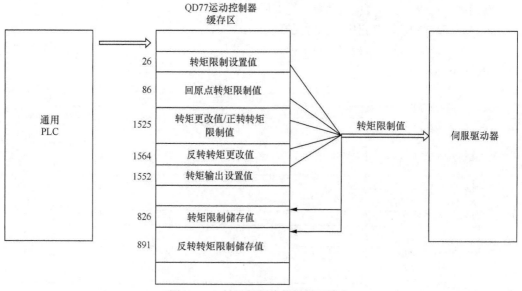

图 19-12 转矩限制值的设置及读出

6. 注意事项

（1）使用 Pr.17 转矩限制值进行转矩限制时，应确认 Cd.22 转矩更改值、Cd.113 反转转矩更改值被设置为 "0"。

若设置为 "0" 以外，则 Cd.22 或 Cd.113 所设置的值生效，以转矩更改值进行转矩限制。

（2）Pr.54 回原点转矩限制值超过 Pr.17 转矩限制值时，会发生报警。

（3）电机因转矩限制而停止时，偏差计数器中将会有滞留脉冲。若除去负载转矩，则伺服电机会根据滞留脉冲量动作。要特别注意电机可能会在除去负载转矩的瞬间突然运动，造成安全事故。

19.4.3 软限位

1. 定义
使用参数设置行程范围的限制界限就是软限位，如图 19-13 所示。

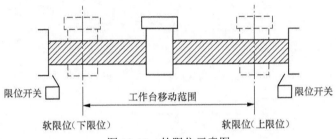

图 19-13 软限位示意图

2. 软限位限制的对象
表示工作台的行程有两种坐标系。

① Md.20——进给当前值，这是相对值。进给当前值是可以任意设置的。

② Md.21——机床坐标值，这是绝对值。原点是机床原点。

软限位与 Md.20 进给当前值和 Md.21 机床坐标值的关系如图 19-14、图 19-15 所示。

3. 样例
当前的停止位置为 2000，设置上限位为 5000，如图 19-14 所示。

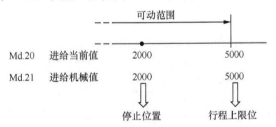

图 19-14 进给当前值与软限位

如果改设 Md.20=1000，则改变如下。

① 以 Md.21 机床坐标值设置上限位，如图 19-15 所示，Md.20 的行程上限=4000。机床的绝对行程范围没有变化，但当前 Md.20 值改变了。

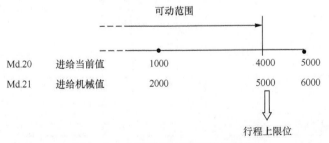

图 19-15 以机床坐标值设置软限位

② 以 Md.20 进给当前值设置上限位，如图 19-16 所示，Md.21 的行程上限=6000，机床的绝对行程范围改变了。

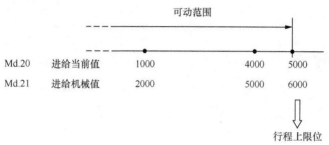

图 19-16 以进给当前值设置软限位

4. 软限位与工作模式的关系

软限位在回原点模式、自动模式、JOG 模式、手轮模式下都有效。

5. 注意事项

（1）必须先执行完成回原点，软限位功能才生效。

（2）插补运行时，对基准轴和插补轴的全部当前值进行限位检查，如果有任意一轴超出软限位，则所有轴不能启动。

（3）圆弧插补时，在运行中如果超出软限位，不减速停止。必须在外部配置限位开关，如图 19-17 所示。

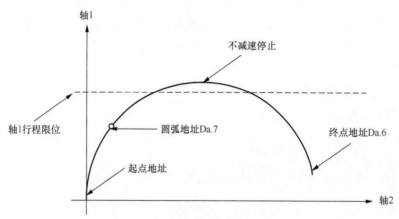

图 19-17 圆弧插补与软限位的关系

6. 设置方法

设置参数如表 19-2 所示，设置参数在就绪信号（Y0）上升沿（OFF→ON）时生效。

表 19-2 与软限位相关的参数

设置项目		设置内容	出厂值
Pr.12	软限位上限	设置行程范围上限	
Pr.13	软限位下限	设置行程范围下限	
Pr.14	软限位限制对象	设置限制对象是 Md.20（当前值），还是 Md.21（机床坐标值）	0：以 Md.20（当前值）为对象
Pr.15	软限位有效/无效	设置软限位有效/无效	0：有效

7. 控制单位为度（deg）时的设置

（1）当前值的地址。

Md.20 进给当前值的地址为 0～359.9999° 的环形地址，如图 19-18 所示。

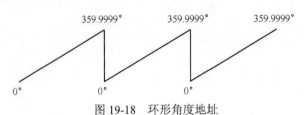

图 19-18　环形角度地址

（2）软限位的设置。

软限位的上限值/下限值为 0～359.9999°。

按顺时针方向设置软限位的下限值→上限值，如图 19-19 所示。

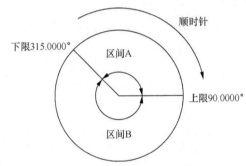

图 19-19　按顺时针方向设置下限位/上限位

① 区间 A 设置如下。

下限位=315.0000°。

上限位=90.0000°。

② 区间 B 设置如下。

下限位=90.0000°。

上限位=315.0000°。

19.4.4　硬限位

1. 定义

使用硬件开关作为行程限位信号，即硬限位。

注意　进行硬限位开关配线时，必须以负逻辑进行配线，使用常闭触点！如果设置为正逻辑并使用常开触点，有可能导致发生重大事故。

----

2. 硬限位开关的安装位置

（1）装在运动控制器外接信号端。

在运动控制器的外接插口信号端子排中，有专门的上限位/下限位端子，可将硬限位开关接在上限位/下限位上，如图 19-20 所示。

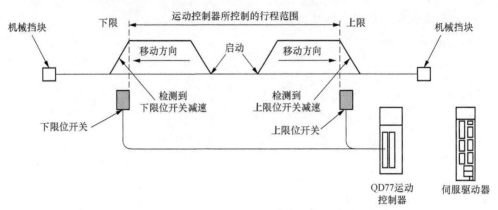

图 19-20　硬限位开关接在运动控制器的外接信号端

（2）装在伺服驱动器外接信号端。

在伺服驱动器的外接插口信号端子排中，有专门的上限位/下限位端子，可将硬限位开关接在上限位/下限位上，如图 19-21 所示。伺服驱动器通过总线与运动控制器通信。

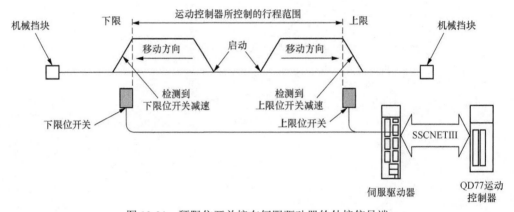

图 19-21　硬限位开关接在伺服驱动器的外接信号端

（3）装在 QPLC 外接信号端。

可将硬限位开关接在 QPLC 的输入信号端子上，如图 19-22 所示。编制 PLC 程序，使该输入信号起到限位开关的作用。

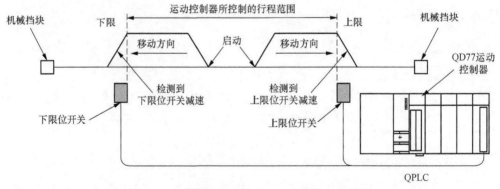

图 19-22　硬限位开关接在 QPLC 的输入信号端

3. 硬限位开关配线

如图 19-23 所示，对 QD77 伺服驱动器的上/下限位端子进行配线。不区分 DC24V+/−。

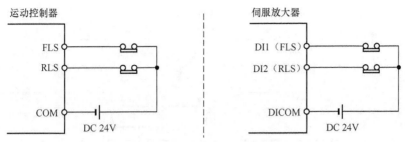

图 19-23　硬限位开关配线

4. 注意事项

（1）如果工作台超出硬限位行程而停止，必须使用 JOG、微动运行或手轮运行将工作台移动回行程范围内。

（2）Pr.22 输入信号逻辑选择为初始值的情况下，FLS（上限限位信号）与 DICOM 之间、RLS（下限限位信号）与 DICOM 之间处于开路状态时（也包括未配线的情况），为报警状态，不能进行正常运行。

5. 不使用硬限位开关

（1）不使用硬限位开关时，应按图 19-24 所示进行配线。不区分 DC24V+/−。初始设置为负逻辑，由于图 19-24 显示为一直高电平，所以硬限位不起作用。

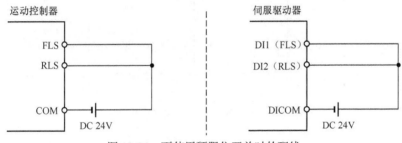

图 19-24　不使用硬限位开关时的配线

（2）在 Pr.22 输入信号逻辑选择中将 FLS 和 RLS 的逻辑设置为正逻辑，则无须配线。

19.4.5　紧急停止功能

1. 定义

通过输入信号，对伺服驱动器的全部轴执行停止的功能。

（1）进行急停配线，必须以负逻辑进行配线，使用常闭触点。急停开关=OFF，急停生效。

（2）将参数 Pr.82 急停有效/无效设置为"1——无效"时，必须使用伺服驱动器的强制停止安全电路，以确保整个系统的安全运行。

2. 急停的功能

在急停信号生效时，各种运行模式立即停止，如图 19-25 所示。注意急停信号在低电平生效。

3. 急停的配线

按图 19-26 所示对急停开关进行配线。无须区分 DC24V+/−。

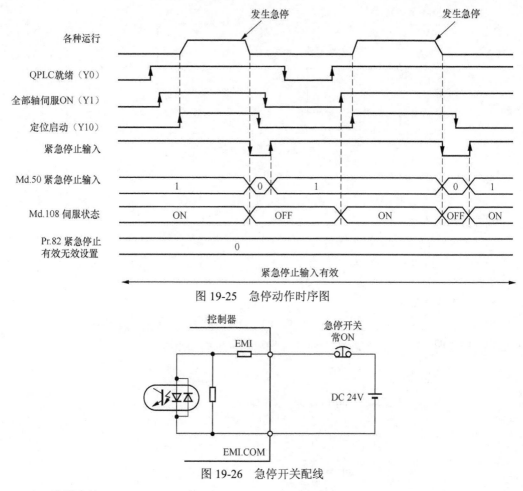

图 19-25　急停动作时序图

图 19-26　急停开关配线

4. 设置方法

使用急停功能时，设置 Pr.82=0，如表 19-3 所示。设置内容在 QPLC 就绪（Y0）上升沿（OFF →ON）时生效。

表 19-3　急停参数设置

设置项目		设置内容	QD77 缓存器
Pr.82	急停有效/无效	Pr.82=0，有效 Pr.82=1，无效	35

19.5　更改控制内容的功能

19.5.1　速度更改功能

1. 定义

速度更改功能是在任意时刻将原速度更改为新设置速度的功能。

新设置速度直接设置到缓存器中，并根据速度更改指令（Cd.15）或者外部指令信号执行速度更改，如图 19-27 所示。但回原点时，到达爬行速度后不能进行速度更改。

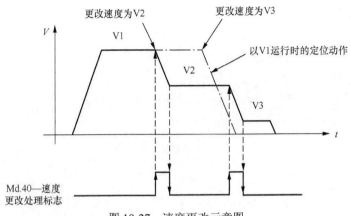

图 19-27　速度更改示意图

2. 通过编制 PLC 程序执行速度更改的方法

样例：将速度更改为 20.00mm/min。

（1）设置如表 19-4 所示的数据。

表 19-4　速度更改参数设置

设置项目		设置值	设置内容	QD77 缓存器
Cd.14	速度更改值	2000	设置更改后的速度	1514+100n
Cd.15	速度更改指令	1	执行更改速度	1516+100n

（2）速度更改的动作时序。

图 19-28 是速度更改的动作时序图。注意：要按以下步骤执行。

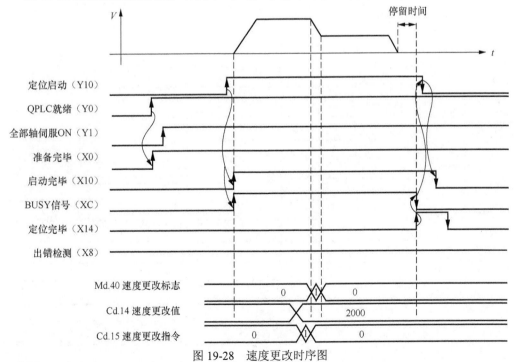

图 19-28　速度更改时序图

① 设置新速度数值——Cd.14 速度更改值。

② 发出速度更改指令——Cd.15 速度更改指令。

3. PLC 程序

参见第 20 章。

4. 使用外部指令信号执行速度更改的方法

可以使用外部指令信号执行速度更改。

样例：使用外部指令信号更改轴 1 速度为 10000.00mm/min。

（1）设置如表 19-5 所示的数据。

表 19-5　速度更改设置样例

设置项目		设置值	设置内容	QD77 缓存器
Pr.42	外部指令功能选择	1	请求使用外部信号更改速度	62+150n
Cd.8	外部指令有效	1	使外部指令有效	1505+100n
Cd.14	速度更改值	1000000	设置更改后的速度	1514+100n 1515+100n

（2）时序图。

图 19-29 是使用外部指令信号执行速度更改的时序图。注意设置如下参数。

① Pr.42=1。

② Cd.8=1。

③ Cd.14=1000000。

注意图 19-29 中使速度更改生效的信号是外部信号。只要外部信号=ON，就直接执行速度更改，不需要通过 PLC 程序起作用。

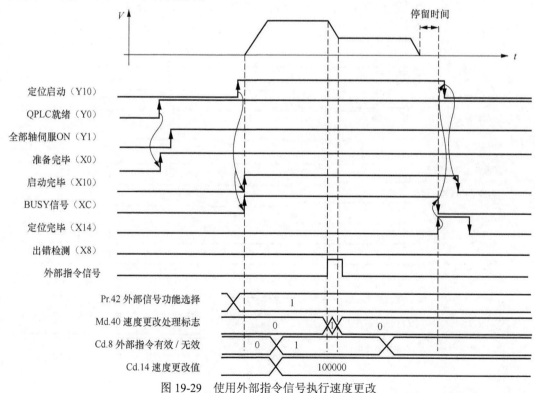

图 19-29　使用外部指令信号执行速度更改

19.5.2　速度倍率调节功能

1. 定义

速度倍率就是速度的百分数，用于调节运行速度。如图 19-30 所示，不断改变速度倍率，实际运行速度也不断变化。

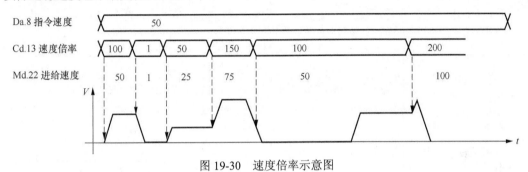

图 19-30　速度倍率示意图

2. 设置方法

样例：将轴 1 的速度倍率值设置为 200%，如表 19-6 所示，实际就是设置 Cd.13 的数值。

表 19-6　设置速度倍率

设置项目		设置值	设置内容	QD77 缓存器
Cd.13	速度倍率	200	速度的百分比	1513+100n

如图 19-31 所示，在实际运行中，设置速度倍率 Cd.13=200，运行速度就改变为原来速度的 200%。这是所有运动控制系统都具备的功能。

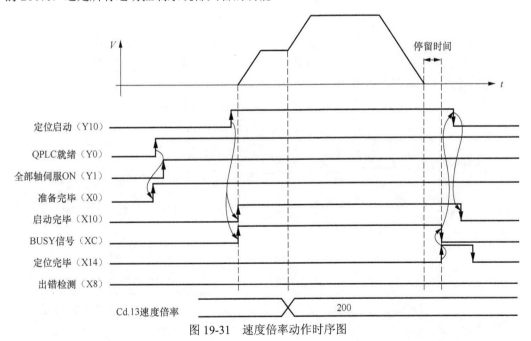

图 19-31　速度倍率动作时序图

3. PLC 程序

相关的 PLC 程序参见 20.4.7 小节。

19.5.3 转矩更改功能

1. 定义

转矩更改功能是更改运行中的转矩限制值。

转矩限制值由参数 Pr.17 转矩限制值或 Cd.101 转矩输出值设置。如果在运行过程中还需要更改转矩限制值，就使用转矩更改功能。转矩更改功能有两种，如表 19-7 所示。

表 19-7　转矩更改功能

转矩更改功能	设置项目		
	转矩更改指令 Cd.112	转矩更改值 Cd.22、Cd.113	
正转和反转转矩限制值相同	0	Cd.22	转矩更改值/正转转矩更改值
		Cd.113	无效
正转和反转转矩限制值不同	1	Cd.22	转矩更改值/正转转矩更改值
		Cd.113	反转转矩更改值

2. 执行

（1）转矩值（正转转矩限制值、反转转矩限制值）可随时更改，在写入转矩更改值的情况下，以更改后的值进行转矩控制。

（2）在定位启动信号（Y10）的上升沿（OFF→ON），转矩更改值（Cd.22、Cd.113）被清零。通过编制 PLC 程序在工艺要求的时间点写入（Cd.22、Cd.113）。

（3）转矩更改值的设置范围为 0～Pr.17 转矩限制值。

（4）根据转矩更改值更改转矩限制值。

（5）转矩更改值为"0"时，不执行转矩更改。

（6）转矩更改值＞转矩限制值时，转矩更改值有效。

（7）可以设置正转转矩更改值与反转转矩更改值相同，也可以设置正转转矩更改值与反转转矩更改值不同。图 19-32 是正转转矩更改值与反转转矩更改值相同的时序图，注意 Cd.112=0，所以以 Cd.22 的值为正转和反转时的转矩更改值。

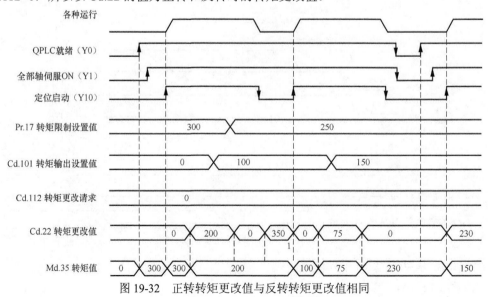

图 19-32　正转转矩更改值与反转转矩更改值相同

图 19-33 是正转转矩更改值与反转转矩更改值不同的时序图，注意 Cd.112=1，所以 Cd.22 为正转转矩更改值，Cd.113 为反转转矩更改值。

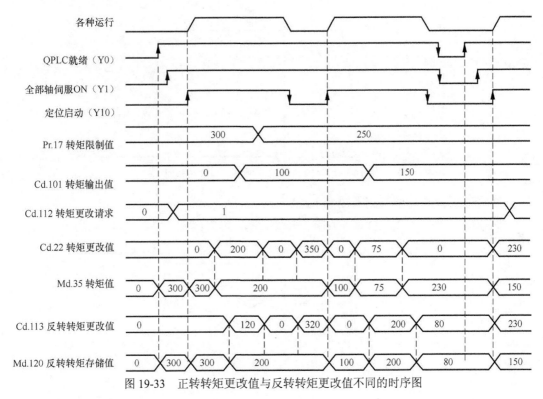

图 19-33　正转转矩更改值与反转转矩更改值不同的时序图

3. 设置方法

使用转矩更改功能时，按表 19-8 所示进行设置。设置的内容写入控制器后生效。

表 19-8　转矩更改功能设置内容

	设置项目	设置值	设置内容	QD77 缓存器
Cd.112	正转和反转矩限制值是否相同	0：相同 1：不同	设置正反转矩限制值是否相同	1563+100n
Cd.22	转矩更改值/正转转矩更改值		设置范围：0～Pr.17 转矩限制值	1525+100n
Cd.113	反转转矩更改值		设置范围：0～Pr.17 转矩限制值	1564+100n

19.5.4　目标位置更改功能

1. 定义

目标位置更改功能是在任意时刻将位置控制中（1 轴直线控制）的目标位置更改为新指定的目标位置的功能。此外，更改目标位置的同时，也可以进行指令速度的更改。

更改后的目标位置以及指令速度直接设置到缓存器中，然后，根据 Cd.29 目标位置更改指令，执行目标位置更改。其执行过程如图 19-34 所示。

目标位置更改有以下几种类型。

（1）更改后的目标地址＞定位地址。

在图 19-34 中，更改后的目标地址＞定位地址。

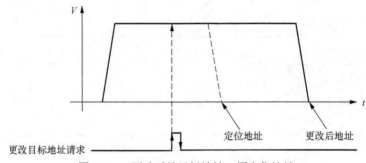

图 19-34　更改后的目标地址＞原定位地址

（2）更改目标位置的同时更改指令速度。

在图 19-35 中，更改目标位置的同时更改指令速度。

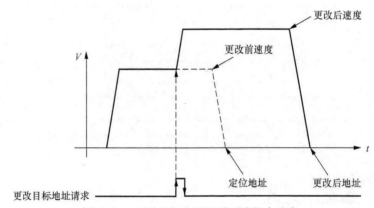

图 19-35　更改目标位置同时更改指令速度

（3）更改后的目标地址＜定位地址。

在图 19-36 中，更改后的目标地址＜定位地址。

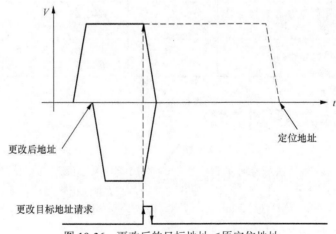

图 19-36　更改后的目标地址＜原定位地址

2. 设置样例

将目标位置更改为 300.0μm，将指令速度更改为 10000.00mm/min。

（1）按表 19-9 所示进行设置。

表 19-9　目标位置更改设置内容

设置项目		设置值	设置内容	QD77 缓存器
Cd.27	目标位置更改值（地址）	3000	设置更改后的目标地址	1534+100n 1535+100n
Cd.28	目标位置更改值（速度）	1000000	设置更改后的速度	1536+100n 1537+100n
Cd.29	目标位置更改指令	1	执行目标位置更改	1538+100n

（2）时序图。

目标位置更改时序图如图 19-37 所示。注意以下几点。

① 目标位置更改是在自动运行过程中完成的。

② 目标位置更改指令是一个点动型指令。

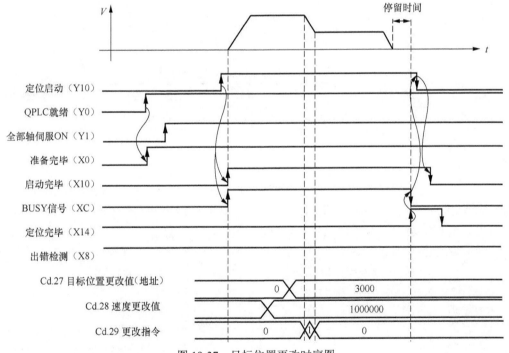

图 19-37　目标位置更改时序图

19.6　绝对位置系统

1. 定义

绝对位置检测系统指机床原点自建立之后，机床原点数据由伺服驱动器的电池保存，在工作期间一直保持不变，不用每次机床断电后重新执行回原点操作。

绝对位置检测系统必须使用带有绝对位置检测功能的伺服驱动器、伺服电机编码器和用于保存原点位置的电池。

绝对位置检测系统的构成原理如图 19-38 所示。注意其中的绝对位置编码器和电池。

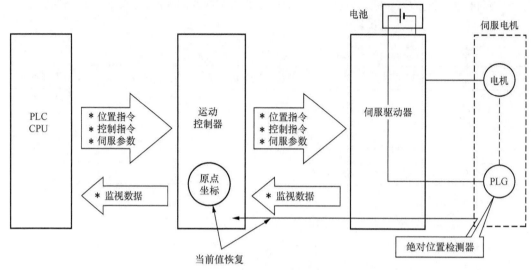

图 19-38　绝对位置检测系统的构成原理

2. 设置

设置伺服参数绝对位置检测系统（PA03=1）如表 19-10 所示。

表 19-10　绝对位置检测系统参数设置

设置项目		设置值	设置内容	QD77 缓存器
PA03	绝对位置检测系统	1	绝对位置检测系统有效	30103+200n

3. 设置原点

在绝对位置检测系统中，可以通过数据式、近点 DOG 式、计数式执行回原点操作。

数据式设置原点是手动运行（JOG/手轮）移动工作台至预期原点位置后，设置原点的方式。如图 19-39 所示，设置方法如下。

（1）设置 Pr.43=6，选择数据式设置原点。

（2）设置 Cd.3=9001，进入回原点模式。

（3）移动工作台至预期原点位置。

（4）发出启动信号 Y10（轴 1）。

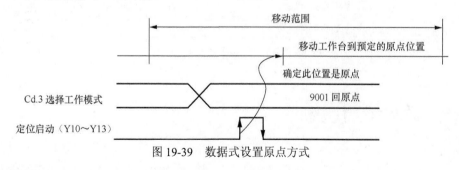

图 19-39　数据式设置原点方式

回原点完成，工作台停止位置就是原点。

19.7 其他功能

19.7.1 单步运行

1. 定义

单步运行功能就是每次启动指令只能使运动程序前进一步。这是程序调试时常用的功能。单步运行功能分两种类型。

（1）如果一组定位点是连续运行的，则停止位置在这组定位点出现减速的位置（定位数据为"01"），如图 19-40 所示。

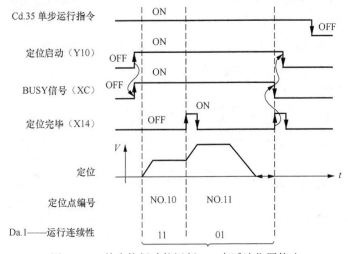

图 19-40 单步执行功能运行——在减速位置停止

注意 NO.10 和 NO.11 这两个定位点之间是连续运行的，没有减速发生，在 NO.11 才发生减速，所以这种类型，在 NO.10 不停止，而只在 NO.11 点停止。

（2）每一个定位点都停止，如图 19-41 所示。

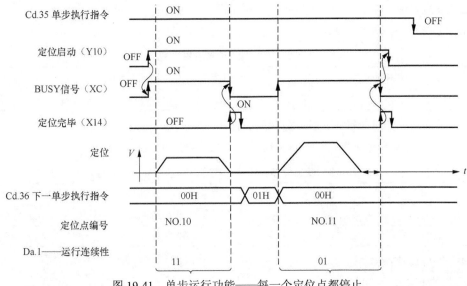

图 19-41 单步运行功能——每一个定位点都停止

2. 设置

设置内容如表 19-11 所示。

表 19-11　单步执行设置数据

设置项目		设置值	设置内容	QD77 缓存器
Cd.34	单步模式选择	1	0：减速点停止 1：每点停止	1544+100n
Cd.35	单步运行指令	1	执行单步动作	1545+100n
Cd.36	下一单步执行指令	1	下一步继续执行单步运行	1546+100n

19.7.2　中断跳越功能

1. 定义

如果在执行正常的自动程序时，出现某些特殊情况，要求中断当前正在执行的程序段，转而执行下一段程序，这就是中断跳越功能。

中断跳越功能是使用跳越指令（Cd.37）或者外部指令信号执行。

中断跳越功能的说明如图 19-42 所示。注意中断跳越信号的发出时间点。

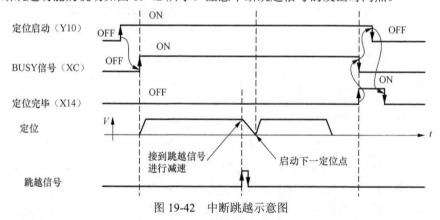

图 19-42　中断跳越示意图

2. 设置方法

设置内容如表 19-12 所示。

表 19-12　中断跳越设置内容

设置项目		设置值	设置内容	QD77 缓存器
Cd.37	跳越指令	1	跳过请求	1547+100n

3. 使用了外部指令信号执行跳越功能方法

可以使用外部指令信号执行跳越功能。设置内容如表 19-13 所示。

表 19-13　使用外部指令信号执行跳越功能的设置内容

设置项目		设置值	设置内容	QD77 缓存器
Pr.42	外部指令功能选择	3	跳越请求	62+150n
Cd.8	外部指令有效	1	使外部指令生效	1505+100n

4. PLC 程序编制

相关的 PLC 程序参见 20.4.9 小节。

19.7.3　M 指令

1. 定义

M 指令是辅助功能（相当于在运动程序中发出一个开关量信号）。通过在运动程序中发出 M 指令，发出的 M 指令可以由 PLC 程序读出，再由 PLC 程序驱动外围设备。

使用 M 指令有 3 大要领：

（1）在运动程序的适当位置发出 M 指令；

（2）由 PLC 程序读出 M 指令，并驱动外围设备；

（3）由 PLC 程序监视 M 指令驱动对象是否完成（完成条件）。如果 M 指令完成了规定的功能，就由 PLC 程序通知运动程序，执行下一步。

2. M 指令的输出时机

M 指令输出时机有如下所示的 WITH 模式与 AFTER 模式两种类型。

（1）同时（WITH）模式。

在定位启动的同时将 M 指令选通信号置为 ON，并在 Md.25 中存储 M 指令，所以称为同时模式，如图 19-43 所示。

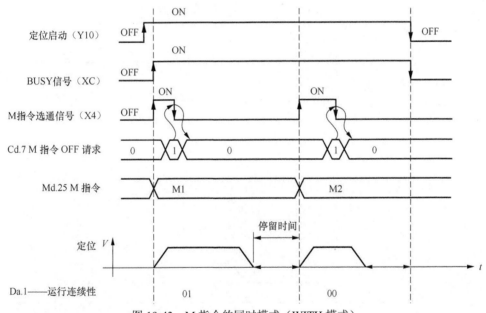

图 19-43　M 指令的同时模式（WITH 模式）

（2）后发（AFTER）模式。

在定位完毕时输出 M 指令，并在 Md.25 中存储 M 指令。由于是在定位运动完成后再输出 M 指令，所以称为后发模式，如图 19-44 所示。

3. M 指令执行完成条件

当 M 指令已经完成了其驱动对象的工作（如开冷却液指令——冷却电磁阀已经为 ON），需要指令运动程序走下一步。这时就发出 Cd.7 M 指令 OFF 请求=1 指令，表示 M 指令执行完毕，可以执行下一定位点动作，如图 19-45 所示。

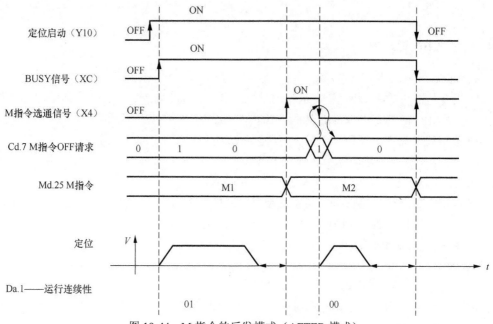

图 19-44　M 指令的后发模式（AFTER 模式）

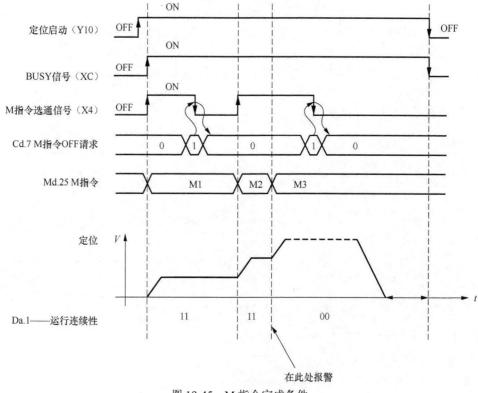

图 19-45　M 指令完成条件

4．M 指令的使用方法

（1）在定位数据 Da.10 中设置 M 指令编号。

（2）设置输出 M 指令的模式（WITH 或 AFTER 模式）。如表 19-14 所示，设置的内容在就绪信号（Y0）的上升沿（OFF→ON）时生效。

表 19-14 M 指令设置内容

设置项目		设置内容	QD77 缓存器
Pr.18	M 指令输出时序	0：与运动指令同时输出（WITH） 1：在运动指令执行完毕后输出 （AFTER）	27+150n

（3）M 指令的读取。

在 M 指令选通信号=ON 时，M 指令将被存储到表 19-15 所示的缓存器中。

表 19-15 储存当前发出的 M 指令

监视项目		储存内容	QD77 缓存器
Md.25	有效 M 指令	M 指令	808+100n

通过编制 PLC 程序，可以读出 Md.25 内的数值，并用 M 指令驱动相关的对象。

5. PLC 程序

相关的 PLC 程序参见 20.4.6 小节。

19.7.4 示教功能

1. 定义

示教功能是将手动定位的工作台地址设置到某定位点的地址（Da.6 定位地址）中。

2. 示教动作

（1）示教时间段，在 BUSY 信号=OFF 时可执行示教。

（2）可示教的地址。

可示教的地址为进给当前值（Md.20）。将进给当前值设置到定位点数据的 Da.6 中。

3. 注意事项

（1）在执行示教之前需要预先执行回原点，建立原点。

（2）对于无法通过手动移动到达的位置（工件无法移动的物理位置），不能执行示教。

4. 示教中使用的数据

示教中使用的数据如表 19-16 所示。

表 19-16 示教中使用的数据

设置项目		设置内容	QD77 缓存器
Cd.1	闪存写入请求	将设置的内容写入闪存（备份更改的数据）	1900
Cd.38	示教数据选择	0：将进给当前值写入 Da.6 1：将进给当前值写入 Da.7	1548+100n
Cd.39	示教定位点编号	设置示教数据写入的定位点编号	1549+100n

5. 示教工作流程

示教工作流程如图 19-46 所示。

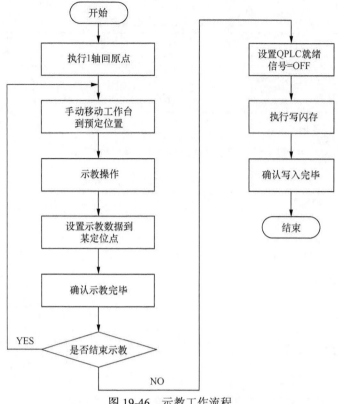

图 19-46　示教工作流程

6. 示教样例

（1）设置时间点。

在 BUSY 信号=OFF 时执行示教写入。

（2）示教工作时序图如图 19-47 所示。

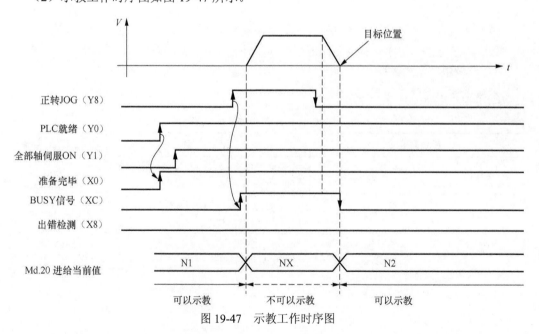

图 19-47　示教工作时序图

① 通过 JOG 运行移动工作台到达目标位置。

② 设置 Cd.38=1。

③ 设置 Cd.39=10，示教数据设置到 NO.10 点。

④ 执行示教。

⑤ 执行写闪存。

7. PLC 程序

PLC 程序参见 20.4.10 小节。

19.8 思考题

（1）什么是任意位置回原点功能？当工作台超出行程开关限位范围之后，还能够执行回原点吗？

（2）如何调整电子齿轮比实现行程误差补偿？

（3）如何在工作过程中更改转矩限制值？

（4）什么是单步运行？如何实现单步运行？

（5）如何使用 M 指令启动外围设备？如何判断 M 指令执行完毕？

第 20 章

PLC 程序编制

编制 PLC 程序是对运动控制器进行控制的最重要的工作。

本章详细介绍了 PLC 程序的结构，对各部分的 PLC 程序提供了实用的案例及说明。

20.1 为什么要编制 PLC 程序

运动控制器作为一个智能模块安装在 QPLC 系统中，因此对运动控制器的控制指令是由 QPLC CPU 发出的。我们常见的在机床或流水线的操作台上的各种按键信号实际上是接入 QPLC CPU 的，流水线上其他部位的限位信号和检测信号也是接入 QPLC CPU 的。为了能够用这些信号指令运动控制器的动作，就需要编制 PLC 程序。PLC 程序可以设置参数和大量的定位数据，可以编制 JOG 运行、手轮运行、回原点运行、自动运行等各种动作程序，发出启动、停止等指令，所以，编制 PLC 程序是技术开发的核心技术。

20.2 编制 PLC 程序前的准备工作

1. 系统设置

如图 20-1 所示，运动控制器模块 QD77 作为一个智能模块安装在 QPLC CPU 模块的右侧第 1 个位置，当然也可以安装在其他位置。在本书中为方便叙述编程，规定使用的运动控制器模块为 QD77 MS4（4 轴控制模块），运动控制器模块 QD77 MS4 安装在 QPLC CPU 模块的右侧第 1 个位置。QPLC 的其他模块根据工作机械的需要配置。

2. 运动控制器模块占用的输入/输出信号

由于运动控制器模块安装在 QPLC CPU 模块右侧的第 1 个位置，是排在 QPLC CPU 模块右侧的第 1 个智能模块，所以按照 QPLC 的规定，运动控制器模块占用 32 点输入、32 点输出。具体分布：X00～X1F，Y00～Y1F。

X00～X1F：表示运动控制模块的工作状态。

Y00～Y1F：表示运动控制模块的功能。

由外部信号驱动这些功能，如表 20-1 所示。这些信号是通过基板总线与 QPLC CPU 通信的，所以无须接线。

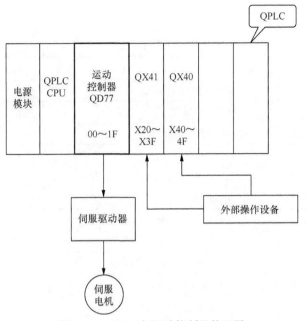

图 20-1 QPLC 与运动控制器的配置

表 20-1 指令（Y）与状态（X）接口

软元件				用途	ON 时的内容
轴 1	轴 2	轴 3	轴 4		
软元件 输入	X0				准备完毕	QD77 准备完毕
	X1				同步标志	可以访问 QD77 缓存区
	X4	X5	X6	X7	M 指令选通信号	M 指令输出中
	X8	X9	XA	XB	出错检测	检测到错误发生
	XC	XD	XE	XF	BUSY 信号	运行中信号
	X10	X11	X12	X13	启动完毕信号	启动完毕
	X14	X15	X16	X17	定位完毕信号	定位完毕
输出	Y0				QPLC CPU 就绪信号	QPLC CPU 准备完毕
	Y1				全部轴伺服 ON 指令	全部轴伺服 ON
	Y4	Y5	Y6	Y7	轴停止运行	轴停止运行指令
	Y8	Y9	YA	YB	正转 JOG 启动	正转 JOG 启动指令
	YC	YD	YE	YF	反转 JOG 启动	反转 JOG 启动指令
	Y10	Y11	Y12	Y13	自动启动	自动启动指令
	Y14	Y15	Y16	Y17	禁止执行	禁止执行指令

3. 可能使用的外部信号

系统安装如图 20-1 所示。QPLC 系统中布置有输入模块，专门用于接入外部信号，在图 20-1 中有两个输入模块，共计 64 点，可以满足一般工作机械的要求。如果不够，还可以增加输入/输出模块。这是 QPLC 的优势。

对输入模块的外部信号做了如表 20-2 所示的分配。这是编程前的预规划，是必须做的工作。特别注意：这些是外部信号，是根据不同机械的不同要求由设计者配置的，不是控制器系统固有的信号。

表 20-2 可能使用的外部输入信号

	软元件	用途
输入	X20	指令回原点请求=OFF
	X21	外部指令有效
	X22	外部指令无效
	X23	回原点指令
	X24	高速回原点指令
	X25	自动启动
	X26	速度—位置切换指令
	X27	允许速度—位置切换指令
	X28	禁止速度—位置切换指令
	X29	更改移动量指令
	X2A	高级定位控制启动指令
	X2B	定位启动指令
	X2C	M 指令完成
	X2D	设置 JOG 运行速度
	X2E	JOG 正转
	X2F	JOG 反转
	X30	允许手轮运行指令
	X31	禁止手轮运行指令
	X32	更改速度指令
	X33	设置速度倍率指令
	X34	更改加速时间指令
	X35	禁止更改加速时间指令
	X36	更改转矩指令
	X37	单步运行指令
	X38	跳越指令
	X39	示教指令
	X3A	连续运行中断指令
	X3B	重新启动指令
	X3C	参数初始化指令
	X3D	写闪存指令
	X3E	出错复位指令
	X3F	停止指令
	X40	位置—速度切换指令
	X41	允许位置—速度切换指令
	X42	禁止位置—速度切换指令
	X43	更改速度指令

软元件		用途
输入	X44	设置微移动量指令
	X45	更改目标位置指令
	X46	连续单步指令
	X47	定位启动×10 指令
	X48	设置速度倍率初始值指令
	X49	
	X4A	更改当前值指令
	X4B	PLC 就绪 ON 指令
	X4C	
	X4D	使用 DEG 单位
	X4E	定位启动
	X4F	全部轴伺服 ON

说明:

（1）这些信号都需要实际接线接入到输入模块的接线端子上。这些信号一般都是操作面板上的按键信号。

（2）如果使用触摸屏,则由触摸屏界面使用这些输入信号。

（3）不是所有控制系统都需要这些功能,所以在做总体布置时,要根据功能要求确定和计算输入/输出点数。

4. 预留的 M 继电器

在自动程序中可能需要使用许多 M 指令,因此会在 PLC 程序预留出一部分 M 继电器与 M 指令对应,方便 PLC 编程。特别注意:运动程序中的 M 指令与 PLC 程序中的 M 继电器不是一个概念,只是对应起来方便编制 PLC 程序。

同时编制 PLC 程序可能使用许多内部继电器。预先分配部分 M 继电器的功能,可以减少编程工作量。

5. 预定义的数据寄存器

运动控制器的指令型接口和状态型接口实际上都有缓存器对应。在 QPLC 编程中,可以使用数据寄存器与其对应,这样便于使用触摸屏设置数据。预定义的数据寄存器如表 20-3 所示。

表 20-3　预定义的数据寄存器

软元件		用途	存储内容
数据寄存器	D0	请求回原点标志	Md.31 状态:bit3
	D1	速度（低 16bit）	Cd.25 速度更改值
	D2	速度（高 16bit）	
	D3	移动量（低 16bit）	Cd.23 移动量数值
	D4	移动量（高 16bit）	
	D5	微移动量	Cd.16 微移动量
	D6	JOG 速度（低 16bit）	Cd.17 JOG 速度

软元件	用途	存储内容
D7	JOG 速度（高 16bit）	Cd.17JOG 速度
D8	手轮脉冲倍率（低 16bit）	Cd.20 手轮脉冲倍率
D9	手轮脉冲倍率（高 16bit）	
D10	允许手轮运行	Cd.21 允许手轮运行
D11	速度更改值（低 16bit）	Cd.14 速度更改值
D12	速度更改值（高 16bit）	
D13	速度更改指令	Cd.15 速度更改指令
D14	速度倍率	Cd.13 速度倍率
D15	加速时间（低 16bit）	Cd.10 加速时间更改值
D16	加速时间（高 16bit）	
D17	减速时间（低 16bit）	Cd.11 减速时间更改值
D18	减速时间（高 16bit）	
D19	允许更改加速时间	Cd.12 允许/禁止更改加减速时间
D20	单步模式	Cd.34 单步模式
D21	单步模式有效标志	Cd.35 单步模式有效
D22	连续单步启动	
D23	目标位置（低 16bit）	Cd.27 目标位置更改值
D24	目标位置（高 16bit）	
D25	目标速度（低 16bit）	Cd.28 目标速度更改值
D26	目标速度（高 16bit）	
D27	更改目标位置指令	Cd.29 更改目标位置指令
D28		
D29		
D30		
D31		
D32		
D33		
D34		
D35		
D36		
D37		
D38		
D39		
D50	单位	Pr.1 单位设置
D51	单位倍率	Pr.4 单位倍率设置
D52	每转脉冲数（低 16bit）	Pr.2 每转脉冲数
D53	每转脉冲数（高 16bit）	
D54	每转移动量（低 16bit）	Pr.2 每转移动量

数据寄存器

续表

软元件	用途	存储内容
D55	每转移动量（高 16bit）	Pr.2 每转移动量
D56	启动偏置速度（低 16bit）	Pr.7 启动偏置速度
D57	启动偏置速度（高 16bit）	
D58		
D59		
D60		
D61		
D62		
D63		
D64		
D65		
D66		
D67		
D68		
D69		

（数据寄存器）

注：① 由于 Cd.** 型指令都是数据型指令，所以配置数据寄存器与 Cd.** 型指令对应；

② 由于参数也对应具体的缓存器编号，所以配置数据寄存器与参数对应。这样利于在 PLC 程序中修改参数，也利于使用触摸屏修改参数。

6. 智能模块表示的缓存器

以智能模块表示缓存器是一种简单的方法，如表 20-4 所示，U0\G** ——表示运动控制器内缓存器。其中 U0 ——表示 CPU 编号，在本书论述范围即为运动控制器 CPU。G** ——缓存器编号。参数及 Cd** 指令等都有固定的缓存器编号，参见各章。

用智能模块的地址直接表示一些指令和状态的缓存区地址，也是减少编程工作量的方法。

表 20-4 智能模块表示的缓存器

软元件	用途	存储内容
U0\G806	轴出错代码	Md.23 轴出错代码
U0\G809	轴出错状态	Md.26 轴出错状态
U0\G1500	工作模式	Cd.3 工作模式
U0\G1501	运动块编号	Cd.4 运动块编号
U0\G1502	出错复位	Cd.5 复位出错状态
U0\G1503	重启指令	Cd.6 重启
U0\G1504	M 指令 OFF	Cd.7 指令 M 指令 OFF
U0\G1513	速度倍率	Cd.13 设置速度倍率
U0\G1516	指令更改速度	Cd.15 指令更改速度
U0\G1517	微移动量	Cd.16 设置微移动量
U0\G1520	连续运行的中断请求	Cd.18 连续运行的中断请求
U0\G1521	指令请求回原点 OFF	Cd.19 指令请求回原点 OFF
U0\G1524	手轮运行使能	Cd.21 手轮运行使能

（数据寄存器）

续表

	软元件	用途	存储内容
数据寄存器	U0\G1526	速度—位置切换控制的移动量	Cd.23 移动量
	U0\G1528	允许速度—位置切换	Cd.23 允许速度—位置切换
	U0\G1530	位置—速度切换的速度更改值	Cd.25 速度更改值
	U0\G1532	允许位置—速度切换	Cd.26 允许位置—速度切换标志
	U0\G1538	更改目标位置指令	Cd.29 更改目标位置指令
	U0\G1544	单步模式	Cd.30 单步模式
	U0\G1547	跳越指令	Cd.37 跳越指令

20.3　编制 PLC 程序的流程

20.3.1　程序结构

完整的 PLC 程序由以下程序模块构成。

（1）设置参数和定位数据的 PLC 程序。

（2）初始化程序。

（3）工作模式选择程序。

（4）回原点程序。

（5）与自动操作有关的程序。

（6）JOG 运行。

（7）手轮运行。

（8）各种辅助功能程序。

（9）停止程序。

编制 PLC 程序需要根据图 20-2 所示的编程流程图进行编程，这样不会遗漏重要的编程内容。

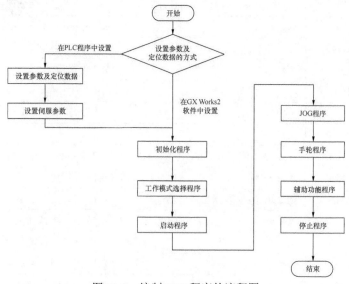

图 20-2　编制 PLC 程序的流程图

20.3.2　设置参数和定位数据的 PLC 程序模块

从运动控制器的缓存区结构可以看出，所有的参数和定位数据都存储在缓存器中，PLC 程序的任务就是在相关的缓存器里设置数据。这一部分的编程工作量很大，现在多数是在 GX Works2 软件中直接设置参数和定位数据以减少工作量。在主流程图图 20-2 中，就有一个选择——采用什么方式设置参数和定位数据。编程者应该知道：设置参数和定位数据，是可以由编制 PLC 程序完成的。

设置参数和定位数据的 PLC 程序内容如图 20-3 所示。

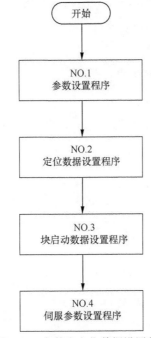

图 20-3　参数和定位数据设置程序

20.3.3　初始化程序

初始化程序主要包含以下内容，如图 20-4 所示。

（1）检查机床是否回原点，对回原点请求信号进行处理。

（2）对外部信号有效/无效进行编程处理。

（3）对 PLC 就绪信号进行编程处理。

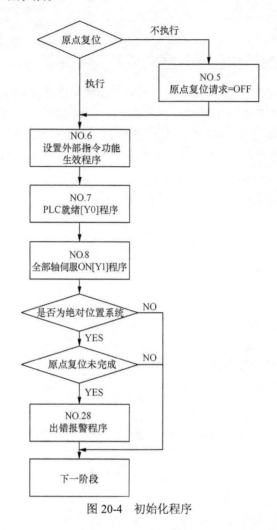

图 20-4　初始化程序

（4）对全部轴伺服 ON 信号进行编程处理。

（5）对出错检测信号进行编程处理。

（6）判断是否为绝对位置检测，做相应处理。

20.3.4　常规工作程序

如图 20-5 所示，常规工作程序有以下内容。

1.　工作模式选择程序

所有运动型工作机械至少有以下 4 种工作模式。

（1）JOG 模式。

（2）自动模式。

（3）手轮模式。

（4）回原点模式。

将各种工作模式明确分开，在不同的工作模式下只执行本模式内的动作，即使发出其他模式下的动作指令也不生效。这样可以使机床操作安全可靠，编程简明易懂。

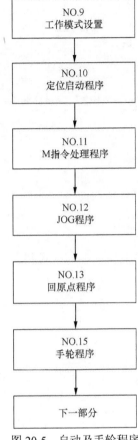

图 20-5 自动及手轮程序

2. 定位启动程序

在自动模式中，发出启动、停止等信号。

3. M 指令处理程序

4. JOG 程序

5. 回原点程序

6. 手轮程序

20.3.5 辅助功能程序

如图 20-6 所示，辅助功能有很多内容，需要根据机床工作要求选择并编制相关程序。具体内容将在 20.4 节中详细介绍。

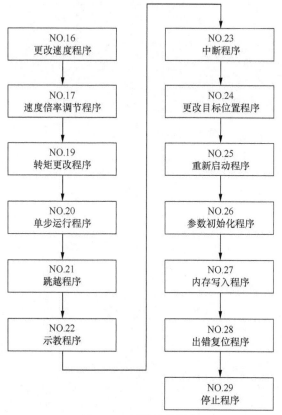

图 20-6 辅助功能程序

20.4 PLC 程序的详细分段解释

20.4.1 工作模式的选择

运动型工作机械至少有以下 4 种工作模式。

（1）JOG 模式。

（2）自动模式。

（3）手轮模式。

（4）回原点模式。

将各种工作模式明确分开，在不同的工作模式下只执行本模式内的动作，即使发出其他模式下的动作指令也不生效。这样可以使机床操作安全可靠，编程简明易懂。

选择工作模式的 PLC 程序如图 20-7 所示。在机床操作面板上常用旋转开关作为工作模式的选择开关。

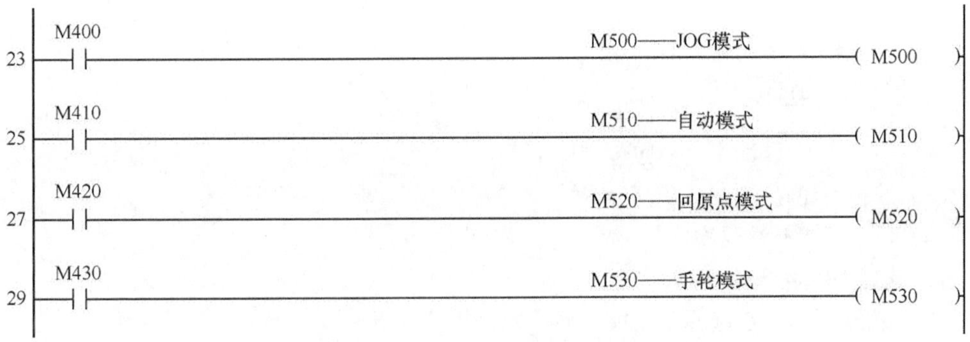

图 20-7　选择工作模式的 PLC 程序

20.4.2　JOG 模式

JOG 模式的编程有下列内容，如图 20-8 所示。

（1）进入 JOG 模式，M500=ON。

（2）设置微移动量并写入缓存器 1517。

（3）设置 JOG 运动速度并写入缓存器 1518/1519。

（4）JOG 正转，启动 Y8=ON。

（5）JOG 反转，启动 Y9=ON。

JOG 正转/反转之间必须互锁。

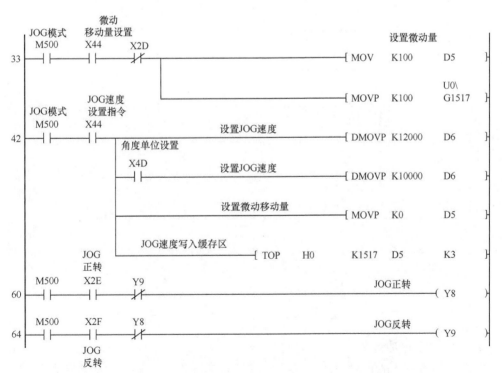

图 20-8　JOG 模式的 PLC 程序

20.4.3　手轮模式

手轮模式的 PLC 程序至少应包含以下内容。

（1）选择手轮运行轴。

（2）设置手轮脉冲倍率。

1.　选择手轮运行轴

如图 20-9 所示，在选择手轮模式后，程序执行如下设置。

① 设置缓存器 1524=1，选择轴 1 为手轮运行轴。

② 设置缓存器 1624=1，选择轴 2 为手轮运行轴。

③ 设置缓存器 1724=1，选择轴 3 为手轮运行轴。

④ 设置缓存器 1524=0，1624=0，1724=0，退出手轮模式。

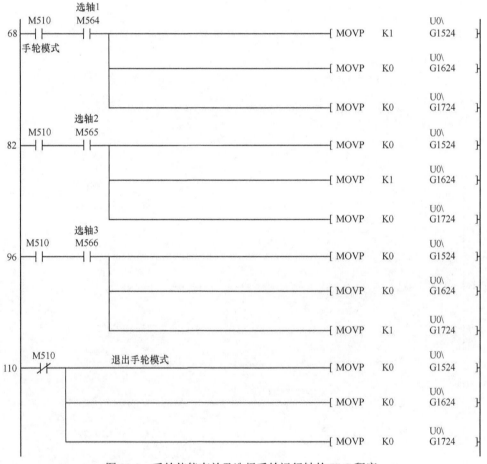

图 20-9　手轮使能有效及选择手轮运行轴的 PLC 程序

2.　设置手轮脉冲倍率

一般使用的手轮脉冲倍率有×1、×10、×100，共 3 种，图 20-10 就是设置手轮脉冲倍率的 PLC 程序。缓存器 1522、1622、1722 用于存储手轮脉冲倍率（轴 1～3）。

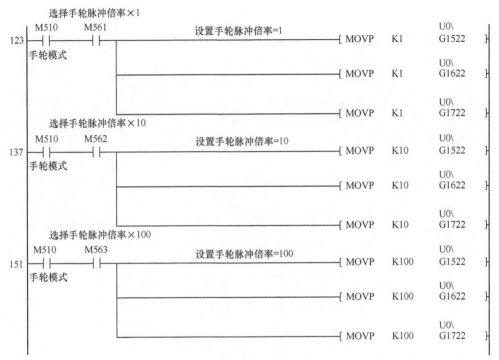

图 20-10 设置手轮脉冲倍率的 PLC 程序

20.4.4 回原点模式

1. 绝对位置系统的设置及启动

现在大多数伺服电机都配置绝对型编码器，因此用户大多选择绝对位置检测系统，简称绝对原点。相关的 PLC 编程如图 20-11 所示。

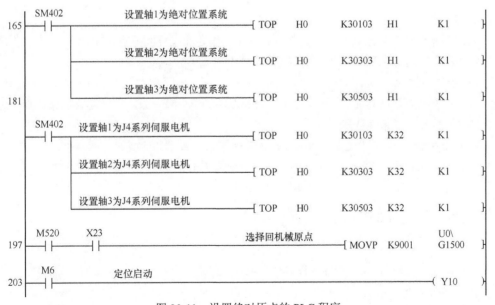

图 20-11 设置绝对原点的 PLC 程序

程序说明如下。

（1）设置各轴伺服参数 PA03=1，选择绝对位置检测系统。（第 165 步）

（2）设置伺服电机系列。（第 181 步）

（3）移动各轴到达预期原点位置（JOG）。

（4）X23=ON，选择回机械原点模式（Cd.3=9001）。（第 197 步）

（5）发出定位启动指令（Y10=ON）。（第 203 步）

绝对原点设置完成。（参见第 19.6 节）

2. 回原点 PLC 程序

1）回机械原点

回机械原点的 PLC 程序如图 20-12 所示。

图 20-12　回机械原点的 PLC 程序

程序说明如下。

（1）选择回原点模式，M520=ON。

（2）如果是上电开机，要首先执行回机械原点。X23=ON，选择回机械原点模式（Cd.3=9001）。（第 197 步）

（3）发出定位启动指令（Y10=ON），执行回原点。（第 217 步）

2）高速回原点

高速回原点是指在已经建立机械原点后，在工作期间执行回原点，DOG 开关不起作用，直接到达原点。这是一种提高效率的方法，其工作过程如下。

（1）选择回原点模式，M520=ON。

（2）检查是否已经建立机械原点。（如果 Md.31 的 bit4=1，表示已经建立机械原点，可以执行高速回原点。）（第 203 步）

（3）X24=ON，选择高速回原点模式（Cd.3=9002）。（第 203 步）

（4）发出定位启动指令（Y10=ON），执行高速回原点。（第 217 步）

20.4.5　自动模式运行

1）基本定位自动运行

基本定位自动运行 PLC 程序如图 20-13 所示。

程序说明如下。

（1）选择自动模式，M530=ON。

（2）选择各轴定位点编号。（第 219 步）

① 选择轴 1NO.2 点。

② 选择轴 2NO.5 点。

③ 选择轴 3NO.8 点。

（3）发出轴 1 定位启动指令（Y10=ON）。

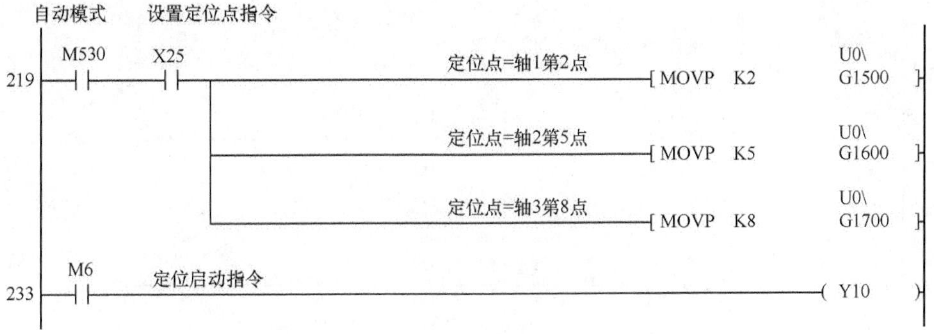

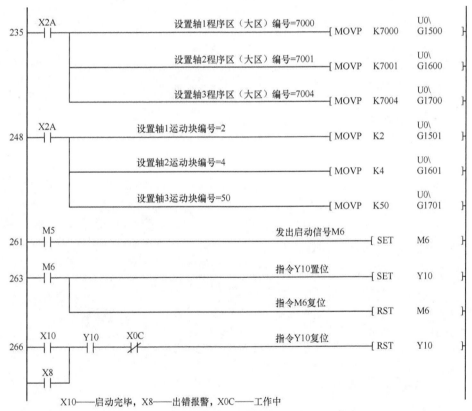

图 20-13　基本定位自动运行 PLC 程序

2）高级定位模式

高级定位模式的 PLC 程序如图 20-14 所示。

X10——启动完毕，X8——出错报警，X0C——工作中

图 20-14　高级定位模式的 PLC 程序

程序说明如下。

（1）设置程序区编号。（第 235 步）

（2）设置运动块编号。（第 248 步）

（3）发出轴 1 启动信号（Y10=ON）。

参见第 15 章。

20.4.6 M 指令的处理方法

M 指令处理的"三部曲",相关的 PLC 程序如图 20-15 所示。

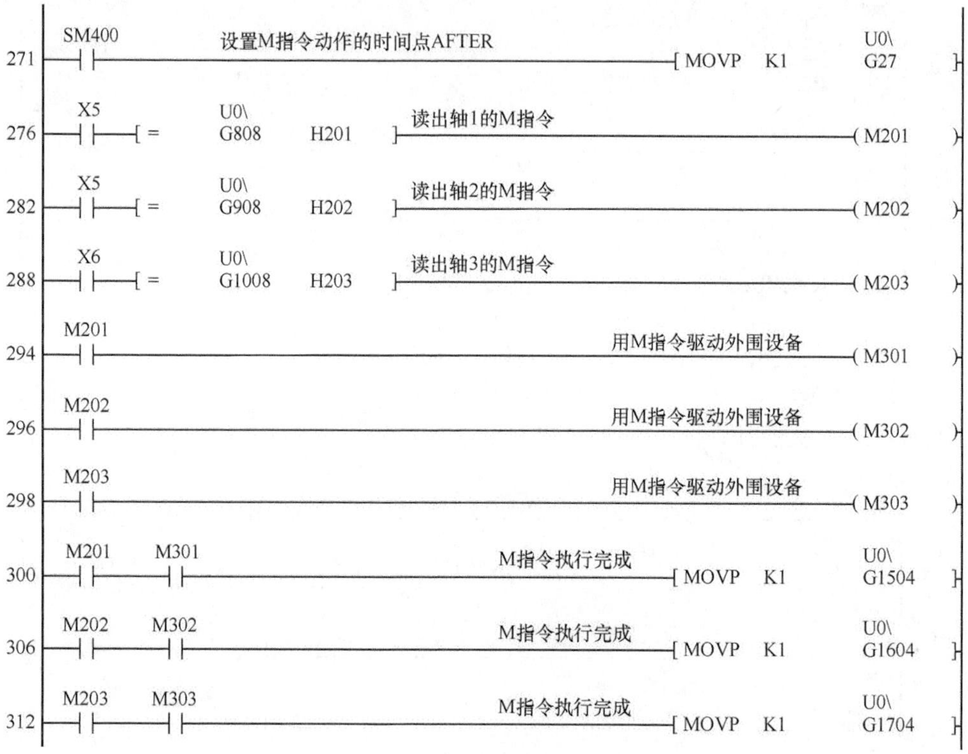

图 20-15 M 指令处理的 PLC 程序

程序说明如下。

(1)读出 M 指令。(第 276～288 步)

① 读出轴 1 定位程序中的 M 指令。

② 读出轴 2 定位程序中的 M 指令。

③ 读出轴 3 定位程序中的 M 指令。

(2)用 M 指令驱动外围设备。(第 294～298 步)

(3)M 指令执行完毕后通知控制器执行下一步动作。(第 300～312 步)

参见 19.7.3 小节。

20.4.7 速度倍率

速度倍率用于调节运动速度,相关的 PLC 程序如图 20-16 所示。在不同条件下给缓存器 1513/1613/1713 设置不同的数值。

程序说明如下。

(1)设置初始速度倍率=10%。(第 318 步)

(2)设置各轴速度倍率=20%。(第 323～329 步)

(3)设置各轴速度倍率=50%。(第 335～347 步)

（4）设置各轴速度倍率=100%。（第 353～365 步）

参见 19.5.2 小节。

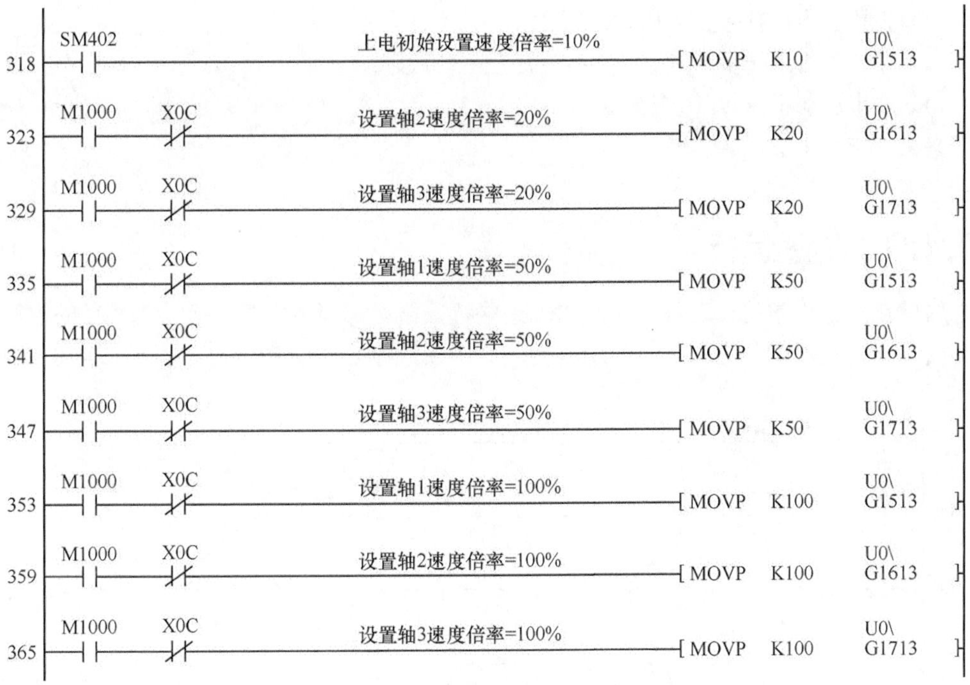

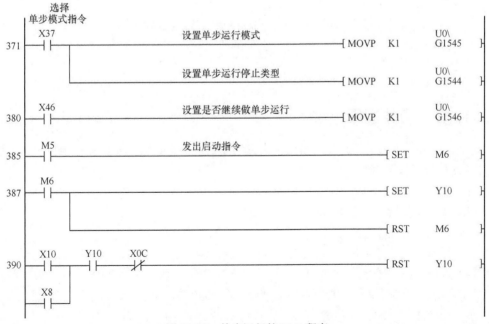

图 20-16　设置速度倍率的 PLC 程序

20.4.8　单步运行模式

单步运行功能是指每次启动指令只能使运动程序前进一步。这是程序调试时常用的功能。相关的 PLC 程序如图 20-17 所示。

图 20-17　单步运行的 PLC 程序

程序说明如下。

（1）设置单步运行模式。（第 371 步）

（2）设置单步运行停止类型。（第 371 步）

（3）设置是否下一步继续做单步运行。（第 380 步）

（4）发出启动指令。（第 385 步）

参见 19.7.1 小节。

20.4.9　跳越运行

如果在执行正常的自动程序时，出现某些特殊情况，要求中断当前正在执行的程序段，转而执行下一段程序，这就是中断跳越功能。中断跳越功能的 PLC 程序如图 20-18 所示。

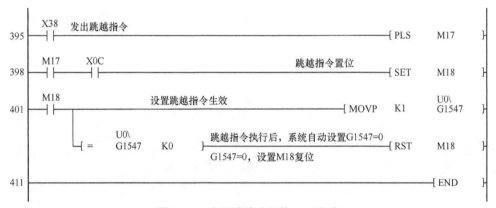

图 20-18　中断跳越功能的 PLC 程序

程序说明如下。

（1）发出跳越指令（X38=ON）。（第 395 步）

（2）设置缓存器 1547=1。（第 401 步）

（3）判断：如果缓存器 1547=0，表示跳越指令生效。（设置缓存器 1547=1 之后，跳越指令生效；当跳越指令生效后，控制器自动使缓存器 1547=0，表示跳越指令执行完成。）

参见 19.7.2 小节。

20.4.10　示教运行模式

示教功能是将手动定位的工作台地址设置到某定位点的地址（Da.6 定位地址）中。示教功能的 PLC 程序如图 20-19 所示。

程序说明如下。

（1）发出示教指令（X39=ON）。（第 411 步）

（2）设置当前地址为定位地址，缓存器 1548=0。（第 417 步）

（3）设置当前地址为 NO.5 点的定位数据。设置缓存器 1549=5。（第 417 步）

（4）判断：如果缓存器 1549=0，表示示教指令生效。（设置缓存器 1549=5 之后，示教指令生效；当示教指令生效后，控制器自动使缓存器 1549=0，表示示教指令执行完成。）

参见 19.7.4 小节。

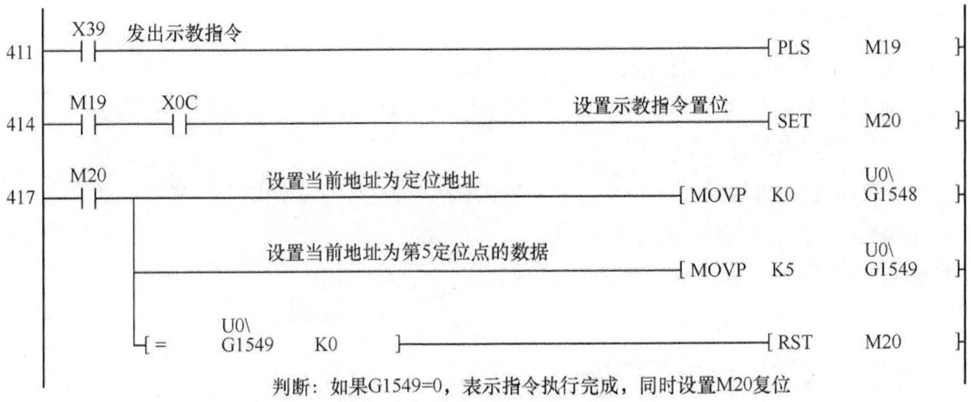

```
        X39    发出示教指令                                                    ─[ PLS    M19 ]
411    ─┤├─

        M19    X0C                              设置示教指令置位                 ─[ SET    M20 ]
414    ─┤├────┤├─

        M20              设置当前地址为定位地址                        ─[ MOVP  K0    U0\
417    ─┤├──┬─                                                            G1548 ]
           │
           │              设置当前地址为第5定位点的数据                ─[ MOVP  K5    U0\
           │                                                              G1549 ]
           │
           └─[ =    U0\      K0 ]───────────────────────────────────[ RST    M20 ]
                    G1549
```

判断：如果G1549=0，表示指令执行完成，同时设置M20复位

图 20-19　示教功能的 PLC 程序

20.4.11　连续运行中的中断停止

定位运动的模式有连续运行、连续轨迹运行。

连续运行中的中断停止的定义：在连续运行时，如果接到中断停止指令，不立即停止运行，而是在定位点的结束位置停止。相关的 PLC 程序如图 20-20 所示。

设置缓存器 1520=1，就是指发出中断停止指令。

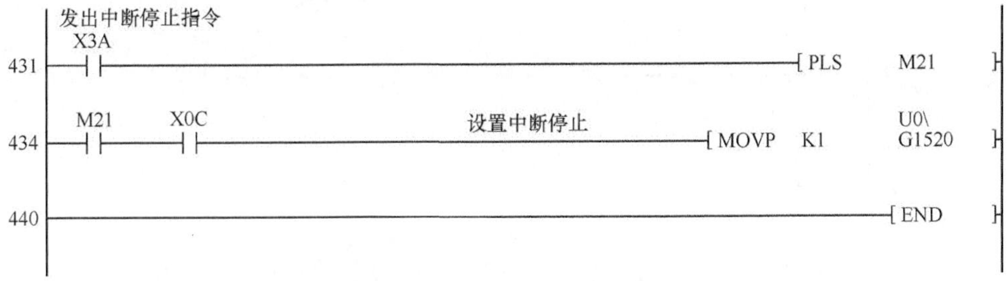

```
        发出中断停止指令
        X3A                                                            ─[ PLS    M21 ]
431    ─┤├─

        M21    X0C                              设置中断停止             ─[ MOVP  K1    U0\
434    ─┤├────┤├─                                                          G1520 ]

440    ─────────────────────────────────────────────────────────────[ END ]
```

图 20-20　中断停止的 PLC 程序

20.4.12　重启

重启功能定义：在自动运行中，如果停止，在接到重启指令后，可以从停止位置重新开始运行。相关的 PLC 程序如图 20-21 所示。

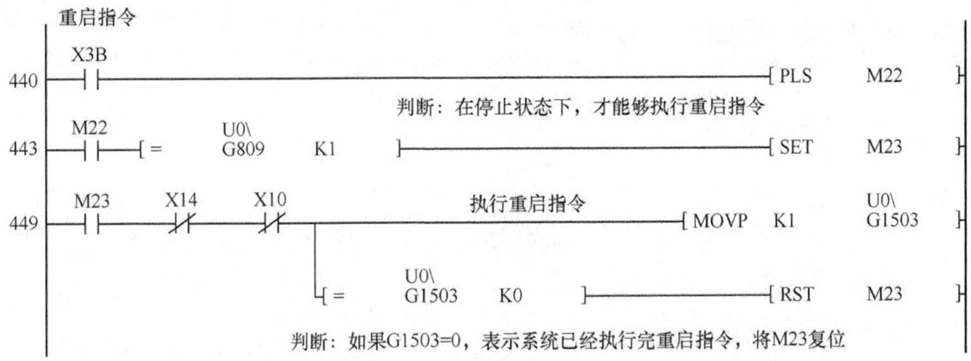

```
        重启指令
        X3B                                                            ─[ PLS    M22 ]
440    ─┤├─

        M22                        判断：在停止状态下，才能够执行重启指令
443    ─┤├──[ =    U0\      K1 ]───────────────────────────────────[ SET    M23 ]
                    G809

        M23    X14    X10                       执行重启指令             ─[ MOVP  K1    U0\
449    ─┤├────┤/├────┤/├──┬─                                               G1503 ]
                         │
                         └─[ =    U0\      K0 ]─────────────────────[ RST    M23 ]
                                  G1503
```

判断：如果G1503=0，表示系统已经执行完重启指令，将M23复位

图 20-21　重启功能的 PLC 程序

程序说明如下。

（1）发出重启指令（X3B=ON）。（第 440 步）

（2）判断轴运动状态：轴是否处于停止状态（第 443 步），如果处于停止状态，就可以设置重启功能。设置缓存器 1503=1。

（3）判断：设置缓存器 1503=1 之后，重启指令生效；当重启指令生效后，控制器自动使缓存器 1503=0，表示重启指令执行完成。

所以在本程序中，有一段判断系统是否处于停止状态的程序。（第 449 步）

20.4.13　改变目标位置值

如果需要在某一定位运行中更改定位地址（或者根据情况执行另外的定位地址），可以使用本功能，在更改定位地址的同时更改速度。相关的 PLC 程序如图 20-22 所示。

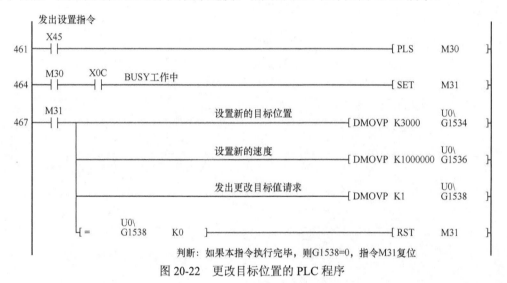

图 20-22　更改目标位置的 PLC 程序

程序说明如下。

（1）设置新的目标位置=3000。（第 467 步）

（2）设置新的速度=1000000mm/min。（第 467 步）

（3）发出更改指令。（第 467 步）

（4）判断：设置缓存器 1538=1 之后，更改指令生效；当更改指令生效后，控制器自动使缓存器 1538=0，表示更改指令执行完成。

20.4.14　更改转矩

更改转矩是指更改运行中的转矩限制值的功能。相关的 PLC 程序如图 20-23 所示。

更改转矩一旦设置就生效，向缓存器 1525 内设置新的转矩值，图中 491 步就是设置更改转矩。

参见 19.5.3 小节和第 24 章。

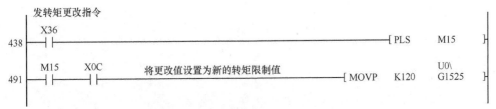

图 20-23　更改转矩的 PLC 程序

20.4.15　初始化程序

1. 解除执行回原点请求

机床上电后，系统会提示执行回原点，如果暂时不执行回原点，可以解除提示要求。相关的 PLC 程序如图 20-24 所示。

设置系统为绝对位置检测时，无须执行本指令。

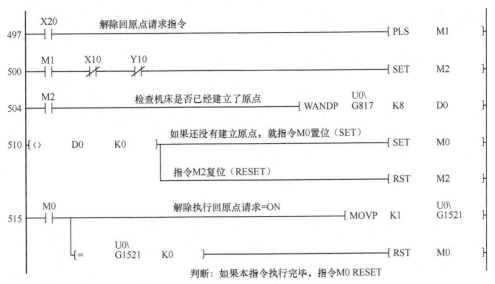

图 20-24　解除执行回原点请求的 PLC 程序

图 20-24 中，状态信号 Md.31 的 bit3 表示回原点状态。

程序说明如下。

（1）如果 Md.31 的 bit3=0，则表示系统未回原点，回原点请求=ON。

（2）设置 U0\G1521=1，则回原点请求=OFF。

（3）判断：设置缓存器 1521=1 之后，回原点请求=OFF 指令生效；当本指令生效后，控制器自动使缓存器 1521=0，表示本指令执行完成。

2. 设置外部指令有效/无效

控制器的外部端子插口定义了许多指令，通过 PLC 程序可以设置外部指令有效/无效，相关的 PLC 程序如图 20-25 所示。

程序说明如下。

（1）设置缓存器 1505=1，外部指令生效。（第 525 步）

（2）设置缓存器 1505=0，外部指令无效。（第 530 步）

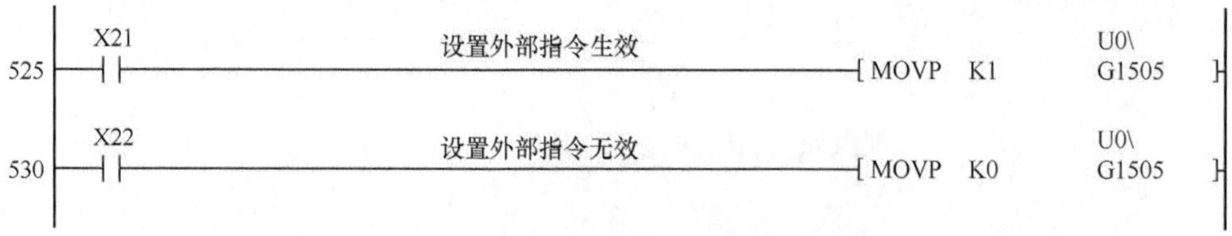

图 20-25 设置外部指令有效/无效的 PLC 程序

3. 参数初始化

参数初始化是将所有参数设置为出厂值。相关的 PLC 程序如图 20-26 所示。

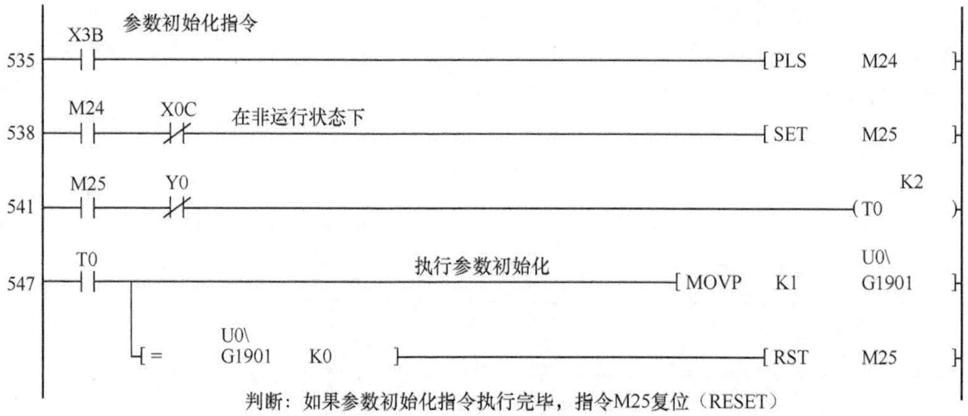

判断：如果参数初始化指令执行完毕，指令M25复位（RESET）

图 20-26 参数初始化的 PLC 程序

程序说明如下。

（1）参数的初始化应在就绪信号 Y0=OFF 时进行，否则就会报警。

（2）设置 U0\G1901=1，则执行参数初始化。（第 547 步）

（3）判断：设置缓存器 U0\G1901=1 之后，参数初始化指令生效；当本指令生效后，控制器自动使缓存器 U0\G1901=0，表示本指令执行完成。（第 547 步）

4. 写闪存

写闪存是指将缓存区内的定位数据和参数写入闪存区。写闪存的 PLC 程序如图 20-27 所示。

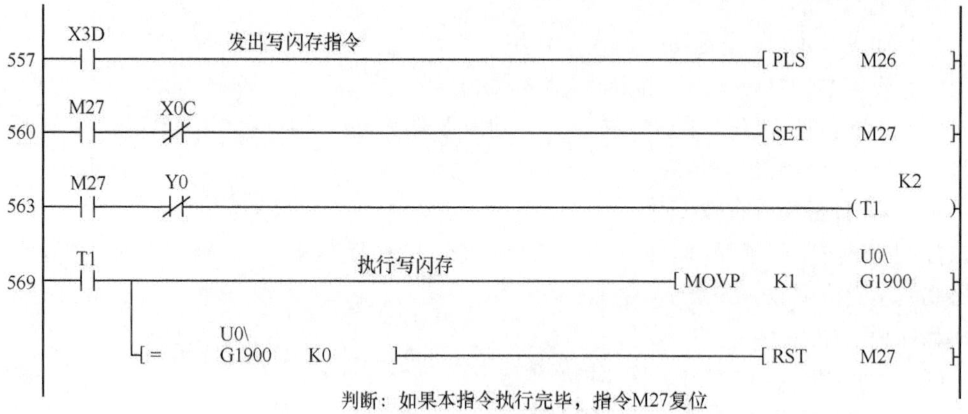

判断：如果本指令执行完毕，指令M27复位

图 20-27 写闪存的 PLC 程序

程序说明如下。

（1）发出写闪存指令，X3D=ON。（第 557 步）

（2）设置 U0\G1900=1，则执行写闪存。（第 569 步）

（3）判断：设置缓存器 1900=1 之后，写闪存指令生效；当本指令生效后，控制器自动使缓存器 1900=0，表示本指令执行完成。（第 569 步）

5. 全部轴伺服 ON

全部轴伺服 ON 是由 QPLC 向一侧控制器发出的指令，指令全部轴伺服=ON，进入运行准备状态。相关的 PLC 程序如图 20-28 所示。

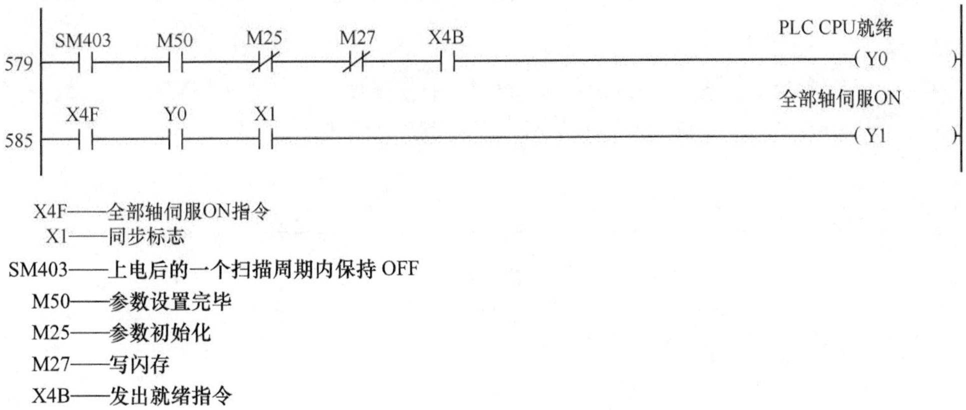

```
                                                          PLC CPU就绪
       SM403   M50    M25    M27    X4B                     ( Y0 )
579     ─┤├───┤├───┤/├───┤/├───┤├                         
                                                          全部轴伺服ON
       X4F     Y0     X1                                    ( Y1 )
585     ─┤├───┤├───┤├
```

　　X4F——全部轴伺服ON指令
　　 X1——同步标志
　SM403——上电后的一个扫描周期内保持 OFF
　　M50——参数设置完毕
　　M25——参数初始化
　　M27——写闪存
　　X4B——发出就绪指令

图 20-28　全部轴伺服 ON 的 PLC 程序

程序说明如下。

（1）发出 QPLC CPU 就绪信号 Y0 的条件。

① 上电后的一个扫描周期以后（SM403=ON）。

② 参数设置完毕（M50=ON）。

③ 不在执行参数初始化期间（M25=OFF）。

④ 不在执行写闪存期间（M27=OFF）。

⑤ 从外部发出指令（X4B=ON）。

（2）全部轴伺服 ON 的条件。

① QPLC CPU 就绪（Y0=ON）。

② 同步标志（X1=ON）。

③ 从外部发出指令（X4F=ON）。

满足以上条件后，全部轴伺服 ON（Y1=ON）。

6. 报警复位程序

如果出现报警，先记录报警号；在排除故障后，执行报警复位。相关的 PLC 程序如图 20-29 所示。

程序说明如下。

（1）如果出现报警，X8=ON，缓存器 U0\G806 内的数据为报警号。（第 589 步）

（2）故障处理完毕，发出报警复位指令（X3E=ON）。（第 594 步）

（3）设置缓存器 U0\1502=1，执行报警复位。（第 597 步）

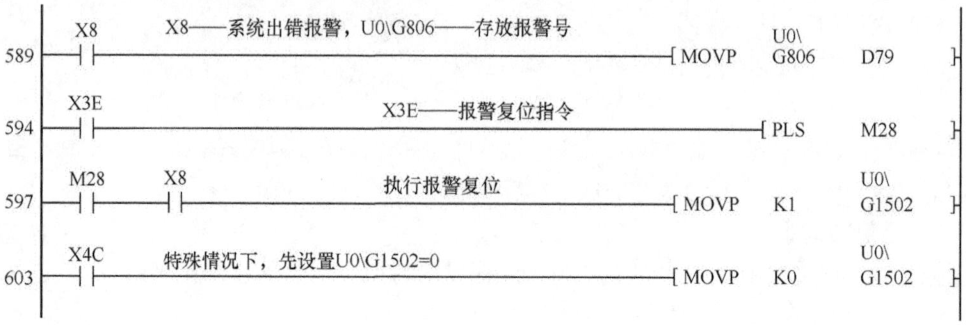

图 20-29　报警复位的 PLC 程序

7. 停止

停止自动程序的运行当然是最重要的功能之一。在操作面板上必须配置停止按键。图 20-30 是停止功能的 PLC 程序。在图 20-30 中，对应停止按键的信号是 X3F。

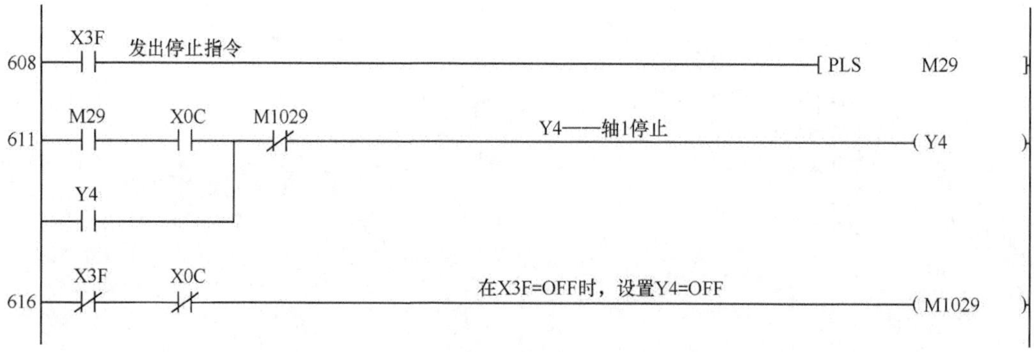

图 20-30　停止功能的 PLC 程序

程序说明如下。

停止按键应该是点动型按键。

（1）X3F=ON，Y4=ON 并保持。（第 608 步）

（2）停止功能生效后，X0C=OFF，M1029=ON，通过 PLC 程序设置 Y4=OFF。

20.5　思考题

（1）一个完整的 PLC 程序应该包括几个部分？初始化程序起什么作用？

（2）如何编制工作模式选择程序？一般工作机械最少含几种工作模式？

（3）自动模式中，各轴启动指令接口是固定的吗？

（4）什么是跳越运行？如何编制跳越运行的 PLC 程序？

（5）如何编制设置速度倍率的 PLC 程序？

第**21**章

运动控制器回原点模式综述及其应用

回原点是所有运动控制系统都具有的重要功能。原点是位置控制的基准点。三菱运动控制器具备 14 种回原点的模式,是回原点功能最为丰富的运动控制器,可以满足各种机床的不同需求。本章对运动控制器的 14 种回原点的模式进行说明。通过本章的学习,读者会对回原点的各种模式有深刻的认识。

21.1 回原点模式技术术语的说明

- 回原点——又称为回零模式、原点回归模式,本书统一称为回原点模式。
- 回原点方向——本章简称正向。与该方向相反则简称为反向。
- 原点 DOG 开关——也称为原点开关、看门狗开关、近点开关。本章简称为 DOG 开关。其挡块称为 DOG 挡块。(DOG 开关为常 OFF 接法)
- 回原点速度——本章简称为高速。
- 爬行速度——也称为蠕动速度、接近速度。本章简称为爬行速度。
- 零点信号——本章简称为 Z 相信号。零点信号就是 Z 相信号,是由编码器的 Z 相发出的信号,一般编码器每转发出 1 个 Z 相信号。
- 原点 DOG 开关=ON 后的移动量——本章简称为 T 行程。
- 减速停止点——本章简称为 A 点。

21.2 DOG1 型回原点模式

1. 定义

如图 21-1 所示,以 DOG 开关从 ON→OFF 后的第 1 个 Z 相信号作为原点。(DOG 开关为常 OFF 接法)

2. 回原点动作顺序

(1)启动,以高速运行。

(2)碰上挡块,DOG 开关=ON,从高速降低到爬行速度。

(3)当 DOG 开关从 ON→OFF,从爬行速度减速停止,速度降为零。此位置点为 A 点,又从零速上升到爬行速度,从 A 点开始检测编码器发出的 Z 相信号,当检测到编码器发出的第 1 个 Z 相信号时,该 Z 相信号位置就是原点,同时工作台停止在原点位置上。从减速停止点 A 到 Z 相信号点是定位过程,所以能够精确定位。

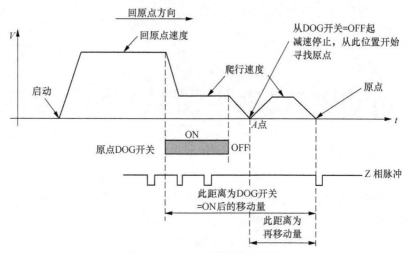

图 21-1 DOG1 型回原点模式

3. 不能正常执行回原点的原因

（1）从启动位置到减速停止点 A 这一区间内如果没有经过 1 次 Z 相信号点，系统会产生报警并减速停止，回原点不能正常执行。

这种情况是启动位置到 DOG 挡块距离很短，走完 DOG 挡块的行程还没经过 Z 相信号，系统无法识别 Z 相信号位置，所以出现错误。这种情况必须选择 DOG2 型回原点模式。

（2）如果 DOG 开关=ON（即工作台正好停在挡块上），此时发出启动指令，则系统发出严重错误报警，不执行回原点。这种情况必须选择 DOG2 型回原点模式。

（3）如果未检测到 Z 相信号，则不能完成回原点。

4. 关于必须经过 Z 相信号的说明

（1）在执行回原点操作时，必须使伺服电机旋转 1 周以上，使其经过 1 次 Z 相信号点。这样系统就能识别 Z 相信号点位置。在实际操作时，可将工作台移动到离 DOG 挡块有电机旋转 1 周以上的距离，这样就保证在 DOG 开关碰上挡块之前经过 Z 相信号点。

（2）从启动位置到减速停止位置这一区间内必须经过 Z 相信号点 1 次。

（3）在设置绝对原点时，必须先用 JOG 方式移动电机旋转 1 周，使其经过 1 次 Z 相信号点。

21.3 DOG2 型回原点模式

1. 定义

如图 21-2 所示，DOG2 型回原点模式分两种情况。

（1）从启动位置到 A 点，如果经过了 Z 相信号，则以 DOG 开关从 ON→OFF 后的第 1 个 Z 相信号点作为原点。

（2）从启动位置到 A 点，如果没有经过 Z 相信号，则如图 21-2 所示，反向运行，经过 1 个 Z 相信号后，再执行回原点。

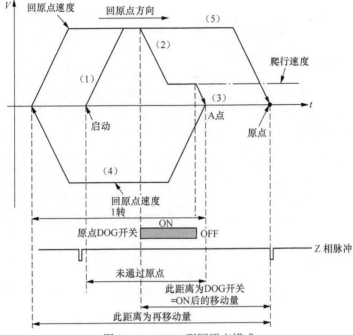

图 21-2　DOG2 型回原点模式

2. 适用范围

DOG2 型回原点适用于：

（1）启动位置距离 DOG 挡块位置特别近；

（2）启动位置就处于 DOG 挡块位置。

3. 动作顺序

（1）回原点启动。注意从启动位置到 A 点的行程中没有经过 Z 相信号，这是 DOG2 型回原点模式独特的现象。

（2）碰上 DOG 挡块，DOG 开关=ON，从高速降低到爬行速度。

（3）当 DOG 开关从 ON→OFF 时，从爬行速度减速停止。

（4）从零速启动以高速反向旋转 1 周，减速停止。

（5）以高速正向运行，当检测到 DOG 开关从 ON→OFF 的第 1 个 Z 相信号时，该 Z 相信号位置就是原点，工作台停止在原点位置上。注意没有爬行速度段，用高速直接定位。这种模式反转 1 周的目的，就是要识别 1 次 Z 相信号。

21.4　DOG+设置数据 1 型回原点模式

1. 定义

如图 21-3 所示，使用 DOG 开关，设置 DOG 开关=ON 后的移动量，在到达 A 点后，以检测到的第 1 个 Z 相信号位置为原点。

2. 动作顺序

（1）启动，以高速正向运行。

（2）碰上 DOG 挡块，DOG 开关=ON，从高速降低到爬行速度。

（3）从 DOG 开关=ON 位置点，以 T 行程设定距离做定位运行。

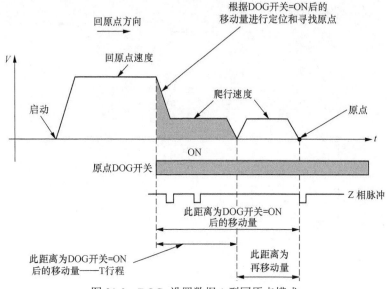

图 21-3　DOG+设置数据 1 型回原点模式

（4）定位运行完毕，再以第 1 个 Z 相信号为目标做定位运行。

（5）以该 Z 相信号位置作为原点。

这种回原点模式适用于对原点的位置有要求，而 DOG 开关长度和安装位置又被限制的情况。

21.5　DOG+设置数据 2 型回原点模式

1. 定义

如图 21-4 所示，使用 DOG 开关并设置 T 行程，回原点启动，运行到 DOG 开关=ON，再以爬行速度运行 T 行程，停止位置就是原点。

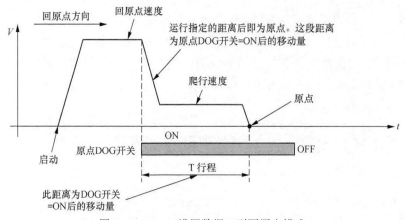

图 21-4　DOG+设置数据 2 型回原点模式

2. 动作顺序

（1）启动，以高速运行。

（2）碰上 DOG 挡块，DOG 开关=ON，从高速降低到爬行速度。

（3）从 DOG=ON 位置点，以爬行速度，按 T 行程设定距离做定位运行。

（4）以该定位完成点作为原点。

本模式与 DOG+设置数据 1 型的区别是不检测 Z 相信号。

这种回原点模式适用于对原点的位置有要求，而 DOG 开关或挡块安装位置又受到限制的情况。

21.6　DOG+设置数据 3 型回原点模式

1. 定义

如图 21-5 所示，使用 DOG 开关并设置 T 行程，回原点启动，运行到 DOG 开关=ON 后变为爬行速度，再运行设置行程后停止，反向运行 1 周识别 Z 相脉冲后，再按设置数值执行回原点运行。

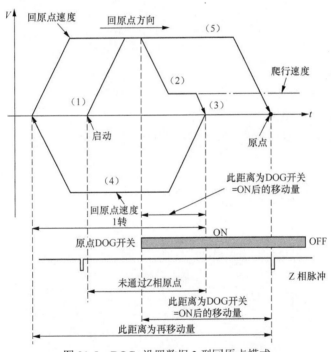

图 21-5　DOG+设置数据 3 型回原点模式

2. 动作顺序

（1）启动。注意从启动位置到爬行停止行程中没有经过 Z 相信号。

（2）碰上 DOG 挡块，DOG 开关=ON，从高速降低到爬行速度。

（3）运行完设置的距离后减速停止。

（4）从零速启动以高速反向旋转 1 周，减速停止。

（5）以高速正向运行，从 DOG 开关=ON 位置点，开始检测第 1 个 Z 相信号，以第 1 个 Z 相信号为目标做定位运行。注意：没有爬行速度。

（6）以 Z 相信号点作为原点。

这种回原点模式适用于启动位置距离 DOG 位置很近，而且对原点的位置有要求，但 DOG 开关安装位置又被限制的情况。

21.7 绝对原点设置模式 1

1. 定义

以执行回原点启动指令时的位置为原点，如图 21-6 所示。

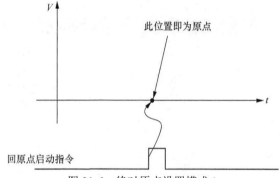

图 21-6 绝对原点设置模式 1

2. 设置方法

（1）将工作台移动到预定的原点位置。

（2）发出回原点启动指令。

（3）指令位置就为原点（绝对位置原点设置必须配置电池）。

21.8 绝对原点设置模式 2

1. 定义

如图 21-7 所示，以执行回原点启动指令时的实际机械位置为原点。

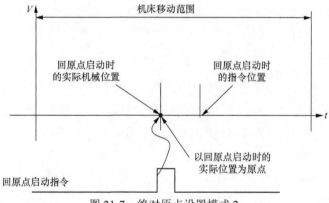

图 21-7 绝对原点设置模式 2

2. 设置方法

（1）将工作台移动到预定的原点位置。

（2）发出回原点启动指令。

（3）实际机械位置即为原点（绝对位置原点设置必须配置电池）。

21.9 长挡块+DOG 开关回原点模式 1

1. 定义

在 DOG 开关挡块过长而希望就近设置原点的场合，通过反向运行识别 Z 相信号后，以爬行速度回原点，如图 21-8 所示。

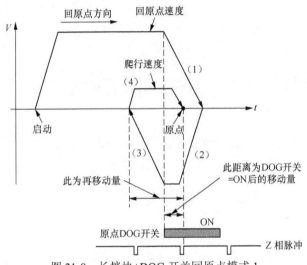

图 21-8 长挡块+DOG 开关回原点模式 1

2. 动作顺序

（1）正向启动以高速运行，当 DOG 开关=ON 后，立即减速停止。

（2）反向启动，以高速运行。

（3）从反向启动到 DOG 开关=OFF 的区间内，如果经过了一个 Z 相信号点，当 DOG=OFF 时，立即减速停止。

（4）以爬行速度正向运行，当 DOG=ON 后，检测到的第 1 个 Z 相信号点即为原点。

这种回原点方式适应于 DOG 开关挡块过长而希望就近设置原点的场合。

21.10 长挡块+DOG 开关回原点模式 2

1. 定义

当启动位置在挡块之上，在 DOG 开关挡块过长而希望就近设置原点的场合，通过反向运行识别 Z 相信号后，以爬行速度回原点，如图 21-9 所示。

2. 动作顺序

（1）反向启动，以高速运行。注意：启动位置在 DOG 开关=ON 的位置上。

（2）从反向启动到 DOG=OFF 的区间内，如果经过了一个 Z 相信号点，当 DOG 开关=OFF 时，立即减速停止。

（3）以爬行速度正向运行，当 DOG=ON 后，检测到的第 1 个 Z 相信号点即为原点（与长挡块+DOG 开关回原点模式 1 的区别就在于启动位置不同）。

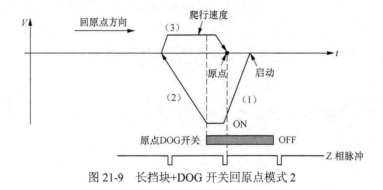

图 21-9 长挡块+DOG 开关回原点模式 2

21.11 长挡块+DOG 开关回原点模式 3

1. 定义

在 DOG 开关挡块过长而希望就近设置原点的场合，通过反向运行识别 Z 相信号后，根据 Z 相信号进行减速，以爬行速度回原点，如图 21-10 所示。

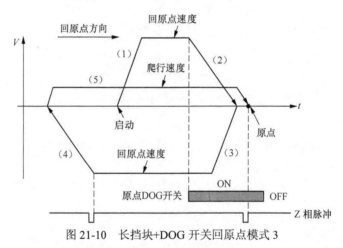

图 21-10 长挡块+DOG 开关回原点模式 3

2. 动作顺序

（1）正向启动，以高速运行。

（2）DOG 开关=ON，减速停止。

（3）反向启动，以高速运行。

从反向启动到 DOG=OFF 的区间内，如果没有经过一个 Z 相信号点，当 DOG=OFF 时，并不减速停止，继续高速运行。

（4）当检测到 Z 相信号后减速停止。

（5）以爬行速度正向运行，当 DOG=ON 后，检测到的第 1 个 Z 相信号点即为原点。

21.12 长挡块+DOG 开关回原点模式 4

1. 定义

在启动位置在挡块之上，DOG 开关挡块过长而希望就近设置原点的场合，通过反向运行识别 Z 相信号后，以爬行速度回原点，如图 21-11 所示。

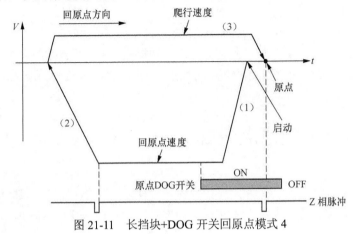

图 21-11　长挡块+DOG 开关回原点模式 4

2. 动作顺序

（1）反向启动，以高速运行。注意：启动位置在 DOG=ON 的位置上。

（2）从反向启动到 DOG=OFF 的区间内，如果没有经过一个 Z 相信号点，当 DOG=OFF 时，继续运行。

（3）当检测到 Z 相信号后减速停止。

（4）以爬行速度正向运行，当 DOG=ON 后，检测到的第 1 个 Z 相信号点即为原点。

长挡块+DOG 回原点模式都有一个反向运行，其目的是要识别 Z 相信号点。这种情况适用于 DOG 挡块行程长，而在 DOG 挡块后又没有运动空间，原点必须设置在 DOG 挡块区间内的机械。

21.13　阻挡型回原点模式 1

1. 定义

在工作台行程一端设置阻挡块，以转矩限制值作为到达原点的条件，当转矩限制值达到设置值时的工作台位置即为原点，如图 21-12 所示。

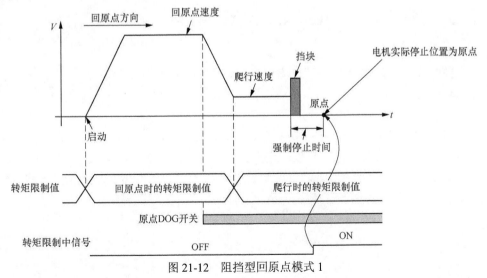

图 21-12　阻挡型回原点模式 1

2. 动作顺序

（1）回原点启动，以高速运行。

（2）碰上 DOG 开关=ON，从高速降低到爬行速度。

（3）在爬行运动期间，开始检测转矩值，当转矩值大于预先设定的转矩限制值时，转矩限制中信号=ON，此时电机的实际位置即为原点，同时该轴停止在原点位置。

21.14　阻挡型回原点模式 2

1. 定义

工作台以爬行速度回原点，在工作台行程一端设置阻挡块，以转矩限制值作为到达原点的条件，当转矩限制值达到设置值时的工作台位置即为原点，如图 21-13 所示。

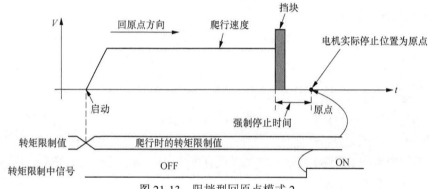

图 21-13　阻挡型回原点模式 2

2. 动作顺序

（1）回原点启动，以爬行速度运行。

（2）在爬行运动期间，开始检测转矩值，当转矩值大于预先设定的转矩限制值时，转矩限制中信号=ON，此时电机的实际位置就被定义为原点，同时该轴停止在原点位置。

21.15　限位开关型回原点模式

1. 定义

以限位开关作为原点 DOG 开关工作，执行回原点，如图 21-14 所示。

2. 动作顺序

（1）回原点启动，以高速运行。

（2）碰上限位开关，限位开关=OFF（限位开关接法为常 ON），减速停止。

（3）以爬行速度反向运行，当检测到限位开关=ON（脱开限位开关），即减速停止。

（4）以爬行速度反向运行，当检测到第 1 个 Z 相信号信号时，该 Z 相信号位置就是原点，同时工作台停止在原点位置。

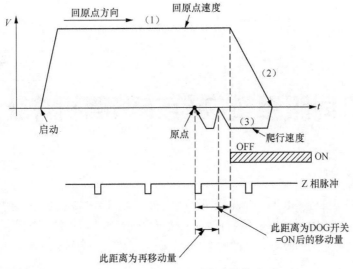

图 21-14 限位开关型回原点模式

21.16 思考题

（1）DOG 开关是回原点运行专用的开关吗？一般应该是常 OFF 还是常 ON？

（2）Z 相信号是什么设备发出的？丝杠旋转 1 周会发出几个 Z 相脉冲？

（3）绝对原点如何设置？

（4）阻挡块型回原点的工作原理是什么？

（5）如何使用限位开关执行回原点？

第 22 章

交流伺服系统在旋转滚筒机床上的应用

本章介绍基于三菱 MR-J4 交流伺服系统和运动控制器 QD77 控制系统的滚筒机床动态定位技术应用中的若干问题。比较了获得动态机械定位位置的几种方法；介绍了环形运动机床特殊原点位置的确定方法和限位开关的安全处理；介绍了环形运动机床伺服电机的参数调整。对环形运动机床有重要参考价值。

22.1 旋转滚筒机床的运动控制要求

旋转滚筒热处理机床（以下简称滚筒机床）是处理大量小型工件的热处理机床，其机床结构和运动过程有特殊要求，参见图 22-1。

（1）滚筒机床的外圈是刚性圆筒（热处理炉体）。

（2）旋转排架在刚性圆筒内旋转。旋转排架为均匀分布的 80 只排架；待处理工件装在旋转排架上。每排 80 只工件，由外部上料机械装料。

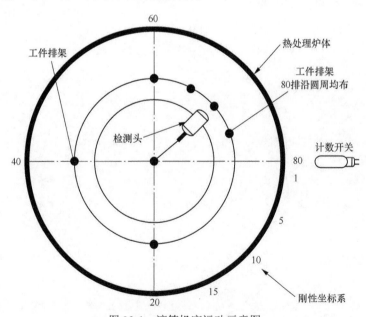

图 22-1　滚筒机床运动示意图

（3）旋转排架按一定速度在加热炉内做顺时针旋转运动，工艺要求对每一排进入加热炉的工件到达 70min 后必须立即进行检测，检测的数据送入 PLC 内处理。

由于检测的基准是进入热处理炉的时间，而旋转排架的转速受工艺的影响和外部送料或维修的影响可能不会匀速运动，所以在机床结构上设计由伺服电机带动检测头运动。当旋转排架上任意一排的入炉时间到达工艺处理时间时，PLC 就发出指令启动伺服电机带动检测头运动到时间到达排位置，由检测头进行数据检测。因此伺服电机的定位位置不是一个固定的位置，而是一个随时间变化的位置。

这就是滚筒机床的工艺要求和运动控制的难点。

22.2 控制系统的配置

1. 控制系统配置

根据滚筒机床的控制要求，综合技术经济性指标，提出控制系统的配置如表 22-1 所示。

表 22-1　控制系统配置表

序号	名称	型号	数量	功能
1	主 CPU	Q06CDH	1	系统总控制
2	运动控制器	QD77	1	运动控制
3	输入模块	QX42P	1	输入信号
4	输出模块	QY42	1	输出信号
5	通信模块	QJ71C24N	1	进行 RS232/485 通信
6	基板	Q38B	1	
7	电源	Q63P	1	
8	伺服驱动器	MR-J4-100A	1	额定输出 1kW
9	伺服电机	HG-KR153	1	1kW

2. 对系统配置的说明

本控制系统以三菱 QPLC 为主体构成，如图 22-2 所示。

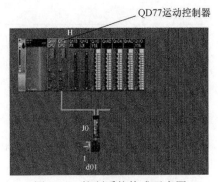

图 22-2　控制系统构成示意图

（1）由主 CPU 做全部 I/O 点的逻辑控制和数据处理。配置中有 CPU 模块、I/O 模块、通信模块。

（2）由 QD77 运动控制器做运动控制。QD77 是一款运动控制功能很强大的运动控制器，可以做 4 轴插补和 4 轴同时启动，可以做圆弧、直线插补，可以预设 600 个定位点，而且价格适中。

（3）伺服系统选用三菱最新的 MR-J4 系列。

22.3　运动控制方案的制定

22.3.1　基本刚性坐标系

在滚筒机床中，旋转排架每一排的间距为 4.5°，由计数开关对各排入炉时间计数并启动计时。如果以炉体外圈为刚性坐标系，坐标值即"1~80"，通过对入炉排数计数，就可以计算出各排在刚性坐标系的位置，从而确定控制器的定位位置。刚性坐标系如图 22-1 所示。

22.3.2　旋转排架动态位置的确认

1. 方案 1

确定各排在刚性坐标系中位置。

（1）用 80 个数据寄存器（程序中为 D9501~D9580）代表 80 只排架。80 个数据寄存器中的数值就是各排在刚性坐标系中的位置坐标。

（2）根据计数器的数值对排架数据寄存器进行赋值。由此确定各排的实际位置。根据此思路编制的 PLC 程序如图 22-3 所示。

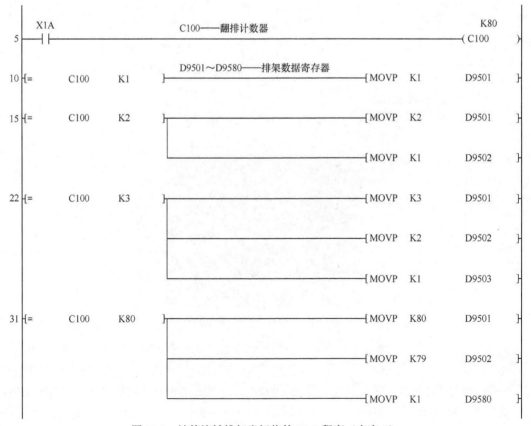

图 22-3　计算旋转排架坐标值的 PLC 程序（方案 1）

如果按图 22-3 编制程序，在每一个运行位置都需要为 80 个数据寄存器赋值，这部分程序将达到 6400 行。而且在计数器从 80 变为 1 循环计数时，其赋值方法也不好处理，所以不能采用这种方法，只能作为一种思路。

2. 方案 2

采用移位指令对旋转排架动态位置进行编程。

根据图 22-3 的思路，仔细观察 D9501～D9580 的数据变化规律，发现可以用移位指令进行处理。移位指令的处理过程如图 22-4 所示。

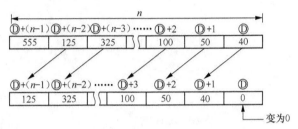

图 22-4 移位指令的动作过程

在 DSFL 移位指令中，每发出 1 次指令，从 D 到 D+（n-1）内的所有数据向左移动一个位置。这样的动作正好对应了旋转排架的位置数据变化。

根据这个思路，编制 PLC 程序如图 22-5 所示，第 804 步是移位指令 DSFLP。以 D9501～D9580 构成移位指令的本体，以计数信号作为移位指令的驱动信号，排架每旋转 1 次计数 1 次。关键是用计数信号将计数值送入移位指令的起始数据寄存器中，这样就完全模拟了旋转排架进入加热炉内的实际位置，从而获得了各排架的实际坐标值。

```
782  X25  X1A    X1A——计数信号，C900——进炉计数器              K90
     ─┤├──┤↑├─                                              ─(C900  )

804  X25  X1A    DSFLP——移位指令，构建D9501～D9580的环形移位指令
     ─┤├──┤↑├─                                    ─[ DSFLP  D9501  K80 ]

809  X25  X1A  T957    延时处理                              H    K200
     ─┤├──┤↑├──┤/├─                                        ─(T957     )

     M5788
     ─┤├─                                                  ─(M5788 )

818  T957        将刚性坐标系中的坐标值送入环形移位指令的起始位置
     ─┤├─                                         ─[ MOVP  C900  D9501 ]
```

图 22-5 计算旋转排架坐标值的 PLC 程序（方案 2）

22.3.3 定位程序的处理

QD77 有强大的定位功能，对单轴可以预先编制 600 点的定位程序。对于滚筒机床而言，虽然有 80 个点的定位，可以直接设置每一定位点的数据，但是这样编制程序就很复杂。经过观察和实验，发现可以只使用一个定位点指令，随定位位置不同给其传送不同位置的定位数据，用一条指令就解决 80 个定位点的定位，大大地简化了定位程序。图 22-6 是计算定位位置的示意图。

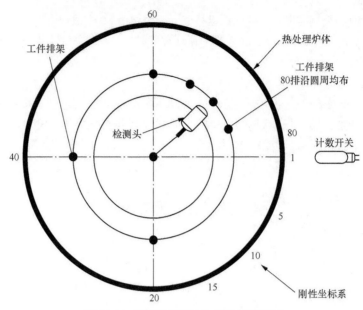

图 22-6 伺服电机定位位置计算示意图

根据图 22-6 所示示意图，编制了计算定位位置的 PLC 程序，如图 22-7 所示。

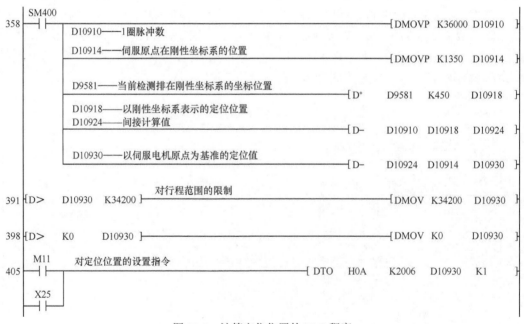

图 22-7 计算定位位置的 PLC 程序

程序说明如下。

D10910=36000。（检测头运行 1 周所需的脉冲数。通过参数设置确定为 36000。）

D10914=1350。（伺服电机原点距离刚性坐标系原点的距离。由伺服电机原点安装位置确定，用脉冲数表示。）

D9581——当前检测排在刚性坐标系中的坐标值。

D10918——以刚性坐标系表示的定位位置。

D10930——以伺服系统原点为基准表示的定位位置。

经过 PLC 程序的计算，最终获得：D10930——以伺服系统原点为基准表示的定位位置。

PLC 程序的第 391～398 步是对行程范围的限制。第 405 步就是将计算得出的定位位置送入 QD77。如此实现了定位控制的要求。

22.4 滚筒机床的回原点的特殊处理

22.4.1 滚筒机床设置原点的要求

滚筒机床的机械结构要求原点位置必须与原点 DOG 开关的上平面对齐，如图 22-8 所示。而滚筒机床采用的 DOG 开关是微型光电开关，如果采用常规的方法回原点，无法达到客户的要求。QD77 具备 6 种回原点方式，同时还具备原点搜索功能和原点位移调节功能。因此，选用了 QD77 的计数型回原点方式，同时使用了原点位移调节功能。

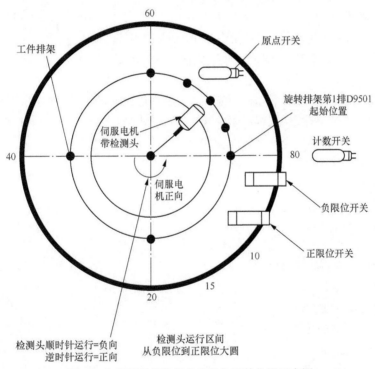

图 22-8 伺服系统的原点及限位开关位置示意图

22.4.2 计数型回原点方式

1. 计数型回原点方式的回原点过程

计数型回原点方式的回原点过程如图 22-9 所示。

（1）发出回原点启动信号。

（2）电机以设置的方向、速度运行。

（3）当检测到 DOG=ON 时，电机开始减速到爬行速度，并以爬行速度移动。

（4）在移动到参数 Pr.50（DOG=ON 后的位移量）设置的距离后，QD77 停止输出指令脉冲，电机运动停止，完成回原点。

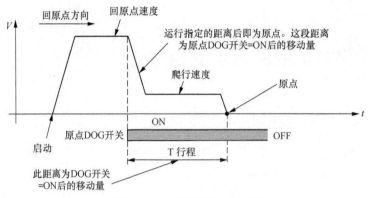

图 22-9 计数型回原点的过程

2. 滚筒机床回原点调试过程中遇到的问题

滚筒机床配置的 DOG 开关行程极短。最初选用如 21.2 节所叙述的 DOG1 型原点模式，电机几乎旋转 1 周后才找到原点。这是由 DOG 开关的安装位置所决定的。但滚筒机床的空间太小不能采用这一原点。用户要求在 DOG 开关=ON 后快速停止，将 DOG 开关=ON 这一点作为原点。

根据机床的条件，选用计数型回原点模式。在执行回原点时，屡屡发生"206"报警，该报警原因是从回原点速度减速到爬行速度所经过的距离大于 DOG=ON 后的位移量，即尚未减速完成就发出了原点到达指令。

为此修改了回原点参数。

（1）原参数。

回原点速度=3000PLS/s。

爬行速度=500PLS/s。

减速时间=1000ms。

DOG=ON 后的位移量=650PLS。

（2）修改后的参数。

回原点速度=3000PLS/s。

爬行速度=2800PLS/s。

减速时间=100ms。

DOG=ON 后的位移量=650PLS。

修改内容是提高了爬行速度、减小了减速时间。修改后，回原点正常完成。

22.4.3　原点位移调整功能的使用

即使采用计数型方式回原点，这种方式确定的原点位置与 DOG=ON 的位置仍然相距一段距离。为了将原点位置调整到 DOG=ON 的位置，使用了原点位移调整功能，即设置原点位移量。该参数有明显效用，能精确将原点调整到需要的位置。原点调整功能参见 19.2.2 小节，其动作示意如图 22-10 所示。

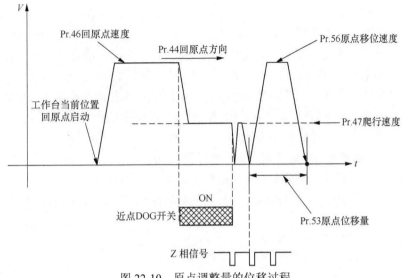

图 22-10 原点调整量的位移过程

（1）参数设置。

参数设置如图 22-11 所示。

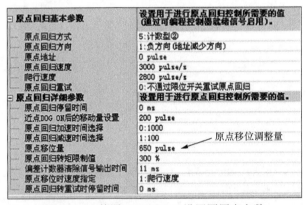

图 22-11 使用 GX Works2 设置回原点参数

（2）调节原点位移量的 PLC 程序。

在设备调试期间和考虑到设备长期使用后的机械磨损需要重新调试，客户要求能够在 GOT 上调整原点位移量，为此编制了相关的 PLC 程序，如图 22-12 所示。

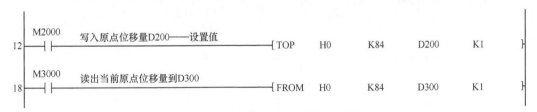

图 22-12 修改原点调整量的 PLC 程序

22.5 环形运动机械的行程限制

滚筒机床对检测头的运行区间有严格要求，如图 22-8 所示，设置了正限位开关和负限位开关。检测头的运行被限制在正限位开关和负限位开关之间，可以从负限位逆时针运行到正限位，但不能做整圈运行（整圈运行会损坏机床）。

滚筒机床的行程限制与平面机床运动有很大不同，特别是在滚筒机床上使用的限位开关是光电开关，光电开关为槽型，检测头带动感应片穿过槽型光电开关时才能检测到限位信号，但检测头做的是环形运动，槽型光电开关的厚度为 15mm，而检测头的运动惯性很大，即使在槽型光电开关检测到限位信号后，检测头因为惯性运动而越过了光电开关，限位信号恢复正常，系统又进入正常状态。这样限位开关就失去了保护作用。

1. 在回原点运行时出现过下列现象（参见图 22-8）

（1）发出回原点指令，伺服电机带动检测头负向（顺时针）运行。

（2）越过 DOG 开关，继续顺时针运行。如果未能够正常回原点，则判断是 DOG 开关失效。

（3）越过负限位开关，也可能停止在负限位开关处。

（4）越过正限位开关，也可能停止在正限位开关处。

（5）继续顺时针运行，导致机械系统损坏。

最恶劣的情况是正、负限位开关都不起作用，继续运行，导致机械系统损坏。

2. 对故障原因的分析

（1）DOG 开关为光电开关，可能出现故障未检测到信号，因此未执行回原点动作。

（2）负限位开关有时生效有时不生效，原因之一是 QD77 已经接收到限位信号。由于受到计算周期的影响，检测头因为惯性已经越过限位开关。限位开关恢复正常后，伺服电机继续运行。

（3）正限位开关不生效是因为伺服电机负向运行，所以不起作用。

（4）就 QD77 的坐标系而言，只有回原点完成后才建立坐标系，软限位才生效。所以未完成回原点，未建立坐标系，软限位也不生效。

3. 排除故障的方法

解决问题的关键是只要收到正负限位信号必须使伺服电机停止运行。必须记住收到的正/负限位信号，不能使检测头越过限位开关后伺服系统又能够正常运行。

因此使用限位信号驱动 QD77 的停止接口，根据此思路编制的 PLC 程序如图 22-13 所示。

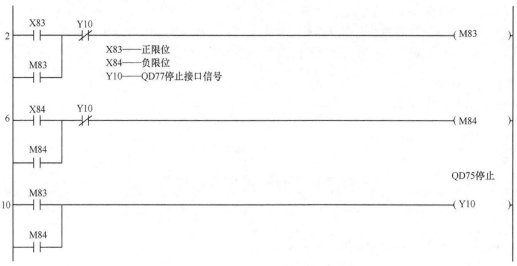

图 22-13 使用限位信号强制电机停止的 PLC 程序

PLC 程序中 X83/X84 是正/负限位信号，Y10 是 QD77 系统的停止信号。

经过以上处理，正/负限位开关能够正常工作，并限制检测头的非正常运行。

22.6 伺服电机调整的若干问题

22.6.1 伺服电机上电后出现强烈抖动

1. 现象

上电后，电机以初始参数点动运行，电机负载为轻载，出现强烈抖动。特别是在停机时，先是强烈抖动，继而剧烈抖动，断电后抖动才停止。反复数次均是同样现象。

2. 分析

（1）伺服系统响应等级是重要影响参数。查响应等级参数 PA09=16，改为 PA09=6 以后，抖动程度有所减小，但停机时的振荡并未消除。

（2）从停机振荡现象看，伺服电机出力不够，所以在停机时，由于重力的影响，负载带着电机偏离停机位置，而伺服电机又带着负载回到停机位置，负载和电机强烈的互相作用造成振荡。这种现象是伺服电机锁定功能的典型特征，在平面机床上不多见，对于立式环形机床（由于有重力影响因素）则是重要特征。

（3）在滚筒机床中，电机为 1kW，负载很小，所以不是电机功率不够的问题，显然是参数不当的问题。根据分析首先考虑负载惯量比，查看负载惯量比，初始参数负载惯量比=0.1，显然该参数太小，需要调整。

（4）处理

仔细观察该负载，虽然负载本身不重，但是旋转半径较大。由于负载惯量与旋转半径的平方成正比，所以其负载惯量较大。

修改负载惯量比=7，抖动现象有了明显改善。

修改负载惯量比=20，抖动现象消除。

因此，在伺服电机带负载运行之前，必须对参数响应等级和负载惯量比做大致准确的设置。特别是负载惯量比这一参数表示了对负载的度量，必须予以尽量准确的设置。在负载对象特别大时，更须谨慎设置。避免强烈振荡对设备和人身造成伤害。

图 22-14、图 22-15 是使用软件设置伺服参数。

No.	简称	名称	单位	设置范围	轴1
PA01	*STY	运行模式		1000-1265	1000
PA02	*REG	再生选件		0000-00FF	0000
PA03	*ABS	绝对位置检测系统		0000-0002	0000
PA04	*AOP1	功能选择A-1		0000-2000	2000
PA05	*FBP	每转指令输入脉冲数		1000-1000000	10000
PA06	CMX	电子齿轮分子(指令脉冲倍率分子)		1-16777215	524288
PA07	CDV	电子齿轮分母(指令脉冲倍率分母)		1-16777215	1125
PA08	ATU	自动调谐模式		0000-0004	0001
PA09	RSP	自动调谐响应性		1-40	16
PA10	INP	到位范围	pulse	0-65535	100
PA11	TLP	正转转矩限制	%	0.0-100.0	100.0
PA12	TLN	反转转矩限制	%	0.0-100.0	100.0
PA13	*PLSS	指令脉冲输入形式		0000-0412	0100
PA14	*POL	旋转方向选择		0-1	0
PA15	*ENR	编码器输出脉冲	pulse/rev	1-4194304	4000
PA16	*ENR2	编码器输出脉冲2		1-4194304	1
PA17	*MSR	伺服电机系列设置		0000-FFFF	0000
PA18	*MTY	伺服电机类型设置		0000-FFFF	0000
PA19	*BLK	参数写入禁止		0000-FFFF	00AA
PA20	*TDS	Tough drive设置		0000-1110	0000

图 22-14 响应等级 PA09 参数设置

增益 · 滤波器　　选择项目写入(I)　单轴写入(S)　更新至工程(U)

No.	简称	名称	单位	设置范围	轴1
PB01	FILT	自适应调谐(自适应滤波器 II)		0000-0002	0000
PB02	VRFT	抑制振动控制调谐(高级抑制振动控制 II)		0000-0022	0000
PB03	PST	位置指令加减速时间常数(位置平滑)	ms	0-65535	0
PB04	FFC	前馈增益	%	0-100	0
PB05	FFCF	制造商设置用		10-4500	500
PB06	GD2	负载惯量比	倍	0.00-300.00	20.00
PB07	PG1	模型环增益	rad/s	1.0-2000.0	26.0
PB08	PG2	位置环增益	rad/s	1.0-2000.0	71.0
PB09	VG2	速度环增益	rad/s	20-65535	267
PB10	VIC	速度积分补偿	ms	0.1-1000.0	17.6
PB11	VDC	速度微分补偿		0-1000	980
PB12	OVA	过冲量补偿	%	0-100	0
PB13	NH1	机械共振抑制滤波器1	Hz	10-4500	4500
PB14	NHQ1	陷波波形选择1		0000-0330	0000
PB15	NH2	机械共振抑制滤波器2	Hz	10-4500	4500
PB16	NHQ2	陷波波形选择2		0000-0331	0000
PB17	NHF	轴共振抑制滤波器		0000-031F	0006
PB18	LPF	低通滤波器设置	rad/s	100-18000	3141
PB19	VRF11	抑制振动控制1 振动频率设置	Hz	0.1-300.0	100.0
PB20	VRF12	抑制振动控制1 共振频率设置	Hz	0.1-300.0	100.0

图 22-15 负载惯量比 PB06 参数设置

22.6.2 伺服电机上电和断电时负载突然坠落

1. 现象

在上一小节介绍的参数条件下，上电和掉电时，出现负载突然坠落现象。由于本负载类型是环形运动负载，有重力作用，在任何位置（除最低点外）开机、停机都会出现坠落现象。

2. 分析

（1）上电时伺服 ON 信号虽然立即生效，当尚未建立静态扭矩，因此环形运动负载受重力影响立即下坠。

（2）停电时，伺服扭矩消失，所以环形运动负载受重力影响立即下坠。

3. 处理

（1）必须加上机械抱闸。在加上抱闸后，掉电时，抱闸信号=OFF，能够迅速制动，负载无抖动现象。

（2）在上电后，以伺服准备完成信号控制抱闸，使用延时信号经过一段时间稳定后才打开抱闸，但是抱闸=ON 后，负载出现下沉抖动现象，显然是伺服出力不够，增加响应等级后该现象得到了改善。

22.6.3 伺服电机定位时静态扭矩不足

1. 现象

正常定位停止时，伺服扭矩不足，有轻微晃动，用手可以摇动检测头，影响定位精度。

2. 分析

伺服静态扭矩不足。

3. 处理

提高响应等级。

基本参数 PA09=10，PB06=40。

调整如下。

提高 PA09=12，刚性提高。

提高 PA09=14,刚性明显提高。

提高 PA09=16,刚性明显提高,达到工作要求。

提高 PA09=18,刚性很高。

22.6.4 全部加载后性能有明显变化

1. 现象

在对检测头加装全部电缆后伺服性能又发生明显变化。

刚性明显不足,定位时有微动。

2. 处理

(1)提高 PA09=18,刚性很高,但是提高 PA09=18,会引起振动啸叫,怎么调节 PB23 消振滤波器频率都没有效果。调节 PB23 要选择 PB01=2(手动设置生效),但也没效果。

(2)将负载惯量比 PB06=40 调低为 PB06=30,啸叫停止。轻载时的负载惯量比与重载时的负载惯量比是不同的,并且与响应等级 PA09 有关。如果设置负载惯量比较大,电机主动出力的性能增强,电机啸叫与此有关。

本章小结如下。

(1)QD77 具备丰富的运动控制功能。定位指令有较高的柔性。回原点模式有 6 种,能够适应特殊要求。

(2)动态定位的处理还是应该转换为以静态刚性坐标系为基准进行处理。

(3)环形运动机械的运行限位和平面运行机械有很大的不同。原点及限位开关应该采用强制接触型开关比较安全可靠。使用 QPLC CPU 一侧的信号做停止处理更为快捷。

(4)伺服系统在空载和满载时,参数设置有较大区别。如果环形运动机床旋转半径较大,负载惯量与旋转半径的平方成正比,负载惯量将会增大,对伺服电机运行性能有很大影响。

22.7 思考题

(1)动态定位的原则是什么?用一个定位点数据能够完成对 80 个点的定位吗?

(2)滚筒型机床的原点设置有什么特殊性?限位开关的设置有什么问题?

(3)滚筒型机床实际负载不大,为什么停机时会出现强烈抖动?

(4)滚筒型机床的负载惯量比为什么不仅仅由负载重量确定?

(5)滚筒型机床需要安装制动器吗?在 PLC 程序中用什么信号控制制动器?

第 23 章

大型印刷机多轴同步控制系统的设计及伺服系统调试

本章介绍了基于三菱运动控制器构建多轴高精度同步运行系统的技术方案。特别介绍了在实际调试由运动控制器和伺服电机构成的控制系统中，对伺服电机的性能调试和排除影响系统稳定性因素的过程。这对使用运动控制器和伺服电机有很实际的帮助。

23.1 项目要求及主控制系统方案

23.1.1 项目要求

某机床厂生产的大型印刷机，其主要功能及动作要求如下。

（1）印刷机有 8 套运动工步，每工步配置有 1 运动轴，8 轴要求同步运行。

印刷机的核心技术要求是在各种工作模式（点动、手轮、自动模式）下，8 个工步的辊筒的线速度一致，而且要求保证在整个自动运行中的相位一致，即各轴的相对位置始终一致。由于加减速过程中实际速度有滞后于指令速度的现象，各轴的相对位置会发生变化，就造成了相对相位的变化。这一要求极为重要。

（2）印刷机由于工步多，分布长，每个工步有不同的 I/O 点，还有模拟量输入信号和高速计数信号。

（3）在主操作屏上要求采用触摸屏进行数据输入和显示。

（4）控制系统采用上位机进行生产管理和远程监控。

8 轴印刷机的工作示意图如图 23-1 所示。

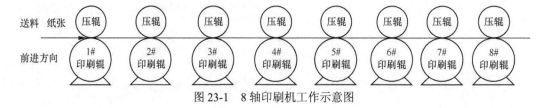

图 23-1 8 轴印刷机工作示意图

23.1.2 主控制系统方案

为了满足大型印刷机的复杂动作要求，经过综合分析，决定以三菱运动控制器为核心，以三菱 QPLC 为主控，以 CC-LINK 总线为网络，构建大型印刷机的控制系统。

控制系统方案如下。

（1）8 轴的运动控制采用三菱 Q173 运动控制器+伺服电机。由于包装机的核心技术要求是 8 轴同步运行，而在三菱的运动控制单元中，Q173 运动控制器有同步运行控制功能，所以采用 Q173 运动控制器。

（2）顺序控制部分采用三菱 Q02UCPU，Q02UCPU 负责处理来自 CC-LINK 现场总线传送的各工步的输入/输出信号、AD/DA 信号、高速计数信号。

（3）Q02UCPU 与触摸屏 GOT 连接，实现对外部开关信号和数据信号的处理。

23.2　同步控制设计方案

1. 伺服系统硬件的构成

为了构成 8 轴同步运行系统，在三菱产品序列中，只有运动控制器+SSCNET+MR-J4 的构成方式。这种方式有以下优点。

（1）MR-J4-B 伺服系统是可以使用光纤电缆构成的 SSCNET3 高速串行通信的伺服系统。运动控制器通过 SSCNET3 与各伺服系统相连，通信速度为 50Mbit/s（相当于单向 100Mbit/s）。系统响应能力很高。

（2）通信周期高达 0.44ms，使运行更加平滑。

（3）光纤抗干扰能力强，并且能减少布线误差，最长布线距离=800m。

（4）控制器和伺服驱动器之间进行大量数据的实时发送与接收。伺服驱动器的信息可在运动控制器 CPU 中处理。

2. 虚模式

为了实现多轴同步运行控制，三菱运动控制器提供了一种虚模式的系统构建方式，用于实现多轴同步运行。

（1）在虚模式下，实际伺服电机由一套电子软元件构成的机械传动系统所驱动，而这些电子软元件是运动控制器内部所特有的软元件。这套电子软元件构成的机械传动系统由以下元件构成。

① 驱动源——虚电机及同步编码器。

② 传动元件——齿轮、离合器、差速齿轮。

③ 输出模块——圆筒、丝杠、圆盘、凸轮。

注意：这些元件都是电子软元件。

（2）电子软元件构成的机械传动系统与实际伺服电机的关系由虚模式中输出模块的参数来设定。

（3）由于实际上没有这套机械传动系统，所以就称为虚模式。

（4）主要利用虚模式构建同步运行系统。

由于电子软元件代表的机械部件具有足够的柔性，所以其构成的机械传动系统也具有足够的柔性，可以满足实际需要的运动要求。

3. 使用虚模式构成的同步系统

图 23-2 是根据印刷机的实际运行要求，用虚模式中的电子软元件构成的一套多轴机械传动系统。图 23-2 中的电机、传动轴、齿轮、辊筒等输出模块全部是电子软元件。但这些电子

软元件全部可以通过设置参数而被赋予工作性能（如齿轮比）。

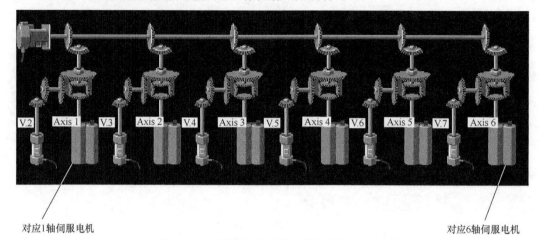

对应1轴伺服电机　　　　　　　　　　　　　　　　　　　　　　　　　对应6轴伺服电机

图 23-2　用虚模式构成的多轴机械传动系统

通过设置输出模块的参数建立输出模块与实际伺服电机的关系。

在图 23-2 中，只要通过运动程序向主虚拟电机发出指令，各实际伺服电机就能够按照图 23-2 所示的机械传动系统运行。在设定了机械系统参数后，各伺服电机就能够实现同步运行。由于 MR-J4-B 伺服系统使用 SSCNET3 高速串行通信，运动控制器通过 SSCNET3 与各伺服系统相连，通信周期为 0.44ms，从而保证了同步运行的要求。

在这套虚模式电子机械传动系统的驱动下，可以实现 JOG 运行，手轮运行和自动运行。

23.3　伺服系统调试

在大型印刷机项目中，伺服电机所驱动的对象是大型辊筒。辊筒这类负载对象运动起来不像滚珠丝杠驱动的工作台负载有所约束，而是辊筒直径越大惯性越大，旋转速度越快电机负载越大。这类负载对伺服电机的工作性能要求很高，在实际调试中会遇到诸多问题。

23.3.1　同步运行精度超标

在驱动 8 轴做同步运行时，遇到最严重的问题是同步运行精度超标。为了分清是机械系统还是电气系统引起的问题，需要在显示屏上仔细观察正常运行时各轴的速度（运动控制器内有专门软元件显示伺服电机速度）。观察发现第 1 轴速度波动很大，在不同的速度段都存在 3～10 转的速度波动，而其他轴未出现速度波动，显然是第 1 轴的速度波动引起了同步运行精度误差。

1. 对第 1 轴速度波动的原因分析

（1）电机基本性能不足。

（2）机械负载过大。

（3）伺服电机运行参数未优化。

2. 对电机工作状态的测试

（1）电机工作负载测量。

首先对电机工作运行状态做了测试，测试采用了专门的测试软件 MR-Configrator，测试结果如图 23-3 所示。

	A	B	C	D	E	F	G	H	I	J
1				电机工作负载测量表						
2										
3										
4	1轴	60r/min	120r/min	300r/min	600r/min	900r/min	1200r/min	1400r/min	1500r/min	1500r/min
5	PA08	3	3	3	3	3	3	3	3	3
6	PA09	9	9	9	9	9	9	9	9	9
7	PB06	7	7	7	7	7	7	7	7	7
8	力矩	3%～9%	6%～14%	6%～31%	3%～32%	4%～47%	10%～60%	11%～55%	20%～60%	5%～66%
9	峰值负载率	11%	14%	31%	41%	54%	70%	77%	82%	80%
10	速率波动					898～902				

	A	B	C	D	E	F	G	H	I
37	5轴	60r/min	120r/min	300r/min	600r/min	900r/min	1200r/min	1400r/min	1500r/min
38	PA08	2	2	2	2	2	2	2	2
39	PA09	15	15	15	15	15	15	15	15
40	PA06	10	10	10	10	10	10	10	10
41	力矩	15%～20%	17%～27%	29%～35%	32%～42%	32%～52%	35%～54%	36%～54%	33%～48%
42	峰值负载率	25%	29%	40%	46%	56%	59%	60%	63%
43	速度波动								

图 23-3　电机工作负载测量表

（2）对电机工作负载测量表中的数据分析。

① 电机负载（力矩）随运行速度的增加而增加。

② 电机负载始终在额定范围内。

③ 电机峰值负载未超过额定值。电机峰值负载是指在加减速过程中出现的最大值。实际工作区域是不含加减速阶段的。

在不同速度下的实际工作区域都观察到电机速度有 3～10 转的波动。

从测试数据分析：电机的工作负载在额定范围内，所以可以得出结论：电机选型没有问题。

3. 对机械负载进行分析

第 1 轴的机械负载有下列特点。

（1）辊筒重量不大，比其他轴辊筒重量小。

（2）带有偏心齿轮箱。

（3）带有间歇性凸轮机构。

虽然有偏心齿轮箱和间歇性凸轮机构等不利因素，但是这些不利因素已经综合反应在工作负载上。而且本机的第 5 轴配用同功率的伺服电机，辊筒重量比 1 轴大 2 倍，但实际运行中没有速度波动，所以出现的问题令人迷惑。

23.3.2　对伺服电机工作参数的调整

伺服电机工作参数也是影响电机正常运行的因素，因此必须优化工作参数。印刷机在正常工作时主要是做速度控制运行，相关的伺服参数调整如图 23-4 所示。

1. 第 1 级重要参数负载惯量比的设置与调节

自动响应等级 PA09 和负载惯量比 PB06 是确定整个伺服系统响应等级的主要参数。

（1）在系统自动调谐时，负载惯量比 PB06 由反馈电流和反馈速度所确定。反馈电流越大，说明负载越大，即负载惯量就越大。反馈速度低于指令值，说明负载越大，即负载惯量越大。

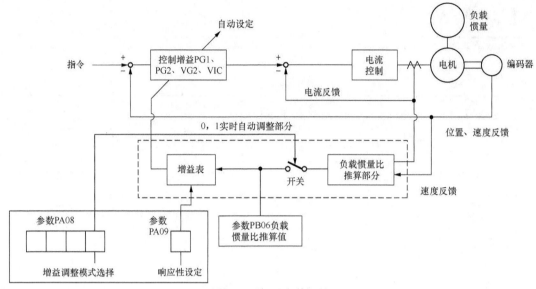

图 23-4　伺服参数调整

在实际调试中观察到有实际速度高于指令速度的现象，这说明设定的负载惯量比大于实际机械的负载惯量比，伺服系统加大了对伺服电机的驱动，导致伺服电机的速度变大。

（2）当实际速度低于指令速度时，说明设定的负载惯量比小于实际机械的负载惯量比，伺服系统对伺服电机的驱动不足，导致伺服电机的速度变小。

（3）调试的第一步是正确估算负载惯量比。先降低响应等级 PA09（7～9），然后逐步升高负载惯量比。

（4）1 轴带两辊筒和一齿轮箱，齿轮箱在偏心位置。电机功率为 15kW，额定速度下的电流为额定电流的 20%～40%。设置负载惯量比=28.8，尚可运行，设置负载惯量比=33.6，电机就会出现鸣叫，所以选择负载惯量比=28.8 是可以的。根据速度的超前和落后再减小负载惯量比。

（5）调试时逐步减小负载惯量比 PB06，先向下调至抖动后再向上调，在 1500r/min 时不抖。因为电机要求的负载惯量比在 10 以下，因此要逐步测定负载惯量比。负载惯量比设定过小，运行抖动；负载惯量比设定过大，则实际速度超过指令速度。

2. 系统响应等级 PA09 参数的设置与调节

自动响应等级 PA09 是最重要的参数之一，对系统运行影响最大（轴 1：PA09=12，振荡很大；PA09=7，振荡消除），因此应该逐步增大响应等级 PA09，其设置范围为 0～300，出厂设置为 7。

3. 第 2 级伺服参数

（1）PB07——模型环增益。

PB07 参数是用于设置到达目标位置的响应增益。增大 PB07 参数值可以提高指令响应性以改善运动轨迹性能。PB07 参数还属于改善位置控制功能的参数，简称 PG1。PB07 参数在消除加减速过程中各轴的相位误差有重要作用。

（2）PB08——位置环增益。

PB08 参数用于增加位置控制响应级别，以抵抗负载干扰的影响。PB08 参数设置值较大时，响应级别增大，但会导致振荡及噪声。本参数不能用于速度控制模式。

（3）PB09——速度环增益。

PB09 参数设置值较大时，响应级别提高，但会导致振荡及噪声。本参数对速度控制尤为重要。

PB09 是最重要的参数之一，应逐步上调 PB09 参数值，至发生振动为止，然后往下调，遇有振动，设置共振频率抑制。参数单位是 rad/s。

（4）PB10——速度环积分时间。

PB10 参数用于设置速度环的积分时间常数。PB10 参数设置较小时，响应级别增大，但会导致振荡及噪声。调试也以不振动为原则，从大到小调节。

在系统做速度控制时，第 1 级重要参数为：

PB06——负载惯量比；

PA09——自动响应等级；

PB09——速度环增益；

PB10——速度环积分时间。

对以上所有参数在可能的范围内进行调节，但是仍然无法消除轴 1 的速度波动，因此可以判断不是伺服电机运行参数的问题。

23.4　对系统稳定性的判断和改善

对伺服电机驱动的机械系统而言，影响系统稳定性的因素除了机械负载的大小以外，还有转动惯量比这一因素。

三菱 MR-J4 系列的伺服电机要求转动惯量比小于 10。印刷机系统能够满足这一指标吗？由于印刷机传动系统复杂，机械制造厂家本身未计算每一轴的机械系统转动惯量，而是比照经验来选取的伺服电机。既然第 5 轴在大负载的情况下能稳定运行，为何第 1 轴不能稳定运行？而且第 1 轴一直出现速度波动的现象，所以一定是有固定因素在起作用。

23.4.1　机械减速比的影响

再一次检查机械电气配置及参数时，发现第 1 轴的减速比 = 2.4，而其余各轴的减速比 =6。显然这是问题的根源。减速比对负载转矩及负载惯量比影响极大，特别对于负载惯量是成平方反比的关系。以下详述减速比的影响。

负载惯量比的计算公式如下。

假设：

负载惯量=$J0$，

负载惯量折算到电机轴的惯量=JL，

减速比=n；

则：

$$JL=J0\times(1/n)^2 \tag{1}$$

因此假设轴 5 和轴 1 的负载惯量 $J0$ 相同，由于减速比不同，则 $J0$ 折算到电机轴的负载惯量：

$$轴 5\ JL5=J0\times(1/n)^2$$
$$=J0\times(1/6)^2$$
$$=J0\times(1/36)$$
$$=0.0278\,J0, \tag{2}$$

$$轴 1\ JL1 = J0 \times (1/n)^2$$
$$= J0 \times (1/2.4)^2$$
$$= J0 \times (1/5.76)$$
$$= 0.17\ J0。\tag{3}$$

比较式（2）与式（3）得出：

轴 1 的负载惯量是轴 5 负载惯量的 6.1 倍，或轴 5 的负载惯量是轴 1 负载惯量的 16.4%。

所以轴 1 有偏心负载和间歇性负载的共同作用，负载不大而负载形式"恶劣"，间歇性负载也是引起波动的原因之一。但关键是由于减速比的影响，实际负载折算到电机轴的负载惯量较大。所以轴 5 电机实际上的负载惯量小，而轴 1 电机实际上的负载惯量大。由于三菱伺服电机要求转动惯量比<10。超出该指标后系统不稳定，这就是造成轴 1 速度不稳定的原因。

23.4.2　改变机械系统减速比提高系统稳定性

为了消除速度波动，对机电系统做了如下改善。

（1）将轴 1 齿轮箱减速比改为 5。

（2）更换轴 1 伺服电机为 HA-LP15K24。其基本性能为 15kW，2000r/min。

在以上的机电系统配合下，原转动惯量=0.17J0；改换减速比后的转动惯量=0.04J0；转动惯量下降 76%。这样就大大改善了电机的负载状况。

假设：

1500 转电机的转动惯量=295，

2000 转电机的转动惯量=220；

则：

当前惯量比=0.17J0/(295×0.0001)

$\qquad\qquad$=5.76J0，

更换后的惯量比=0.04J0/(220×0.0001)

$\qquad\qquad\qquad$=1.82J0。

更换后的惯量比仅为原来的 31.5%。

选择额定速度 2000r/min 的电机，是为了提高整机的运行速度。经过机电部分的同时改善，整机系统的稳定性得到大大提高，消除了第 1 轴的速度波动，保证了包装机的同步运行精度。

采用三菱 Q173 运动控制器通过虚模式可以构成高精度多轴同步运行系统。在进行伺服系统调试时，要注意检查机电系统的配合，判断机电系统的稳定性，然后通过调整伺服系统的参数可以使伺服系统在最佳状态下运行。

23.5　思考题

（1）构建同步运行的基础是什么？

（2）响应等级参数如何影响伺服系统的运行稳定性？

（3）为什么电机轴的负载不大，但运行中会出现速度波动？

（4）影响负载惯量比的因素有哪些？

（5）什么是相位同步？什么是速度同步？

第 24 章

伺服压力机压力限制保护技术开发

本章介绍基于三菱 QD77 运动控制器的伺服压力机压力控制的一种新方法。比较不同的压力控制方案及使用情况，对压力机做压力控制时出现的问题提出实用的解决方法。

24.1 压力机控制系统的构成及压力控制要求

某厂家的大型压力机为了实现精确的位置控制要求采用伺服系统，经过综合技术经济指标的比较，采用三菱 QPLC 作为主控系统，其运动控制器选用 QD77，伺服驱动器为三菱 MR-J4，伺服电机为 HA-LP22K1M4，配用三菱触摸屏 GT1585。控制系统构成如表 24-1 所示。

表 24-1　控制系统构成

序号	名称	型号	数量	备注
1	CPU	Q06HCPU	1	
2	基板	Q35B	1	
3	电源单元	Q61P	1	
4	运动控制单元	QD77	1	
5	输入单元	QX41	1	
6	输出单元	QY42	1	
7	触摸屏	GT1585	1	
8	伺服驱动器	MR-J4-22KB4	1	
9	伺服电机	HA-LP22K1M4	1	

基于 QD77 运动控制器构成的运动控制系统有丰富的运动控制功能，能够执行多轴插补运行和多轴同时启动运行，即使对于单轴的伺服系统而言，也有精确的点到点控制、连续运动控制和手轮操作，很适合压力机的运动控制。

除了精确的位置控制，由于是大型压力机，所以客户要求进行压力控制，一方面是生产工艺的要求，另一方面是设备安全的要求。要求对于不同的工件进行不同的压力控制，可以在操作屏上方便地进行压力控制值设定。这是压力机特殊的工作要求。

24.2　压力机工作压力与伺服电机转矩的关系

压力机的机械传动结构一般是伺服电机→减速机→丝杠→工作滑块。压力机工作压力计算以做功相等为原则。

伺服电机以额定转矩旋转 N 圈所做的功（N 为减速比）等于工作滑块以额定工作压力行进 1 个螺距所做的功。计算式如下。

设：电机转矩=Q，电机工作扭力=A，电机轴半径=R，压力机工作压力=F，

　　丝杠螺距=L，减速比=N；

基本公式：（做功相等）

$$A \times 2\pi \times R \times N = F \times L \tag{1}$$

由于 $Q = A \times R$，

　　$Q \times 2\pi \times N = F \times L$，

则：$Q = F \times L/(2\pi \times N)$，

　　$F = Q \times 2\pi \times N/L$。

以上公式，经过单位统一，规定 Q 的单位为 N·m，F 的单位为 t，L 的单位为 mm，则：

$$Q = 10 \times F \times L/(2\pi \times N) \tag{2}$$

$$F = Q \times 2\pi \times N/(10 \times L) \tag{3}$$

根据公式（3）得出：工作压力与电机转矩成正比，只要能控制电机转矩，就能控制压力。因此对工作压力的控制就转换为对电机转矩的控制。

24.3　实时转矩控制方案

24.3.1　实时转矩值的读取

在三菱伺服驱动器 MR-J4 中，其硬件带有模拟输出接口，通过参数设置，可以使其输出代表转矩值的模拟信号。

所以实时转矩控制方案是：实时读取转矩值（模拟信号），将该模拟信号送入 PLC 的 A/D 模块，进行 A/D 转换后，与预先设定的数值进行比较，如果实际转矩值达到设定的限制值，就发出停机信号。

如图 24-1 所示，通过设置参数 PC14=0002，在 MO1-LG 输出转矩值。其对应关系是 ±8V——最大转矩，即最大转矩对应模拟输出电压 8V。将模拟信号送入控制系统处理，控制系统使用的 A/D 转换模块的转换关系是 10V 转换为数字 2000，则 8V 转换为数字 1600。

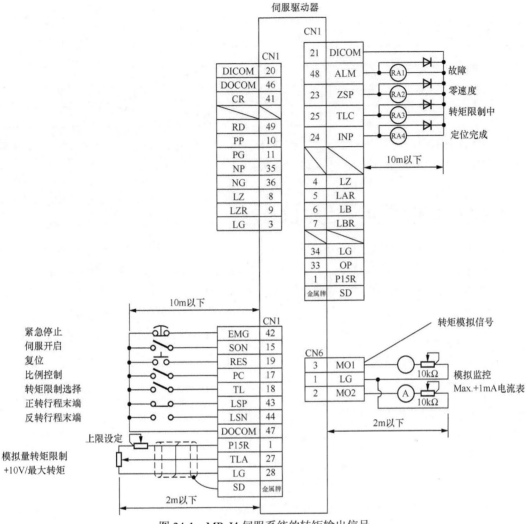

图 24-1　MR-J4 伺服系统的转矩输出信号

24.3.2　实际自动工作状态转矩值测试

在自动工作模式下以不同的速度运行设定的工作距离，测得的转矩数据如表 24-2 所示。

表 24-2　自动运行时的实际测量转矩数据

测试次数	工作行程（mm）	模拟数字量	转矩（%）
1	0.5	650	120
2	0.2	798	135
3	0.1	844	144
4	0.1	891	153
5	0.1	965	159
6	0.1	981	166
7	0.1	1060	178
8	0.1	1082	185
9	0.1	1149	196

续表

测试次数	工作行程（mm）	模拟数字量	转矩（%）
10	0.1	1208	205
11	0.1	1240	210
12	0.1	1315	225
13	0.1	1370	235

从测试数据看，伺服电机工作转矩在 144%～235%范围内未出现报警，而自动工作状态是压力机正常工作状态，所以这组数据有实际意义。

24.3.3　实时转矩控制的 PLC 程序

在 PLC 程序中，如果设置 120%转矩为安全工作状态，对其经过 A/D 转换后存放在 D800中，则停机信号程序如图 24-2 所示。D500 为实际工作转矩，D800 为限制转矩，当实际工作转矩 D500≥限制转矩 D800 时，就发出停机信号 Y100=ON。

图 24-2　停机信号程序

在实际应用中，这种转矩控制方式从转矩到达限制值到停机信号发出的这一时间段，由于受到 PLC 程序扫描周期的影响和机械惯性作用，在停机之前，压力继续上升，可能对机械及工件造成损坏，未能达到压力控制的效果，所以放弃该方案。

24.4　转矩限制方案

24.4.1　作为控制指令的转矩限制指令

再仔细与厂家设计方探讨，厂家要求的功能：为了保护机械设备及工件，必须根据加工工艺设定最大的工作压力，一旦机械工作压力到达最大值，必须使工作压力不超过该设定值；而且应该能够不停机设定，设定后立即生效。

仔细分析运动控制器 QD77 的控制指令，在其控制指令中有新转矩限制值写入指令。在QD77 中，Cd.22 用于存储新转矩限制数据。Cd.22 在 QD77 的 BFM（缓存）中的地址——第 1轴=1525。

在 QD77 中，改变转矩限制值必须向 Cd.22 中写入新的数据。

在 PLC 程序中，有两种方法写入 Cd.22，一种是 TO 指令，另一种是智能指令。图 24-3中的 PLC 程序表示了这两种方法。D512 是可以在触摸屏上设定的转矩限制值。在使用该指令时，最初启动信号使用的是脉冲信号，结果该指令不起作用，仔细查看资料，该指令的接通时间要求大于100ms，将启动信号改用常闭信号SM400后，该指令生效。

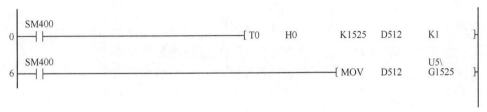

图 24-3　设置转矩限制指令的 PLC 程序

在连续工作中设置更改不同的转矩限制值，实际试压时（用压力测试仪测试）的压力被限制在相应的级别，不再上升，而 QD77 本身并不报警，证明转矩限制功能有效。表 24-3 是实际测量的转矩限制值与压力的关系。

表 24-3　实际测量的转矩限制值与压力的关系

转矩限制值（%）	实际压力（t）
50	9
60	9
70	9
80	10
90	34
100	35
110	48
120	50
130	47
140	51
150	53

24.4.2　使用转矩限制指令的若干问题

1. 实际试压时出现的问题

在进入转矩限制阶段后，实际位置与指令位置出现偏差。显然是在进入转矩限制阶段后，电机被负载外力顶住不能运动，而指令脉冲照样发出，所以出现指令位置和实际位置不一致。

在做定位运行时，试压时出现下列现象。

（1）在滑块向下做压制工件运动时，一直使转矩限制有效，压力就被限制在设定的级别上。

（2）在滑块向上运行时，解除了转矩限制，使 Cd.22=0，这时滑块突然向下运动，压力值突然增加到 160t（原设置值为 50t），反复多次均是同一现象。

（3）在不解除转矩限制时，则没有上述现象。

2. 分析与对策

经过仔细观察和分析，结论如下。

（1）在进入转矩限制状态后，滑块实际位置与指令位置出现偏差。

伺服系统的特性是强制使实际位置=指令位置。所以一旦转矩限制被解除，伺服电机就运动到指令位置压制工件，因此就产生很大的压力。

（2）如果不解除压力限制，则在上升期间，设置较高运行速度时，会出现位置偏差报警。（加速度越大，所需转矩就越大，而转矩又被限制住。）

用户要求仅仅在工作阶段执行转矩限制。

对策之一是设置一个计时器，在上升信号执行某一时间后（待上升距离大于偏差距离后）再解除转矩限制。实际执行中，上述程序上的处理获得了较好的效果。

对策之二是用上升的脉冲信号清除滞留脉冲。这是一种安全的做法。

24.4.3　关于报警

在进入转矩限制状态很短时间后，系统出现"52"号报警。该报警是在伺服系统上出现的报警，其含义是位置偏差过大，指令位置与实际的伺服电机位置间的偏差超过 3 转。

QD77 本身并没有出现报警，而是伺服系统报警，这证明 QD77 只限制转矩量级。

在基于三菱 QD77 运动控制器构成的运动伺服控制系统中，利用其特有的转矩限制值改变指令，可以随时限制伺服系统的工作压力，保护设备和工件。对于不同的工件和加工工艺，可以将转矩限制值作为工艺条件的函数，这对于冷挤压工艺具有重要意义。实际使用时要注意用上升的脉冲信号清除滞留脉冲，避免因转矩突然增加造成对操作人员和设备的伤害。

24.5　思考题

（1）伺服电机转矩与压力机滑块的工作压力有什么关系？如何完全利用伺服电机的最大转矩工作？

（2）如何读取伺服电机实时转矩？

（3）如何限制压力机的最大压力？

（4）在转矩限制时，压力机滑块还能继续移动吗？

（5）解除转矩限制后，可能会出现什么情况？是否会出现危险？

第 25 章

变频器实现定位运行的方法

在普通机床中，为了节约成本，常使用变频主轴，即使用变频器+普通三相异步电机带主轴旋转。在加工精密镗孔时，会要求主轴具备定位功能。加工中心的换刀动作也要求主轴必须具备定位功能。但一般的变频主轴是没有定位功能的，要实现变频主轴定位，必须进行特殊处理。本章以三菱变频器为例介绍变频器实现定位运行的方法。这是将变频器作为伺服系统使用的一种方法。

25.1 硬件配置要求及定位精度

三菱变频器做定位控制必须配置以下硬件。

（1）变频器。

变频器必须是三菱 A 系列的变频器，其他系列变频器不适用。

（2）FR-A7AP 定位卡。

（3）旋转编码器。必须在电机轴或机械轴上安装编码器。编码器技术规格如下。

① 差动型（A 相、A 非相、B 相、B 非相、Z 相、Z 非相）。

② 集电极开路型（A 相、B 相、Z 相）。

③ 脉冲数范围：1000～4096p/r。

（4）变频器定位运行的重复定位精度：±1.5°。

25.2 FR-A7AP 定位卡的安装与接线

FR-A7AP 是用于变频器定位和速度控制的专用模块，属于选配件。FR-A7AP 的功能在于接收编码器发出的脉冲，根据参数的设定，发出定位信号，使电机停止在设定的位置。

FR-A7AP 在变频器内的安装位置如图 25-1 所示。

FR-A7AP 模块的端子排列如图 25-2 所示。

必须按照 FR-A7AP 说明书上的接线图进行接线。以使用欧姆龙公司的编码器 E6B2-CWZ1X 为例，编码器分辨率为 1024p/r，具体接线如表 25-1 所示。表中第 1 行为 FR-A7AP 的端子，第 2 行为编码器的接线端子，FR-A7AP 的端子中，PIN 与 P0 不接任何线，两个 PG 短接，两个 SD 也要短接，PG 与 SD 之间接 DC5V 电源，PG 接正，SD 接负。图 25-3 是具体的接线图。

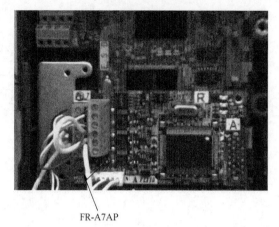

图 25-1　FR-A7AP 安装的位置

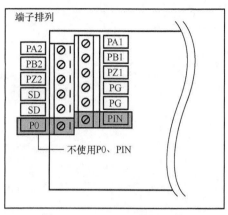

图 25-2　FR-A7AP 的端子排列

表 25-1　FR-A7AP 接线表

PA1	PB1	PZ1	PG	PG	PA2	PB2	PZ2	SD	SD
A	B	Z	+5V		A 非	B 非	Z 非	0V	

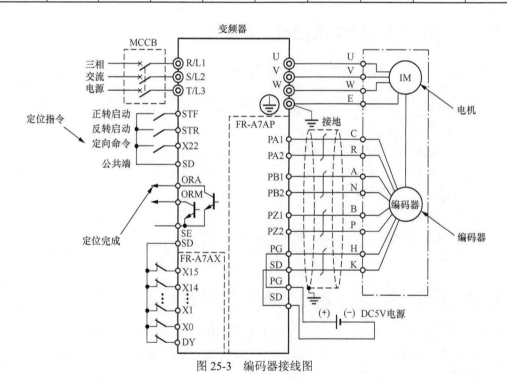

图 25-3　编码器接线图

25.3　变频器参数设定

1. 定位启动信号

要执行定位运行，必须设置定位启动指令端子。具体方法：将变频器的某个输入端子通过参数重新定义其功能。举例如下。

选定变频器的 RES 端子作为定位启动指令端子。设置参数 Pr.189=22（RES 端子被定义为定位启动指令端子，即图 25-3 中的 X22）。参照图 25-3 连线，当 X22=ON，发出定位启动指令。

当定位完成后，变频器需要输出一个定位完成信号。定位完成信号的设置举例如下。

选定变频器的 FU 端子作为定位完成信号端子。设置参数 Pr.194=27（FU 端子被定义为定位完成端子 ORA）。参照图 25-3 连线，当定位完成时，发出 ORA=ON 信号。

2. 定位运行主要参数设置

（1）Pr.350——定位模式指令选择。

本参数用于选择定位指令模式。

Pr.350=0，使用变频器内部指令进行定位。

Pr.350=1，使用外部信号进行定位（配用 FX-A7AX）。

Pr.350=9999，定位功能无效（初始设置）。

执行定位运行时，设置 Pr.350=0。

（2）Pr.351——定位速度。设置定位运行时的速度（设定范围：0.5～30Hz），参见图 25-4。

（3）Pr.352——爬行速度（设定范围：0.5～10Hz），参见图 25-5。

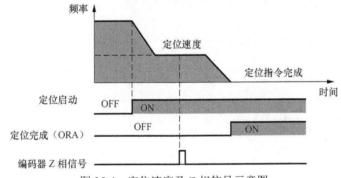

图 25-4　定位速度及 Z 相信号示意图

（4）Pr.353——爬行速度切换点，从定位速度切换到爬行速度的位置点。参数单位为脉冲，根据当前位置脉冲数设定（设定范围：0～9999）。Pr.353=当前位置脉冲数时，开始爬行，参见图 25-5。

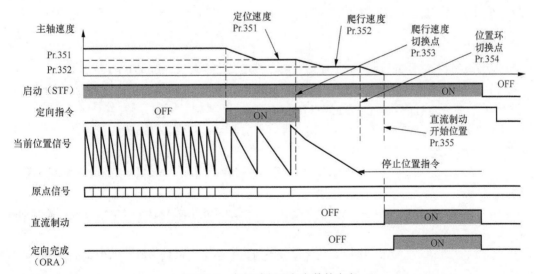

图 25-5　定位过程及各参数的定义

（5）Pr.354——位置环切换点。在该位置点（如图 25-5 所示），变频器内部进入位置控制，之前都是速度控制。参数单位为脉冲，根据当前位置脉冲数设定（设定范围：0～8191）。Pr.354=当前位置脉冲数时，开始进入位置控制。

（6）Pr.355——直流制动开始位置。

在位置控制时，执行直流制动的起始位置。参数单位为脉冲（设定范围：0～255）。根据当前位置脉冲数设定。Pr.355=当前位置脉冲数时，开始执行直流制动。

（7）Pr.356——定位距离。单位为脉冲数（设定范围：0～9999）。

这是最重要的参数之一。本参数决定定位位置，定位位置从原点起计算。

（8）Pr.359——PLG 转动方向，是指从编码器方向看，顺时针方向转为 0，逆时针方向转为 1，如图 25-6 所示。

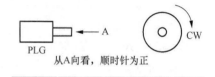
从A向看，顺时针为正

（9）Pr.369——PLG 脉冲数。指编码器铭牌上标定的 PLG 脉冲数。

（10）Pr.357——定位精度。本参数用于设置定位完成区域。参数单位为脉冲（设定范围：0～255）。

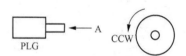
从A向看，逆时针为正

（11）Pr.361——定位位置调节量。在定位完成后，如果需要对定位位置进行调节（增加或减少），使用本参数设置调节量。

图 25-6　编码器旋转方向

25.4　定位过程

定位过程：

（1）在运行过程中的定位；

（2）从停止状态启动的定位；

（3）连续多点定位。

25.4.1　在运行过程中的定位

参见图 25-5。

（1）发出定位启动信号（X22=ON），电机减速至定位速度（Pr.351 设定值）。

当 X22=ON 后，变频器内部开始检测编码器发出的第 1 个 Z 相信号，以该点作为定位运行的原点。定位运行的当前值以此原点为基准。

（2）用参数 Pr.353 设定爬行速度切换点。当前值等于参数 Pr.353 设定值时，从定位速度切换到爬行速度。

（3）在当前值等于参数 Pr.354 设定值（位置环切换点）时，变频器切换到位置控制模式，电机继续减速。

（4）在当前值等于参数 Pr.355 设定值（直流制动开始位置）时，变频器进入直流制动状态。电机制动停止。

（5）在当前值与 Pr.356 定位距离之差（绝对值）小于定位精度时，即为定位完成。定位精度Δθ及其计算公式如图 25-7 所示。

定位完成后，变频器输出定位完成信号（ORA）。

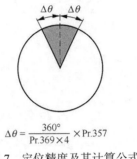

$$\Delta\theta = \frac{360°}{Pr.369 \times 4} \times Pr.357$$

图 25-7 定位精度及其计算公式

25.4.2 从停止状态执行定位运行

（1）发出定位启动信号（X22=ON），电机加速到定位速度（Pr.351 设定值）。

（2）其余与 25.4.1 小节（3）～（5）步相同。

> **注意** 如果设定的定位距离＜直流制动位置，则直流制动电机停止。

25.4.3 连续多点定位

执行连续多点定位必须配置 FR-A7AX，通过外部信号不断改变定位位置，从而实现连续多点定位。

25.4.4 关于定位原点的确定方法

（1）设置直流制动开始位置 Pr.355=0。

（2）设置定位距离 Pr.356=0。

（3）设置 Pr.369=编码器的分辨率。

（4）定位启动，X22=ON。

（5）电机停止的位置即为原点。

25.4.5 关于编码器脉冲的 4 倍频

1. 关于 4 倍频

参数 Pr.369 为 PLG 脉冲数，根据编码器铭牌值设定其设置值。如铭牌值=1024p/r，则设置值=1024。在变频器内部自动将设置值扩大 4 倍，按照 4 倍频即 4096p/r 进行定位计算，即：定位精度=360/4096=0.087（°/PLS）。

2. 定位位置

关于 Pr.356——定位距离，根据编码器分辨率和 Pr.359——PLG 转动方向来进行停止位置确定。当编码器分辨率为 1024p/r 时，Pr.369 设定为 1024。按照 4 倍频（即 4096p/r）进行计算定位，如图 25-8 所示。

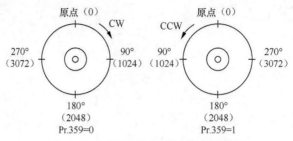

图 25-8　定位位置与 4 倍频脉冲的关系

　　使用变频器做定位运行，使变频器具备伺服系统的功能，大大降低了控制系统的成本，特别是在电机功率较大的工作机械中，成本降低的效果尤其明显，在精度要求不太高的场合，是完全可以使用的。

25.5　思考题

　　（1）变频器做定位运行需要配置什么硬件？

　　（2）需要在普通电机轴上加装编码器吗？

　　（3）定位运行需要设置哪些参数？

　　（4）在定位运行中，变频器是如何确定原点位置的？

　　（5）如何实现连续多点定位？

第 *26* 章

变频器伺服运行技术开发

本章学习使用变频器代替伺服驱动系统构成一套运动控制系统的方法和要求。这是提高运动控制系统经济性的有效方法。

运动控制器一般的控制对象是伺服系统。为了节约成本，在下列情况下也可以使用变频器作为伺服系统运行。

（1）在多轴控制中，某些轴定位精度要求不高的场合（变频器运行重复定位精度：±1.5°）。

（2）在多轴控制中，某些轴定位精度要求不高还要求有插补功能的场合（运动控制器具备 4 轴插补功能）。

（3）要求多轴同步运行的场合。

本章介绍了以运动控制器作为主控制器，以变频器作为驱动单元的方法。

26.1 硬件的要求

① 运动控制器 Q172/Q173（具备 SSCNETIII功能）。

② 三菱 A700 系列变频器/V500 系列变频器（FR-A800 系列变频器配用 QD 系列的运动控制器；FR-V500 系列变频器配用 QN 系列的运动控制器）。

③ FR-A7NS SSCNETIII专用通信卡。

④ FR-A7AP 定位控制卡。

⑤ 旋转编码器（1000～4096p/r）。

在以上硬件基础上，可以构成以运动控制器作为主控制器，以变频器为驱动单元的运动控制系统，如图 26-1 所示。

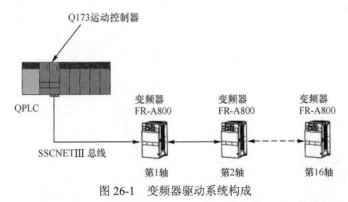

图 26-1 变频器驱动系统构成

26.2　FR-A7NS SSCNET 通信卡的技术规格及使用

伺服系统控制网Ⅲ（Servo System Controller NETworkⅢ，SSCNETⅢ）采用光纤电缆连接，构成运动控制器与伺服系统的控制网。

1. FR-A7NS SSCNET 通信卡

FR-A7NS SSCNET 是变频器在 SSCNETⅢ网络中的通信卡。通过 FR-A7NS，运动控制器的指令传送到变频器，变频器在其控制下可做速度控制、位置控制、转矩控制。这样，变频器在 SSCNETⅢ构成的以运动控制器为主控器的网络中，就成为了一个伺服轴。FR-A7NS 各接口说明如图 26-2 所示。

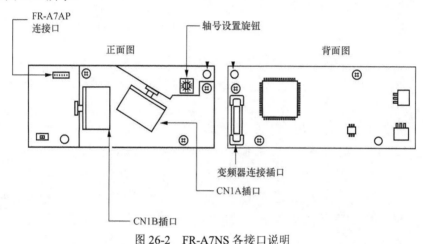

图 26-2　FR-A7NS 各接口说明

2. FR-A7NS 各接口的说明和连接

（1）安装。

变频器内各选件的安装连接如图 26-3、图 26-4 所示。

① FR-A7NS 必须安装在变频器上的第 3 选件插槽。

② FR-A7AP 必须安装在变频器上的第 2 选件插槽。

③ FR-A7NS 必须与 FR-A7AP 通过排缆连接。

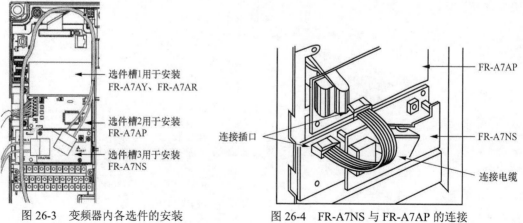

图 26-3　变频器内各选件的安装

图 26-4　FR-A7NS 与 FR-A7AP 的连接

（2）FR-A7NS 各接口及用途。

如图 26-2 所示。

① CN1A——用于连接上一台伺服驱动器/变频器/运动控制器。

② CN1B——用于连接下一台伺服驱动器/变频器。

3. 使用 FR-A7NS 注意事项

① FR-A7NS 必须与 FR-A7AP/FR-A7AL 同时使用，此时变频器进入矢量控制模式，可以进行 SSCNETⅢ通信。

② 如果只安装 FR-A7NS 而未安装 FR-A7AP，变频器会出现选件异常（E.OPT）报警。

③ 如果 FR-A7NS 与 FR-A7AP 之间未连接专用电缆，变频器会出现选件异常（E.OPT）报警。

4. 轴号设定

FR-A7NS 上的轴号设置旋钮如图 26-5 所示，用于设置轴号。设置方法与伺服驱动器的轴号设置方法相同。

如变频电机是第 4 轴，旋转开关拨到 3，如表 26-1 所示。

图 26-5　轴号设置旋钮

表 26-1　轴号的设置

旋钮指针	轴号	旋钮指针	轴号
0	第 1 轴	8	第 9 轴
1	第 2 轴	9	第 10 轴
2	第 3 轴	A	第 11 轴
3	第 4 轴	B	第 12 轴
4	第 5 轴	C	第 13 轴
5	第 6 轴	D	第 14 轴
6	第 7 轴	E	第 15 轴
7	第 8 轴	F	第 16 轴

这样，在整个运动控制系统中，变频器的连接如图 26-6 所示。

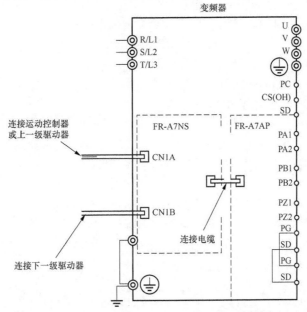

图 26-6　变频器及 FR-A7NS/FR-A7AP 连接图

26.3 变频器相关参数设置

（1）Pr.499——SSCNETⅢ动作选择。

本参数用于选择 SSCNETⅢ通信的有效或无效，选择发生通信切断时的动作及报警解除方法。本参数是重要参数，通常设置 Pr.499=0。

（2）Pr.379——电机旋转方向选择。

本参数设定时要参考 Pr.359（PLG 旋转方向设定值）。其关系如表 26-2 所示。

表 26-2 参数设置

Pr.359	Pr.379	电机旋转方向	
		当前值增加	当前值减少
1	0（初始值）	CCW	CW
	1	CW	CCW
0	0（初始值）	CW	CCW
	1	CCW	CW

通常设置 Pr.379=0。

（3）Pr.800——控制模式选择。

本参数用于选择控制模式。

Pr.800=0，速度控制。

Pr.800=1，转矩控制。

Pr.800=3，位置控制。

（4）Pr.449——输入滤波器时间。

通常设置 Pr.449=4。

（5）Pr.52——PU/DU 主面板显示选择。

设置 Pr.52=39，PU 面板显示 SSCNETⅢ的通信状态。

（6）行程上限、行程下限、DOG 开关的设置方法。

设置 Pr.178=60，STF 端子=行程上限开关。

设置 Pr.179=61，STR 端子=行程下限开关。

设置 Pr.185=76，JOG 端子=DOG 开关。

26.4 运动控制器系统构成及设置

（1）运动控制器系统设置如图 26-7 所示。运动控制器排在主控 CPU 右侧。

（2）SSCNETⅢ结构如图 26-8 所示。伺服系统与变频器通过 SSCNETⅢ总线连接于运动控制器上。

（3）伺服参数设置。

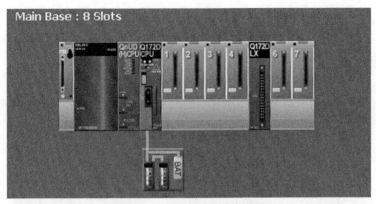

图 26-7　运动控制器系统设置

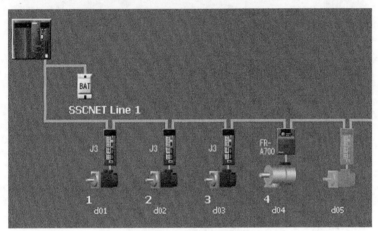

图 26-8　SSCNETⅢ结构

表 26-3 是 4 轴系统的伺服参数设置，其中轴 4 为变频器。

表 26-3　伺服参数设置

参数	轴 1	轴 2	轴 3	轴 4（变频器）
单位	3：脉冲	3：脉冲	3：脉冲	3：脉冲
每转脉冲数	262144PLS	262144PLS	262144PLS	4096PLS
每转行程	20000PLS	20000PLS	20000PLS	4096PLS
上限位	2147483647	2147483647	2147483647	2147483647
下限位	−2147483647	−2147483647	−2147483647	−2147483647
定位精度	100PLS	100PLS	100PLS	100PLS

注意第 4 轴是变频器参数，第 1～3 轴是伺服轴，编码器分辨率是 262144p/r，变频轴的分辨率是 4096p/r，与变频器配用的编码器有关。因此参数设置如表 26-3 所示。

26.5　运动程序编制

经过以上设置之后，变频器轴就完全成为一个伺服轴。运动控制器中所有的指令对变频轴同样有效。

通过运动控制器的 SFC 程序，可以执行 JOG、定位、回原点等，虚模式运行和实模式运行。

26.5.1　回原点

如图 26-9 所示，使用 DOG1 型回原点方式，SFC 程序的编写与伺服轴一样。其中 G15 的条件为第 4 轴的到位信号和通过原点状态信号。

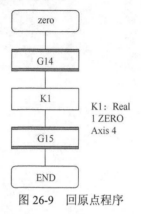

图 26-9　回原点程序

26.5.2　定位

图 26-10 所示为定位程序，其中 K7 为变频轴的定位。定位在实模式下执行，根据图 26-10 的设置，定位行程是 2048PLS，速度是 1024PLS/s。

图 26-10　定位程序

26.6　虚模式下的同步运行

图 26-11 是虚模式下 4 轴同步运行的机械结构图。

图 26-11　虚模式下 4 轴同步运行的机械结构图

虚模式的运行方式是给虚轴发送运动控制指令，同步控制 4 个轴。如图 26-12 所示的 SFC 程序中 K100 指令是对虚轴发出的速度运行指令。

```
┌─────────────┐
│   virtual   │
└──────┬──────┘
┌──────┴──────┐
│     F9      │
└──────┬──────┘
┌──────┴──────┐
│     G16     │
└──────┬──────┘
┌──────┴──────┐
│    K100     │       K100: Virtual
└──────┬──────┘       1VF
┌──────┴──────┐       Axis 1
│     G17     │       Speed 2621440 PLS/s
└──────┬──────┘
┌──────┴──────┐
│     F10     │
└──────┬──────┘
┌──────┴──────┐
│     END     │
└─────────────┘
```

图 26-12　虚模式运动程序

由于虚轴默认虚拟编码器分辨率为 2621440p/r，而变频轴的分辨率是 4096p/r，是伺服轴的 1/64。给虚轴发一个 2621440PLS/s 速度指令时，在变频器轴上速度指令也是 2621440PLS/s。伺服轴的速度为 10r/s，变频器轴的速度则为 640r/s。速度相差很大，实际调试运行时必须特别注意。

为了在同一指令下获得同样的转速，必须在机械结构图的齿轮比上做适当的设置，如图 26-13 所示。

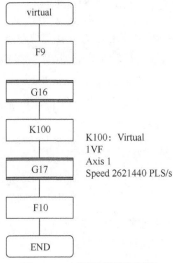

齿轮比设置	
参数	设置值
输入轴齿数	1
输出轴齿数	64
旋转方向	正向

图 26-13　对变频器轴的齿轮比设置

经过如图 26-13 所示的设置后，4 轴就可以同步速度运行。

26.7　注意事项

（1）在变频器以 SSCNETⅢ模式运行时，变频器很多其他参数和端子功能失效。请参看 FR-A7NS 使用说明书。

（2）必须特别注意在虚模式下齿轮减速比的设置，避免发生危险。

26.8 关于变频器定位精度的计算

根据 FR-A7AP 说明书,变频器定位运行的重复定位精度:±1.5°。

设:减速比=N,螺距=L(mm)(每转行程),则实际机械系统重复定位精度的计算公式:

$$M =[1.5°/(360 \times N)] \times L$$

在减速比=1,螺距=10mm 时,机械系统重复定位精度 M=0.04mm。

变频器定位精度的计算可供选型时参考。

26.9 思考题

(1)使用变频器构成运动控制网络对变频器硬件有什么要求?

(2)如何设置变频器的相关参数?

(3)编制运动控制器的运动程序对变频器有什么不同?

(4)什么是虚模式?如何使用虚模式构成同步控制系统?

(5)变频器的定位精度可以达到什么量级?如何表示?

第 27 章

基于简易运动控制器的专用机床控制系统开发

本章将学习使用简易运动控制器作为专用机床控制系统的案例；学习一种建立绝对位置检测系统的新方法；学习排除定位不准故障的方法。

27.1 项目背景

某客户的专用机床工作要求如下。

（1）有一运动轴用伺服电机控制，要求实现精确位置控制。

（2）要求实现绝对位置检测。即不需要每次上电后回原点。

（3）能够实现连续多段定位。

（4）能够做速度控制，也能够实现位置控制。

（5）加工零件对象固定，工作程序固定。

（6）控制系统成本低。

27.2 控制系统方案及配置

一、方案及配置

经过对客户专用机床动作要求和性能指标的详细了解，综合技术经济指标，提出了下列控制系统方案。

（1）主控系统采用三菱 FX2N-80MR PLC。

（2）运动控制单元采用 FX2N-1PG 位置控制单元。

（3）伺服驱动器 MR-J3-350A（200V AC 级）。

（4）伺服电机 HF-SP352 额定功率 3.5kW，额定速度 2000r/min。

二、简易运动控制单元 FX2N-1PG

选用 FX2N-1PG 做运动控制器是因为其具备丰富的功能，其功能简述如下。

（1）FX2N-1PG（以下简称 1PG）是一个简单的运动控制器。它通过发送脉冲给伺服驱动器或步进电机实现运动控制。

（2）FX2N-1PG 不能独立地实现运动控制，只能作为 FXPLC 的一个智能单元使用。必须通过主控制 FXPLC 对 1PG 进行读、写指令操作（FROM/TO 指令），实现运动控制。

（3）FX2N-1PG 作为一个运动控制器其内部也有接收运动指令的接口和表示运动状态的接口。由于它必须与主 PLC 交换信息，所以这些接口都在其缓冲区——BFM。在 BFM 区内规定了各指令接口和状态接口的位置。

（4）所有与运动相关的参数全部在 BFM 内，通过 PLC 的写指令进行设置。

（5）1PG 具备回原点模式、JOG 模式、自动模式，但没有手轮模式。

（6）在自动模式中，其运动指令有：①单速定位；②（带工艺完成功能的）单速定位；③外部信号指令定位；④双速定位；⑤变速运行（速度可任意变化，类似于变频器）。

27.3 基于 1PG 的自动程序编制

对 1PG 只能设置定位位置、定位速度和定位方式。要构成连续的自动运行方式必须在 PLC 一侧编制步进程序。图 27-1 所示的为步进程序。

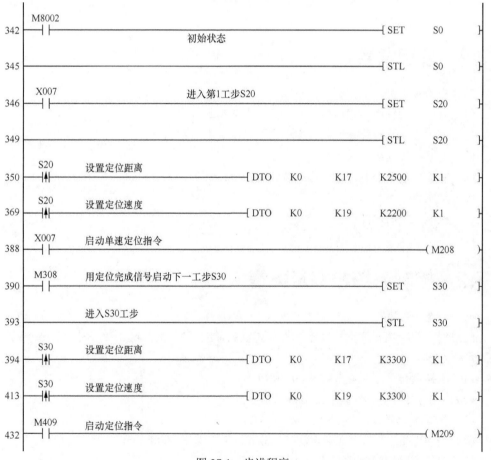

图 27-1 步进程序

如图 27-1 所示的 PLC 程序中，在第 342 步，用上电信号设置一个初始状态。在 346 步，自动启动指令 X007=ON，进入第 1 工步 S20，在这一工步中，用脉冲信号设置定位距离和定位速度。

用 X007 发出单速定位指令。当定位完成后，用定位完成信号启动进入下一工步 S30。在 S30 工步中，重新设置定位距离和定位速度，由此构成整个运动程序。

在实际的各工步转换过程中，根据经验，加一个计时器做延迟更利于稳定的转换。延迟时间要根据工步运行状态确定。

27.4　绝对位置检测系统的建立

1PG 没有专门的建立绝对位置检测系统的功能，但客户要求在这套控制系统上采用绝对位置检测系统。经过分析，要建立绝对位置检测系统，必须采用以下两种方法。

（1）通过主 PLC 的绝对值读取指令。这种方法要做硬件电缆连接，比较复杂。

（2）采用数控系统的简易绝对位置检测系统建立方法。在运动过程中一直读取系统当前值，并将当前值送到断电保持寄存器中，在系统关机时，能保存当前数据，在重新上电后再把保存的数据送回 1PG 当前值寄存器。

按照此思路，编制 PLC 程序如图 27-2 所示。

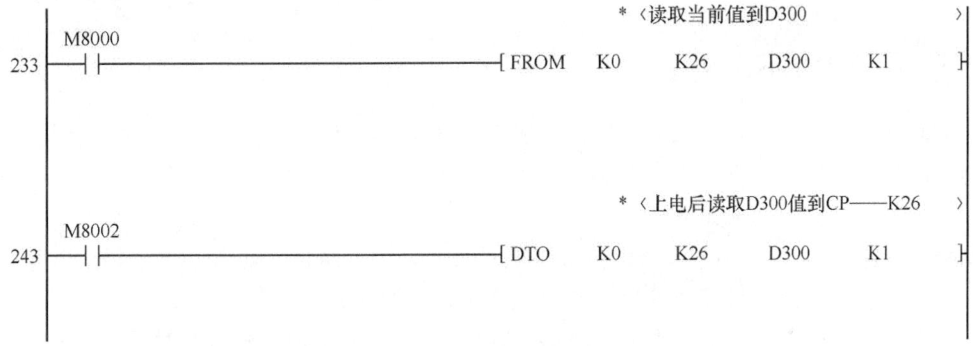

图 27-2　保存当前值的 PLC 程序

但断电又重新上电后，读出的数据为零，当前值数据丢失了。错误在什么地方呢？这种方法有问题吗？经过仔细分析：在如图 27-2 所示程序的第 233 步，如果一上电就读取数据，当前值还为 0。读出的数据=0，结果 D300=0。到第 243 步又将 D300（D300=0）写入当前值寄存器。所以当前值=0。

解决这一问题的方法是上电后延迟一段时间再读取当前值数据。改进后的程序如图 27-3 所示。在图 27-3 中的第 213 步，在上电脉冲 M8002 之后，再经过 50ms 才发出 SET M10 指令。用 M10 控制第 202 步的读取当前值指令，这样就可以读到在断电时所保存的数据了。

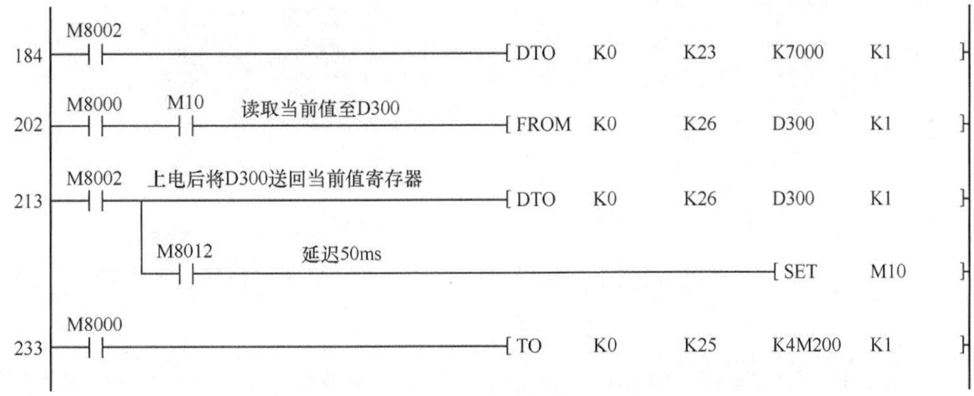

图 27-3　建立简易绝对值检测系统的方法

这种简易绝对值位置检测系统建立方法是最简便的方法，推而广之，可以在其他控制系统中使用。只是在最初时还需要一个输入信号做 DOG 信号建立原点。在对原点位置没有严格要求时，可定义操作面板上任意一个信号做 DOG 信号，不用实际做一个 DOG 挡块，这是建立原点的一个简化方法。

使用这种方法要特别注意：如果在断电以后，机械发生了移动，控制系统无法检测到断电期间机械移动的情况下必须在上电后重新做回原点操作，在建立了正确的坐标系以后，再进行自动运行。

27.5　定位不准的问题及其解决方法

本专机的工作要求是做速度—位置控制运行，即先以某一速度运行，在接到工艺完成信号后再进行定位。

27.5.1　定位不准的现象

现场运行发现：经过多次运行后，出现定位运行有时准、有时不准的现象。技术人员感到迷惑：同一套控制系统、同一套程序，为什么会出现定位运行有时准、有时不准的现象？

工作机械的动作要求如下。

如图 27-4 所示，以 A 点为原点，顺时针为正向，工件从 A 点开始运行，经过 N 转后，在 C 点接到工艺完成信号，要求从 C 点开始定位运行到 A 点。

作者在现场仔细观察了工作过程，发现最后的定位运行有时正转，有时反转。以图 27-4 所示为例，当圆筒到达 C 点，要求圆筒定位运行到 A 点，圆筒可能按顺时针回到 A 点，也可能按逆时针回到 A 点。如果圆筒在速度运行阶段按顺时针运行，在接到工艺完成信号后逆时针运行，就会出现反向间隙误差。

因此判断是反向间隙在起作用。反向间隙示意图如图 27-5 所示。

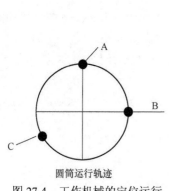

图 27-4　工作机械的定位运行

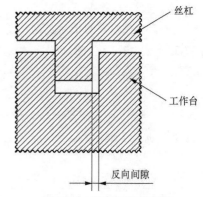

图 27-5　反向间隙示意图

由于 1PG 没有反向间隙补偿功能，因此在反向运行后，必定会出现反向间隙误差。

27.5.2　解决问题的方法

提出的解决方法是强制定位运行与旋转方向一致。原 PLC 程序为以当前值除以 1 圈行程，取其余数，以余数作为定位值反向运行定位，即以 A 点为原点，顺时针为正向，当工件从 A 点开始运行，经过 N 转后，在 C 点接到工艺完成信号，然后经过 C→B→A 定位到 A 点。

求出工件 C 点在 1 周中的当前值（以当前值除以 1 周行程，取其余数。在图 27-6 中 D502=余数）。

计算 C→A 之间的距离（1 周行程-余数。D550=C→A 段的行程）。

求出定位点 A 点的绝对数值（C 点绝对当前值+C→A 之间的距离。D580=A 点的绝对行程）。以此数值作为工艺完成定位指令的数值。

改进后的 PLC 程序如图 27-6 所示。

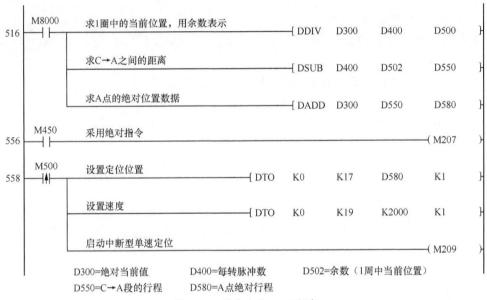

图 27-6 单向定位 PLC 程序

PLC 程序说明如下。

D300=绝对当前值。

D400=每转脉冲数。

D502=余数（1 周中 C 点的位置）。

D550=C→A 段的行程。

D580=A 点的绝对行程。

第 516 步就是计算 A 点绝对位置的过程。计算 A 点绝对位置的目的就是要在下一步的定位运行中给出一个目标值，保证下一步是继续向前正转运行而不会反转运行。这样就避免了反向间隙的影响。经过这样的 PLC 程序处理之后，整机能够准确定位。

由于 1PG 没有反向间隙补偿功能，所以在选型时必须注意，对要求精确定位、有换向运动的机床是不适合的，但是对一般定位精度要求，而且动作简单或动作固定的机床还是适用的。

对于动作简单的机床可以将动作规定为一个方向运动，并且应该与最初的回原点方向一致。

对于要求换向动作复杂的机床，如果其运动程序固定，则可以在运动程序中编制一个换向编程子程序，每次运动换向前就调用一次换向编程子程序。这就相当于执行了一次反向间隙补偿，只是要求每套机械对应于一套程序，否则编程的工作就太大了。

1PG 是一个功能足够丰富的位置控制单元，适合于控制动作固定的工作机械。实际上一台主 PLC 可以带 8 台 1PG，可以低成本构成一套多轴控制系统。

经过处理，1PG 系统也可以构成绝对位置检测系统。

但 1PG 毕竟是简易低成本位置控制系统，没有反向间隙补偿，没有手轮功能。这是选型时必须注意的。

27.6　思考题

（1）简易运动控制器 FX-1PG 有哪些功能？

（2）基于 FX-1PG 如何编制运动程序？

（3）基于 FX-1PG 如何建立绝对位置检测系统？如果发生停电后机械系统被外力移动，应该如何处理？

（4）定位运动方向对定位精度有影响吗？应该如何消除其影响？

第 *28* 章

PLC 位置控制系统中的手轮应用

本章学习在使用 FX PLC 做定位运行时，如何接入手轮做手轮运行。客户在很多场合会有这种要求。本章介绍了在 FX PLC 做定位运行时，接入手轮的试验，提出了解决方案。

三菱 FX3UPLC 本身具备 3 个高速脉冲输出口，可以连接 3 套伺服系统，构成精密定位工作机械。其高速脉冲输出口具备 100K 的输出频率。这样，由 FX3U 构成定位控制系统时就可以省略原来需要的脉冲发生单元 FX2N-1PG 或 FX10GM 定位单元，以比较低的成本组成多轴运动控制系统。实际构成定位控制系统时，很多工作机械要求用手轮进行精确的定位，但是单独由 PLC 构成的运动控制系统内没有独立的手轮接口，如何才能满足这类工作机械的要求呢？

28.1 FX PLC 使用手轮理论上的可能性

1. 运动控制指令

三菱 FX PLC 内关于运动控制的指令有以下几条。

（1）回原点指令。

（2）相对值定位指令。

（3）绝对值定位指令。

其程序指令如图 28-1 所示。

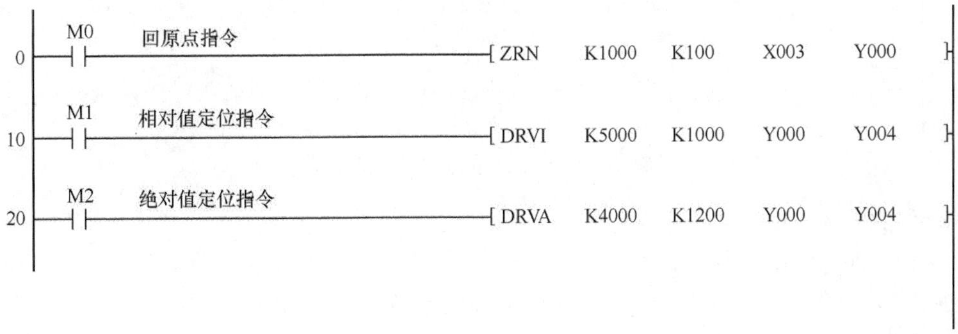

图 28-1 FX PLC 具有的定位控制指令

2. 可以构成的运动模式

（1）回原点模式。

（2）点动（JOG）模式。

（3）自动（定位）模式。

其点动（JOG）运行模式实际上是使用了相对定位指令。而手轮模式与 JOG 模式类似，如果要加入手轮运行模式，也必须在现有的可以使用的指令基础上加以开发。要使用手轮运行模式必须具备下列条件。

PLC 输入接口必须能接收手轮的高速输入脉冲，并且识别正反向脉冲，这个输入的脉冲值就作为定位的数据。而且，随着手轮输入脉冲的变化，能相应地发出相对值定位指令或绝对值定位指令，使伺服电机跟随运动。

28.2　PLC 程序的处理

基于以上考虑，对 PLC 程序做了以下处理。

（1）使用 FX PLC 内部的高速计数器 C251 接收来自手轮的脉冲信号。高速计数器 C251 具有双相双输入，手轮的 A/B 相脉冲信号接入 PLC 的两个输入点，这样能及时检测到手轮的正/反转脉冲信号，高速计数器 C251 内的计数值随之增加或减少，而 C251 内的数值正可以作为定位的数据。

（2）使用手轮的目的：一是为了获得足够慢的速度；二是为了获得精确的位置数据，为最终的自动程序提供位置数据。因此，在手轮模式下驱动电机必须使用绝对值指令，这样，通过监视当前值寄存器的数值就能获得精确的位置数据。

28.2.1　手轮的输入信号

选用的手轮是带 A/B 相脉冲的手轮，工作电压为 DC12V～DC24V，集电极开路输出，A/B 相脉冲信号分别接入 PLC 的 X0、X1 端。手轮的 DC0V 端与 PLC 输入信号的 COM 端相连。与其相关的 PLC 程序如图 28-2 所示。

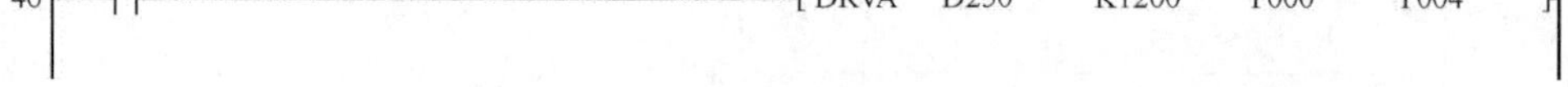

图 28-2　用于处理手轮信号的 PLC 程序

连线完毕上电后，可以监视到 C251 的值随着手轮的正反转而变化。

使用绝对值定位指令，以高速计数器 C251 的数据 D250 作为定位数据，保持启动指令（X22=ON）一直接通，摇动手轮，可以监视到定位数据一直变化，但实际电机并未动作。这是什么原因？难道该指令失效了？

经过实验，这条指令（即绝对值定位指令）在一次定位完成后，即使定位数据发生变化，其指令并不生效，必须重新启动触发条件（X22）后，该指令才能重新执行一次。

这样在用手轮给出定位数据后，还必须给出一启动信号，电机才能运行。实验中，单独给出一启动信号，电机确实能随手轮给出的数据运动，但电机的运动一方面显得"迟钝"；另一方面，其速度忽快忽慢。其"迟钝"的原因是启动信号总是在手轮停止后才发出，不可避免地要出现"迟钝"，这种效果不能进入实用阶段。那么，怎样才能实现手轮模式的边摇边动的效果呢？

28.2.2 对手轮运行模式下启动信号的处理

问题的关键是处理启动信号。PLC 内的高速计数器 C251 表示手轮输入脉冲数据的状态，当 C251 不等于 0 时表示有脉冲输入，可以用这个状态作为启动信号，当定位完毕后用 PLC 内部的定位完成标志 M8029 对 C251 置零，按照这个思路编制了 PLC 程序，未能得到良好效果，电机时转时不转，也不能进入实用阶段。

那么，直接用脉冲信号作为启动信号可以吗？从手轮的 A/B 相输入的脉冲已经接入 PLC 的 X0、X1 端作为计数信号，再将 A/B 相信号连接在 PLC 的输入端 X6、X7 上，用其做绝对值定位指令的启动信号，效果会怎样呢？按此思路编制了 PLC 程序，如图 28-3 所示。

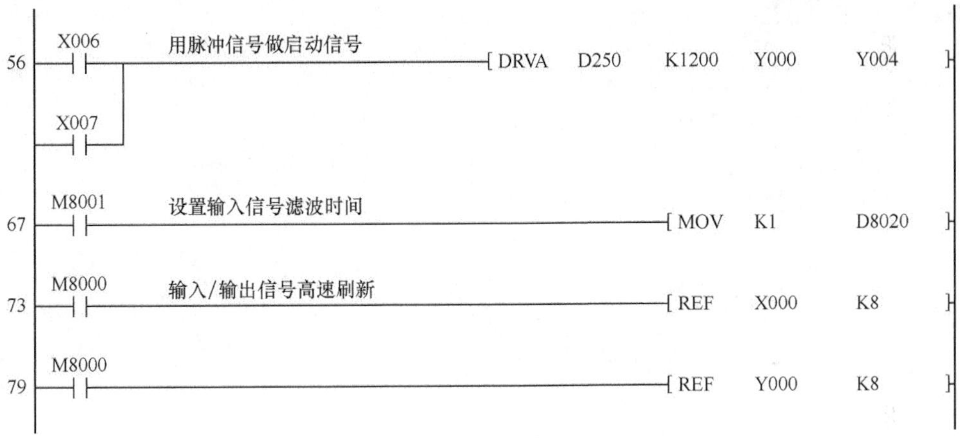

图 28-3　启动信号的处理

实验效果是，摇动手轮后，电机能随之正/反向运动，但快速摇动手轮时，电机不能随之快速运动，有时甚至不动，只有慢速摇动手轮时，电机能正常运行。这是什么原因呢？

经过分析，其原因是当输入信号的频率高到一定数值，超过 PLC 程序的扫描周期时，PLC 检测不到手轮 A/B 相信号的低电平，只检测到高电平，这样，定位指令一直保持接通 ON 状态，没有 OFF→ON 的变化。所以定位指令就没有执行。从 PLC 程序上监视到的情况确实是输入信号 X6 或 X7 一直保持 ON 状态。

如果 PLC 程序的扫描周期＝2ms，输入信号滤波延迟时间＝10ms，则允许的手轮脉冲信号频率＝1000/12，约 90Hz。实验中用手轮每转发出 100 脉冲，在 2r/s 时可以观察到电机已经不能正常运行。

28.2.3 提高 PLC 处理速度响应性的方法

为了提高 PLC 输入信号的响应性，必须使用其高速输入/输出功能，及缩小输入信号的滤波时间，按此思路编制的 PLC 程序如图 28-3 所示。

（1）REF 指令是输入/输出刷新指令，该指令不受程序扫描周期的影响，直接检测输入信号并立即输出运算结果。使用该指令后，情况有些改善，但效果不明显。这是因为扫描周期的时间本身也很小，扫描周期不是主要因素。

（2）输入信号的滤波时间是重要影响因素，输入信号的滤波时间较大，所以还必须减少输入信号的滤波时间。

一般的滤波时间为 10ms，经过如图 28-3 所示程序处理后，滤波时间可减少到 1ms。

经以上处理后，输入信号不受 PLC 扫描周期的影响，输入滤波时间仅为 1ms，综合其他方面的影响，其响应频率可达到 300Hz。手轮的输入脉冲频率可达到 300Hz，实际实验时，以 3r/s 的速度摇动手轮，可以驱动电机运行，这样在伺服驱动器一侧再设定适当的电子齿轮比，就能获得适当的电机运行速度，对于由 PLC 直接构成的定位系统而言，这样使用手轮就满足实际的工作机械要求了。

结论：在由 FX PLC 构成的定位系统中可以使用手轮，而且可以获得令人满意的实用效果。

28.3　思考题

（1）FX PLC 用于运动控制指令有哪几条？各起什么作用？

（2）手轮脉冲信号是通过高速计数端输入 FX PLC 的吗？

（3）为什么输入手轮脉冲后会出现伺服电机不动，抖动、蠕动等现象？

（4）如何提高 PLC 对输入信号的响应性？

第29章
伺服压力机的伺服电机选型及压力测试方法

本章要学习测试伺服电机转矩的一种新方法，这在实际测定伺服电机控制的伺服压力机的工作性能参数时有重要应用。

数控伺服压力机是目前锻压行业的先进机型。由于其运动控制是由运动控制器完成，所以定位位置精确，其精度可以达到千分之一毫米。这对于提高锻件精度有极大意义，特别是对于冷挤压成形的锻件，由于拉伸长度可以精确控制，可以使特殊材料的可塑性得到充分发挥，从而开辟塑性成形加工的一个新领域。

对于压力机而言，除了位置必须精确控制外，还要求压力机本身能够发出足够的工作压力。通常的曲柄压力机是由普通电机驱动的，而伺服压力机由伺服电机驱动，其工作压力由伺服电机工作扭矩产生，伺服电机的扭矩特性与普通电机不同，因此伺服电机的正确的选型是保证压力机获得公称压力的关键。

29.1 伺服电机选型的原则和计算

目前伺服电机生产厂家一般都提供伺服电机的相关工作参数。其工作参数包括额定功率、额定转矩、最大转矩、额定转速、最大转速、额定电流、最大电流。

伺服电机的工作特性与普通电机的工作特性区别在于，伺服电机在从零速到额定速度的整个区间都可以连续发出额定转矩。这使得伺服电机在低速区间也具有额定转矩的工作特性，这一工作特性特别适合于工作速度不高的压力机。伺服电机还有一个参数是最大转矩，最大转矩一般是额定转矩的 3 倍。伺服电机可以最大转矩运行，但运行时间极短，一般在 3s 以内。这也是个很重要的参数，对于冲压机械而言，其最大工作压力时间极短，可以利用伺服电机最大转矩特性工作。由于伺服电机成本昂贵，不同功率的伺服电机价格相差巨大，所以正确的选择额定转矩和最大转矩的伺服电机是极其重要的。图 29-1 所示的为伺服电机的速度—转矩特性曲线。

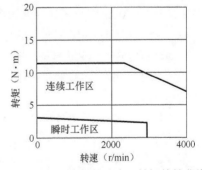

图 29-1　伺服电机的速度—转矩特性曲线

1. 压力—转矩计算

伺服电机选型计算以做功相等为原则。压力机的机械传动结构一般是伺服电机→减速机

→丝杠→滑块。

所以滑块以额定工作压力移动一个螺距所做的功等于伺服电机以额定转矩带动减速机旋转 N 圈所做的功（N 是减速比）。

设：电机转矩=Q，电机工作扭力=A，电机轴半径=R，压力机公称压力=F，

丝杠螺距=L，减速比=N；

基本公式：（做功相等）

$$A \times 2\pi \times R \times N = F \times L \tag{1}$$

由于 $Q = A \times R$，

$Q \times 2\pi \times N = F \times L$，

则：$Q = F \times L/(2\pi \times N)$，

$F = Q \times 2\pi \times N/L$。

以上公式，经过单位统一，规定 Q 的单位为 N·m，F 的单位为 t，L 的单位为 mm，则：

$$Q = 10 \times F \times L/(2\pi \times N) \tag{2}$$

$$F = Q \times 2\pi \times N/(10 \times L) \tag{3}$$

假设工作机械参数：工作压力=100t，减速比=12，丝杠螺距=20mm；

则：$Q = 10 \times 100 \times 20/(2 \times 3.14 \times 12)$

$= 265$N·m。

即在以上机械参数下，再考虑机械效率，需要伺服电机的额定转矩>265N·m。

2. 三菱 HA-LFS-37A14 伺服电机参数

以三菱 HA-LFS-37A14 伺服电机为例。其参数为额定转矩=353N·m、最大转矩=883N·m、额定转速=1000r/min、最大转速=1200r/min、允许瞬间转速=1380r/min。

设：减速比=12，丝杠螺距=20mm；

则：

额定压力=353×2×3.14×12/（10×20）=133t，

最大压力=883×2×3.14×12/（10×20）=332t，

额定速度=1000×20/12=1167mm/min，

最大速度=1200×20/12=2000mm/min，

允许瞬间转速=1380×20/12=2300mm/min。

3. 三菱 HA-LFS-50K1M4 伺服电机参数

以三菱 HA-LFS-50K1M4 伺服电机为例。其参数为：额定转矩=318N·m，最大转矩=796N·m，额定转速=1500r/min，最大转速=2000r/min，允许瞬间转速=2300r/min。

设：减速比=12，丝杠螺距=20mm；

则：

额定压力=318×2×3.14×12/(10×20)=120t，

最大压力=796×2×3.14×12/(10×20)=300t，

额定速度=1500×20/12=2500mm/min，

最大速度=2000×20/12=3330mm/min，

允许瞬间转速=2300×20/12=3800mm/min。

这两款伺服电机都适合配置为 120t 的压力机和 300t 的冲压机。但额定转速不同。由于伺

服电机与普通电机一样也是在额定转速下具有最好的工作状态，所以在选择减速比时，最好使滑块的正常工作速度等于伺服电机的额定工作速度。当然必须首先考虑满足压力机公称压力，经过综合平衡选择减速比。

29.2 压力机工作压力的测定

生产厂家在装机完成后，需要对公称压力进行测定，除了用液压压力表进行测定外，还可以通过伺服驱动器输出的转矩值进行间接测定。在进行压力机的过载保护时，也可以取用转矩的模拟电压信号进行控制。作者利用伺服驱动器输出的转矩值进行过工作压力的测定，这是测定压力的一种新方法。

在伺服驱动器上显示的内容可以是输出转矩，即额定转矩的百分数。直接读取该数字即可以获得转矩值。

另一个方法对于三菱 MR 型的伺服驱动器，设定参数将模拟输出电压变为电机输出转矩，该模拟电压在伺服驱动器的指定接口取出，不过要注意：最大转矩对应模拟输出电压 8V，将模拟信号送入控制系统处理，控制系统使用的 A/D 转换模块是三菱 FX-4AD，FX-4AD 的模拟量转换为数字量的对应关系是 10V 转换为数字 2000，则 8V 转换为数字 1600。

29.2.1 测试对象的基本参数

以下是以三菱 HA-LFS-22K1M4 伺服电机装机后的实际工作状态进行的测试数据。

三菱 HA-LFS-22K1M4（1500r/min）基本参数如下：

最大转矩=350N·m，

额定转矩=140N·m，

最大转速=2000r/min，

允许瞬间转速=2300r/min。

压力机机械参数如下：

减速比=12.6，

丝杠螺距=20mm。

计算额定工作压力如下：

$F = Q \times 2\pi \times N/(10 \times L)$

$\quad = 140 \times 2 \times 3.14 \times 12.6/(10 \times 20)$

$\quad = 55.4t$。

计算最大工作压力如下：

$F = Q \times 2\pi \times N/(10 \times L)$

$\quad = 350 \times 2 \times 3.14 \times 12.6/(10 \times 20)$

$\quad = 138.5t$。

其额定转矩对应的模拟电压：140×8/350=3.2V。

其额定转矩对应的数字量：3.2×1600/8=640。

29.2.2 伺服电机最大转矩测试

1. 伺服电机最大转矩的测试

首先是对伺服电机最大转矩的测试，该测试的目的是为了验证选用的三菱 HA-LFS-22K1M 能否按技术规格发出最大转矩，即测试压力机可产生的最大压力。测试方式是用手轮驱动压力机滑块压制弹性工作负载，直至伺服驱动器发出过载报警信号。测试数据如表 29-1 所示。

表 29-1 最大转矩测试数据

序号	伺服驱动器 LED 显示转矩（%）	模拟电压转换数字
1	160	850
2	230	1360
3	270	1596
4	270	1594
5	270	1594
6	200	1200
7	200	1322
8	270	1594
9	204	1440
10	270	1594

2. 对测试数据的分析

在表 29-1 中，伺服驱动器 LED 显示的转矩（%）的数值是以额定转矩为标准的百分数。模拟电压转换数字是对伺服驱动器取出的表征转矩的模拟信号进行转换后的数值（这个数值是在控制系统内观察记录的）。

三菱 HA-LFS-22K1M4(1500r/m)伺服电机，其参数如下：

最大转矩 = 350N·m，

额定转矩 = 140N·m，

最大转矩/额定转矩 = 350/140

　　　　　　　　　　 = 250%。

从表 29-1 所示的数据可以看出，输出转矩有 5 次达到 270%，超过了技术规格的要求。在现场测试可以观察到，当最大转矩达到 270%时，持续约 30s 后，伺服驱动器出现过载报警。

除第 1 次测试数据不正常外，其余数据都在 200%额定转矩内，伺服电机都不出现过载报警，这相当于该电机在 200%额定转矩内都能正常工作。

200%额定转矩产生的工作压力为：

$F = Q \times 2\pi \times N/10L$

　　$= 280 \times 2 \times 3.14 \times 12.6/20/10$

　　$= 110.8t$。

这组数据非常重要，它表明了伺服电机能正常工作的范围。为伺服压力机的公称压力、机械参数、伺服电机选型提供了依据。

29.2.3　行程—转矩测试

第 2 组测试是行程—转矩测试。测试的目的是为了获得压力机在弹性负载工作状态下缓慢运动时，行程与工作压力的关系。测试的方法是用手轮方式缓慢移动滑块，测试滑块在不同行程时的转矩及过载报警点。0V 是表示已经发生过载报警。这一测试是为了获得伺服电机在低速下对于弹性负载的工作特性。测试数据如表 29-2 所示。

表 29-2　行程—转矩测试表

行程（mm）	0.1	0.2	0.3	0.4	0.5	0.6	0.7	0.8	
1	111	124	130						转矩%
2	113	127	148	158	175				转矩%
3	108	118	128	135	150	163	0V		转矩%
4	108	120	128	136		163	0V		转矩%
5	105	114	124	134	144	155	0V		转矩%

对表 29-2 测试数据的分析如下。

这一组测试数据表明，压力机在挤压弹性负载工作状态下，在超过额定转矩 160% 后发生报警。其对应的工作压力：

$$F = Q \times 2\pi \times N/10L$$
$$= 224 \times 2 \times 3.14 \times 12.6/20/10$$
$$= 88.6t。$$

这组数据表明：工作转矩达到额定转矩 1.6 倍又超过一定时间后会发生报警，所以对工作机械的过载百分比及过载时间要有所限制。

三菱伺服电机一般的过载转矩是额定转矩的 150%，过载时间是 60s，所以过载百分比超过 150%，过载时间超过 60s 就会发生报警。如果提高工作速度，使实际工作时间小于 60s，就可以使工作转矩提高。

29.2.4　实际自动工作状态数据测试

1. 测试

第 3 组测试数据模拟实际工作状态，在自动工作模式下以不同的速度运行设定的工作距离，测试工作转矩。测试数据如表 29-3 所示。

表 29-3　实际自动工作状态数据

测试次数	工作行程（mm）	模拟数字量	转矩（%）
1	0.5	650	120
2	0.2	798	135
3	0.1	844	144
4	0.1	891	153
5	0.1	965	159
6	0.1	981	166
7	0.1	1060	178

续表

测试次数	工作行程（mm）	模拟数字量	转矩（%）
8	0.1	1082	185
9	0.1	1149	196
10	0.1	1208	205
11	0.1	1240	210
12	0.1	1315	225
13	0.1	1370	235

2. 分析

从这组数据看出，不同的速度下移动相同的距离，速度越慢，转矩越大。不过这可能是下列原因导致观察数据的不同，当运动速度快时，显示数字尚未出来，工作行程就结束了。运动速度慢时，工作行程尚未结束，显示数字已经可以观察到。

从测试数据看，伺服电机工作转矩在 144%～235% 范围内未出现报警，而自动工作状态是压力机正常工作状态，所以这组数据更有实际意义。测试数据表明：只要实际带负载工作时间在 60s 以内，伺服电机就可以在 200% 额定转矩内工作。

综合 3 组测试数据，表明选用 HA-LFS-22K1M4 伺服电机，在正常工作时，可以按其额定转矩的 200% 计算工作压力。这样通过充分发挥伺服电机的工作能力，使得压力机获得足够的公称压力，使工作机械具有最大的性价比。

通过伺服驱动器直接测试伺服电机的转矩，从而测定工作机械的工作压力是一种简便、实用、可靠的方法，特别在工作现场不需要其他仪器设备即可实施。这种方法再配用伺服驱动器输出模拟电压的测定及 A/D 转换，可以精确地测定转矩，是值得推荐的一种新方法。

29.3　思考题

（1）伺服电机的工作转矩特性与普通电机有何不同？

（2）如何根据伺服电机转矩推算压力机实际工作压力？

（3）如何将伺服电机的转矩读入 PLC 控制器？

（4）如何最大限度地利用伺服电机的最大转矩？

第 **30** 章

交流伺服系统在薄膜分切生产线上的应用

本章介绍一个基于 QD77 控制器和 MR-J4 伺服系统构成的薄膜分切生产线控制系统的案例。主要内容包括控制方案、硬件构成、PLC 程序结构、张力控制过程等。

30.1　项目综述

薄膜分切机是将原料大卷分切为商品小卷的机械，其工作流程示意图如图 30-1 所示。

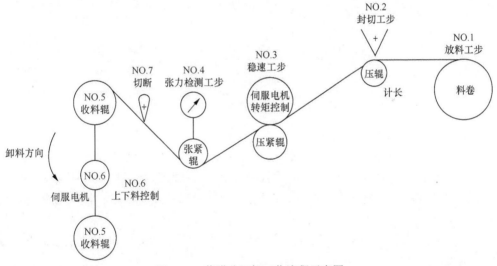

图 30-1　薄膜分切机工作流程示意图

整机工作流程包括放料工步、计长及压痕封切工步、稳速运动工步、张力检测及张力控制工步、收卷工步、切断工步、卸料及上料工步。

30.2　各工步工作流程

薄膜分切机各工步工作流程如图 30-2 所示。

（1）NO.1：放卷。放料卷用变频器控制，速度可调。

（2）NO.2：压痕封切及计长。在该工步先做长度计算，然后进行封切压痕。压痕刀由气缸驱动。长度计算由压轮所配置的编码器脉冲计数，计数信号送入 PLC 计算。

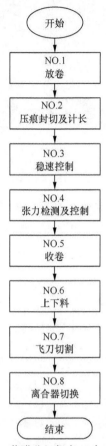

图 30-2　薄膜分切机各工步工作流程

（3）NO.3：稳速控制。在稳速控制工步，采用一个伺服电机做速度控制，以伺服电机的线速度作为整条生产线的基准速度，放卷速度和收卷速度都以此为基准。

（4）NO.4：张力检测及控制。在张力控制工步，由张力检测仪进行张力检测，检测信号进入 PLC A/D 模块。由 PLC D/A 模块提供模拟控制信号控制收卷伺服电机做速度控制，从而控制薄膜张力。

（5）NO.5：收卷。收料辊由伺服电机驱动，做速度控制，速度指令根据放卷速度和张力确定，也可手动调节。

（6）NO.6：上下料。上下料工步卸料架旋转 180°，由伺服电机控制上下料动作，由封切计数器发出卸料启动信号。

（7）NO.7：飞刀切割。定位完成后发出飞刀启动信号，飞刀切断薄膜。

（8）NO.8：离合器切换。在适当时间点发出切换离合器信号，空辊开始旋转卷绕薄膜。

30.3　控制方案

1. 控制对象

薄膜分切机的实质是收放卷，控制重点如下。

- 薄膜运动的速度。
- 计长。

- 张力控制。
- 上下料及换卷离合器动作。

2. **方案设定**

- 放卷速度由变频器控制。由主控 PLC 送入模拟信号进行速度控制。
- 收卷工步由伺服电机进行速度控制，因为收卷工步要求更稳定的速度控制。收卷电机同时承担张力控制的功能。收卷速度应该由基准速度和张力控制决定。
- 定长封切。封切是在薄膜袋上进行压痕打孔。便于顾客使用时分离塑料袋。长度检测使用安装在压辊上的编码器，编码器信号送入主控 PLC 的高速计数器内。根据计数信号发出压刀动作信号，同时对压刀动作进行计数，该计数信号作为收卷切割信号。
- 张力控制。由 A/D 模块接收张力检测仪的模拟电压信号，由 D/A 模块输出模拟信号给收卷电机做速度控制，从而实现对张力的控制。
- 上下料的运动由一伺服电机做位置控制。飞刀切割由定位完成信号发出。离合器动作由飞刀完成信号控制。顺序流程是卸料→飞刀→切换离合器。

要保证在飞刀切断时，收卷电机速度为零，这样切割时不发生拉扯，保证切割质量。

30.4 控制系统硬件配置

控制系统硬件配置一览表如表 30-1 所示。

表 30-1 控制系统硬件配置一览表

序号	名称	型号	数量	功能
1	CPU	Q02CPU	1	
2	电源	Q63P	1	
3	基板	Q38B	1	
4	I/O	QX41	1	
5	I/O	QY40	1	
6	高速计数	QD62	1	
7	运动控制器	QD77	1	运动控制
8	A/D 模块	Q64AD	1	张力检测
9	D/A 模块	Q64DA	1	转矩、速度、变频控制
10	变频器	A740-11kW	1	放卷控制
11	伺服驱动器	MR-JE—15	3	
12	伺服电机	HF-KR153	3	
13	编码器		1	长度计数
14	张力检测仪		1	
15	触摸屏	GT1585	1	

30.5　PLC 程序结构

对于生产线这样的大型设备，必须全面综合地规划程序结构，基本程序结构如表 30-2 所示。

表 30-2　PLC 程序结构

序号	程序块名称	功能	项目工艺要求
1		急停：停止运动轴	安全第一
2	安全	部分对象停止工作（限位等）	
3		报警及显示	
4	初始设置	网络等	
5	工作状态显示		
6	程序结构	改变程序流程，转移分支等	
7	调用中断程序		
8	调用子程序		
9	工作模式选择	运动设备必须选择	
10	手动模式（主控）	手动控制内容	
11	自动模式（主控）	自动控制内容 步进梯形图 M 指令	
12	回原点模式（主控）	回原点控制	
13	其他模式	手轮等模式	无
14	通用逻辑控制程序	除运动控制外的其他逻辑控制 （包括循环）	
15	子程序	需要多次执行的同一程序	
16	中断程序	紧急保护程序	

1. 第一级程序目录

图 30-3 是在编程软件上的第一级程序目录示意图。在第一级程序目录中有基本程序、顺控程序、张力控制（A/D、D/A）程序、高速计数程序、运动程序、子程序、中断程序。

2. 第二级程序目录

图 30-4 是在编程软件上的第二级程序目录示意图。在第二级程序目录中，以运动程序为例，有程序本体、卸料启动、压辊运动、飞刀切割、离合器动作。

在编程前要考虑周到，算无遗策，才能事半功倍。

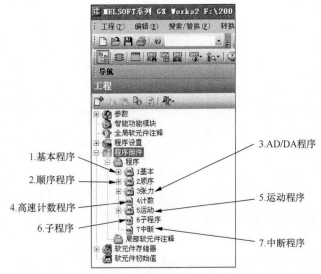

图 30-3 一级程序目录示意图

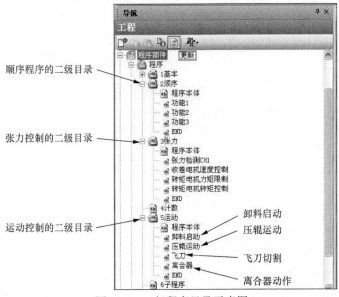

图 30-4 二级程序目录示意图

30.6 张力控制过程

1. 张力控制过程

张力检测仪：薄膜越松弛→模拟电压越大→A/D 转换后数字量越大。

在图 30-5 中，薄膜越松弛→检测仪模拟电压越大，输入 PLC A/D 模块后，转换的数字量也越大。由此控制收卷电机的速度。

假设张力检测模拟电压与数字量 A/D 转换后的数据送至数据寄存器 D900，首先测定张力正常标准点（A 点）的数据，送至数据寄存器 D800，再测定张力最小点（B 点）的数据送至数据寄存器 D700。D900 是表示实时张力的数字量。

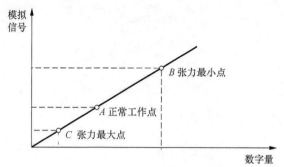

图 30-5　张力检测模拟电压与数字量的变换关系

表示指令电机速度的数字量存放在 D3000，首先测定张力正常时的数据，存放在 D3500；再测定张力最小时的数据，存放在 D3600。

2. 调节速度的线性方程

为了根据张力测量值调节电机的速度，必须建立这两者之间的关系，用线性方程来表示是符合实际工况的。图 30-6 表示的是不同斜率下两者的直线关系。

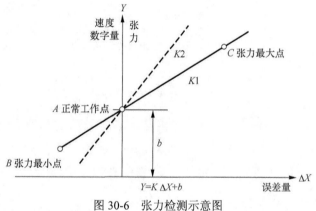

图 30-6　张力检测示意图

控制过程中，代表速度的数字量=Y。

张力差值是 ΔX，$\Delta X = X - X_0$。

X_0：张力正常点的数据（标准点数据）；X：当前张力测量值。

以当前张力测量值与张力标准点数据的差值 ΔX 作为自变量，速度（数字量）为被调节量，建立线性方程：

$$Y = K\Delta X + b$$

b：物理意义是在标准工作点时对应的速度数字量。在这一工作点，测量值为 $X0$，而速度数字量必须达到 Y_0。Y_0 就对应了正常速度值。

$Y_0 = b$；

$Y = K\Delta X + Y_0$；

K：斜率。

斜率表示了调节的强度，斜率越大调节越强烈。斜率根据调节效果确定，可在 0.8～1.2 范围内设置。

3. 测量方法

（1）电机速度的测量。

在实际测量时，用手动电位器测量实际电压—速度曲线时，加在电位器两端的是给定电压，目测观测的张紧程度就是速度。至少测定 3 点，即标准点、最大速度点、最小速度点。这样得出的曲线是（模拟电压）数字—速度曲线，只要 PLC 程序中给出数字量，就可获得实际速度（张力）。

（2）张力检测仪的测量。

要实际测量张力检测仪的张紧程度与电压（数字量）的关系，也要得出张紧程度与数字量的实际工作曲线。但要注意，这是两组不同的工作曲线，最终是要求出 ΔX—Y 曲线。ΔX—Y 曲线是人为测量出来的。

- 多段折线构成的 ΔX—Y 曲线。

如果张力调节比较复杂，则可以考虑使用多段折线，在不同的区间，使用不同斜率的 ΔX—Y 曲线，这样也可以符合复杂的工况。图 30-7 是三段折线控制图。

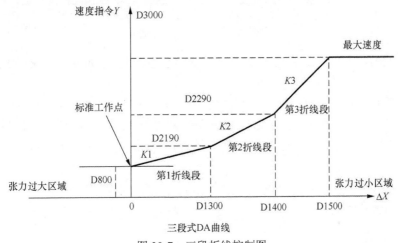

图 30-7 三段折线控制图

从圆滑控制的要求来看：第 1 折线段斜率（角度）为 $10°\sim20°$；第 2 折线段斜率为 $25°\sim35°$；第 3 折线段斜率 $>45°$。

图 30-8 是与 ΔX—Y 曲线对应的 PLC 程序梯形图，用于获取第一段折线内电机速度控制指令。

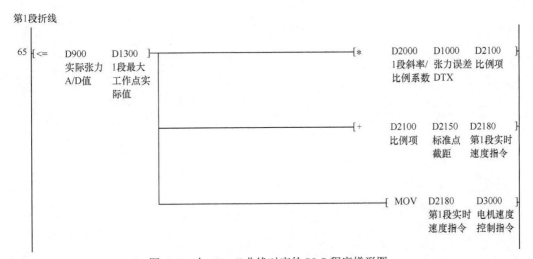

图 30-8 与 ΔX—Y 曲线对应的 PLC 程序梯形图

- 二次曲线型的调节曲线。

如果工况过于复杂，也可以将 ΔX—Y 曲线模拟成为二次曲线。

图 30-9 是多段逐点模拟的二次曲线型的调节曲线。

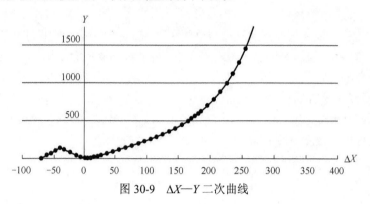

图 30-9　ΔX—Y 二次曲线

这种曲线的特点是当 ΔX 在较小的区间，Y 值变化量不大；当 ΔX 在较大的区间，Y 值上升变化较大。

对于大型项目，控制内容较多，在考虑控制方案前应该全面了解工作机械的要求，做出周到的控制方案，切忌先钻入某个具体的控制环节而迷失方向。在本项目中，控制对象是生产线的速度，技术难点是张力控制，所以在规划好程序结构及内容后，再具体攻克技术难点。

30.7　思考题

（1）如何根据生产线的工艺流程制定控制方案？

（2）如何构建 PLC 程序框架？

（3）PLC 程序中要编制几种工作模式？

（4）如何建立张力控制的调节曲线？

参考文献

[1] 李友善. 自动控制原理[M]. 3 版. 北京：国防工业出版社，2005.

[2] 陈先锋. 伺服控制技术自学手册[M]. 北京：人民邮电出版社，2011.

[3] 颜嘉男. 伺服电机应用技术[M]. 北京：科学出版社，2011.

[4] 龚仲华. FANUC-0IC 数控系统完全应用手册[M]. 北京：人民邮电出版社，2009.

[5] 陈先锋. 西门子数控系统故障诊断与电气调试[M]. 北京：化学工业出版社，2012.

[6] 黄风. 工业机器人实用技术 150 问[M]. 北京：人民邮电出版社，2017.